高等院校 **互联网+新形态创新** 系列教材 · 计算机系列

C语言程序设计

彭相华　周顺先　杨　露　刘树锟　宋　艳　吴珍珍　编著

清華大學出版社
北　京

内 容 简 介

本书以职业能力培养为目标，以项目案例为切入点，以分析问题和解决问题为主线，强调理论教学与实践应用相结合，适当介绍计算机运行机理，紧跟新时代信息技术新特征，按照学习者的认识规律和特点有选择地组织项目案例，将C语言的知识点融入具体问题的解决过程中，帮助读者在实践中掌握编程技能，培养工程思维。本书注重以问题为导向，引导读者从实际问题出发，逐步分析、设计和实现解决方案，保证知识的系统性和完整性，从而深化对编程思想的理解，培养读者的科学思维方法。本书适合初学者和有一定编程基础的读者。无论你是计算机专业的学生，还是对编程感兴趣的爱好者，都可以通过本书的学习，逐步掌握C语言的核心概念和编程技巧，并具备独立开发小型项目的能力。

图书在版编目(CIP)数据

C语言程序设计 / 彭相华等编著. -- 北京 : 清华大学出版社, 2025. 7（2025.9重印）.

(高等院校互联网+新形态创新系列教材). -- ISBN 978-7-302-69441-0

Ⅰ. TP312.8

中国国家版本馆CIP数据核字第2025VE8419号

责任编辑： 李玉茹
封面设计： 李　坤
责任校对： 周剑云
责任印制： 刘海龙

出版发行： 清华大学出版社
　　网　　址： https://www.tup.com.cn，https://www.wqxuetang.com
　　地　　址： 北京清华大学学研大厦A座　　**邮　　编：** 100084
　　社 总 机： 010-83470000　　**邮　　购：** 010-62786544
　　投稿与读者服务： 010-62776969，c-service@tup.tsinghua.edu.cn
　　质 量 反 馈： 010-62772015，zhiliang@tup.tsinghua.edu.cn
印 装 者： 三河市天利华印刷装订有限公司
经　　销： 全国新华书店
开　　本： 185mm×260mm　　**印　　张：** 21.75　　**字　　数：** 526千字
版　　次： 2025年7月第1版　　**印　　次：** 2025年9月第2次印刷
定　　价： 59.00元

产品编号：110247-01

前言

FOREWORD

在当今这个以互联网、大数据、人工智能为代表的新一代信息技术蓬勃发展的时代，算力对各国经济发展、社会进步、人民生活带来了重大而深远的影响，程序设计已成为一项不可或缺的核心技能。无论开发技术如何发展，C 语言作为一种历史悠久且功能强大的编程语言，在编程界依然具有举足轻重的地位，仍旧是程序开发人员必须掌握的基本功。对于 C 语言的学习者来说，学习和掌握利用计算机解决问题的思路和方法，具备程序设计的能力是非常重要的。为了使初学程序设计者能很好地入门，作者本着 OBE 教育理念，融合多年的教学经验和教学资源，从知识、方法、应用三个维度编写了本书。我们深知：学习一门编程语言，不仅仅是要掌握其语法和语义，更重要的是理解其背后的编程思想、算法设计和数据结构等核心概念。因此，这是一本面向广大初学者的 C 语言教程，书中根据初学者的认识水平，讨论为什么要学习 C 语言，怎么学好 C 语言；在详细介绍 C 语言基本语法的同时，注重培养读者的编程思维和实践能力。在项目案例中用通俗易懂的语言将复杂的问题形象化，让人易于理解，容易上手，做到学用结合，学出兴趣，做出成效。

本书以职业能力培养为目标，紧跟新时代信息技术新特征，按照学习者的认识规律和特点，以项目案例为切入点，以分析问题和解决问题为主线，强调理论教学与实践应用相结合，适当介绍计算机运行机理，将 C 语言的知识点融入具体问题的解决过程中，帮助读者在实践中掌握编程技能，培养工程思维。本书内容以问题为导向，引导读者从实际问题出发，逐步分析、设计和实现解决方案，培养读者解决问题的能力，从而深化读者对编程思想的理解，培养读者的创新能力。书中每章都引入名言俗语，讲述思政故事，培育创新精神，宣传中华文化，弘扬科学家精神，涵养优良学风，营造创新氛围。我们希望读者不仅能掌握技术，还能养成良好的学习习惯，更能拓宽视野，理解技术背后的伦理和社会价值，树立正确的价值观和职业观，真正体会到家国强大之美、时代进步之美、程序结构之美。

本书适合初学者和有一定编程基础的读者。无论你是计算机专业的学生，还是对编程感兴趣的爱好者，都可以通过本书的学习，逐步掌握 C 语言的核心概念和编程技巧，并具备独立开发小型项目的能力。

本书由彭相华、周顺先、杨露担任主编；刘树锟、宋艳、吴珍珍担任副主编。具体分工如下：彭相华负责编写第 1 章、第 2 章、第 3 章、第 10 章；周顺先负责编写第 9 章、第 12 章；杨露负责编写第 8 章；刘树锟负责编写第 7 章；宋艳负责编写第 6 章、第 11 章；吴珍珍负责编写第 4 章、第 5 章。本书全体编写人员共同完成相关程序编写和调试，并制作有与本书配套的数字资源，建成了湖南省精品在线开放课程。课程网站提供有丰富的数字资源，可以帮助读者巩固所学知识，提升实践能力。

在本书出版之际，我们衷心地感谢湖南女子学院和中南林业科技大学涉外学院多年来始终不渝的关心和全力支持，感谢广大读者给予的理解和厚爱，感谢清华大学出版社的密切合作与支持，感谢帮助和支持我们的同事和朋友。本书在编写过程中，参考了 Internet 上的相关资源，在此对相关的作者和机构深表谢意。

最后，我们衷心希望这本书能成为您学习 C 语言路上的得力助手，帮助您在掌握 C 语言的同时培养解决实际问题的能力，树立正确的价值观，为未来的学习和职业发展奠定坚实的基础。在写作过程中，我们力求精益求精，但难免存在一些不足之处，恳请读者批评指正。

愿您在编程的世界里不断探索、不断进步！让我们一起开启这段充满挑战与乐趣的编程之旅吧！

编　者

ppt 课件

教案

源代码

CONTENTS

目录

第 3 章　数据运算　47

第 4 章　顺序结构程序设计　67

第 5 章　选择结构程序设计　89

第 1 章 程序设计思想与方法

我亦无他，惟手熟尔[①]。

——欧阳修《卖油翁》

【项目案例】

有一杯水和一杯油，现在需要我们告诉机器人将两个杯子里面的液体交换，请问你有什么好的方法吗？

【问题驱动】

(1) 如何跟计算机交流？

(2) 为什么要学 C 语言？

(3) 如何利用 C 语言解决问题？

【章节导读】

程序设计 (Programming) 是指通过编写代码，使用计算机语言将解决问题的步骤和逻辑转化为计算机可以执行的指令的过程。掌握程序设计的核心思想和方法，培养解决问题的能力和编程思维，是软件开发设计工作的重要基石。本章将对计算机语言、C 语言的来龙去脉、程序设计的流程和步骤等进行介绍，帮助学习者理解如何跟计算机交流，为什么要学习 C 语言，如何进行程序设计等问题，同时帮助学习者建立扎实的编程基础、培养读者解决问题的思维方式。通过理论与实践相结合，学习者可以逐步成长为一名优秀的程序员。

① 这句话强调了熟能生巧的道理。这里告诉大家学习程序设计没有捷径，只有通过大量的实践和练习，才可以提高自己的程序设计的水平和分析并解决问题的能力。

1.1 如何跟计算机交流

计算机硬件系统由运算器、控制器、存储器、输入设备和输出设备 5 个部分组成。其中运算器的主要功能是算术运算和逻辑运算；控制器是控制整个计算机，向计算机的其他部件发出控制信号，使它们协调一致工作的部件；存储器的主要功能是存放程序和数据；输入设备和输出设备用于输入和输出信息，在日常生活中，人们通常通过键盘、鼠标、触摸屏等输入输出设备来操作计算机。

计算机系统是由硬件系统和软件系统组成，所有操作都是通过触发软件来完成的。没有安装任何软件的计算机称为裸机，一般情况下人们不方便也不喜欢与裸机打交道，而是习惯通过相关软件来使用计算机。那么软件是什么？软件是一系列按照特定顺序组织的计算机数据和指令的集合，由计算机语言设计而成。因此，人们跟计算机进行交流，其实是通过计算机语言来完成的。

1.1.1 计算机语言

语言 (Language) 是人类最重要的交际工具，是人们进行沟通交流的各种表达符号。语言的基础是一组记号和一组规则，根据规则由记号构成的记号串的总体就是语言。语言是传承人类文明成果最重要的工具，是人类交流思想的最主要媒介，是推动人类文明发展和社会进步的主要动力。如汉语是世界上使用人数最多的语言，是博大精深的中华文明的传承者，是讲好中国故事的有力武器。

计算机语言 (Computer Language) 指人与计算机之间进行通信交流的工具，是人与计算机之间传递信息的媒介。计算机系统的最大特征是指令通过一种语言传达给机器，也就是说如果要命令计算机做一个什么事情，那么必须是用计算机语言来告诉计算机做什么、怎么做，这样计算机才能搞明白。

当代青年都了解，学语言时应该是从词法、语法、语义和语音 4 个方面入手。计算机语言与此类似，除了语音之外，还要从词法、语法和语义 3 个方面进行学习。其中词法是语言中符号构成规则和其含义；语法是符号组成语句的规则；语义就是符号和语句在特定语境中的含义。

【例 1-1】解释“a-b,-b;”的含义。

【解】这是计算机 C 语言中的一条逗号运算语句。

其中“a”“b”“-”“，”“；”这 5 个符号有其自己特定的含义；符号根据计算机 C 语言语法规则构成一条语句，在特定语境表达唯一的意思，如“-”在“a-b”中表示减法运算，在“-b”中表示负号运算。

1.1.2 计算机语言的发展

计算机语言总的来说分为机器语言、汇编语言、高级语言 3 大类，而这 3 种语言也恰恰是计算机语言发展历史中的 3 个重要阶段，如图 1.1 所示。

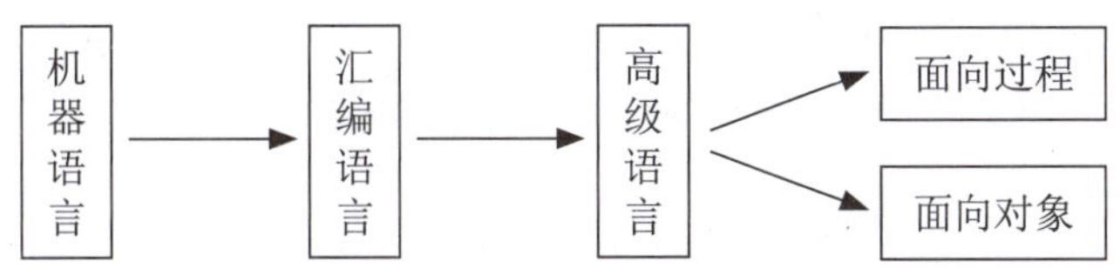

图 1.1 计算机语言发展的三个阶段

(1) 1946年2月14日，世界上第一台计算机ENIAC诞生。它使用最原始的穿孔卡片，用“打孔”和“不打孔”方式分别表示1和0，以此与计算机进行交流。这与人类语言差别极大，我们将其称为机器语言。机器语言是第一代计算机语言，本质上是计算机能唯一识别的语言，由0、1序列构成的指令码组成。如：10000000表示加法运算，10010000表示减法运算。

(2) 机器语言的二进制码让人难以记忆和理解。如人与人交流称呼时用姓名比用身份证号码更方便一样，人类凭借智慧用符号代替二进制码，如用ADD代替10000000表示加法，从而出现了第二代计算机语言，称为汇编语言，也叫符号语言。机器语言和汇编语言可以直接对硬件进行操作，程序员编写程序时需要掌握相关硬件知识，所以我们将这两种语言称为面向机器的语言。

(3) 汇编语言尽管还是复杂，用起来也容易出错，但它有力地推动了计算机语言向更高级的语言发展，最终进入了“面向人类”的高级语言。高级语言是一种接近于人们的使用习惯和数学表达，与计算机的硬件结构及指令系统无关的程序设计语言。根据其编程思想的不同，高级语言分为两类：一是以事务处理的过程为中心，强调处理步骤，称为面向过程程序设计(Procedural Programming Language)语言，如C、Fortran等语言；另一类以事务处理的参与者为中心，强调的是参与者行为动作，称为面向对象程序设计语言(Object Oriented Programming Language)，如C++、Java等语言。例如，利用计算机处理图书馆借书事务，面向过程就会按“查询→拿书→登记”这个过程进行程序设计，面向对象就会按借书事务中读者、图书、管理员等这些对象的行为动作进行程序设计。面向对象和面向过程是两种不同程序设计思想，二者各有特点，又相互交叉融合。

1.1.3 程序设计

计算机的全称是电子数字计算机，通过电压的高低来表示数据，因此它是一种以二进制数据形式在内部存储信息、以程序存储为基础、由程序自动控制的电子设备。

程序设计(Programming)是指给出解决特定问题的过程，是软件构造活动中的重要组成部分。程序是一条条有序指令的集合，是为实现某种功能或解决某个特定问题按一定的规则放在一块的一堆代码。

【例1-2】求圆的面积。

【解】第一步告诉计算机圆的半径r和圆周率π的值；第二步告诉计算机求面积公式$s=\pi\times r^2$；最后告诉计算机将面积s在屏幕上显示出来。

这个问题的解决过程往往以某种程序设计语言为工具来告诉计算机。通过C语言将一条条指令有序告诉计算机，帮助我们解决特定问题的过程，称为C语言程序设计。

1.2 为什么要学 C 语言

在人工智能时代，人工智能技术已经成为当今社会发展的重要驱动力，它的应用领域越来越广泛，涵盖了医疗、金融、教育、交通等领域。随着新一代信息技术的不断发展，各种语言也如雨后春笋般出现。这时有同学会问：我们为什么还要学习 C 语言？这里先不回答这个问题，而是让大家了解 C 语言的由来、特点和应用领域，再从中寻找出答案。

1.2.1 C 语言发展史

当计算机语言发展到第三代，就进入了“面向人类”的高级语言。高级语言是一种接近于人类使用习惯的程序设计语言。它允许用英文来写计算程序，程序中的符号和算式也与日常使用的数学式子差不多。高级语言发展于 20 世纪 50 年代中叶到 70 年代，第一个计算机语言是诞生于 1957 年的 Fortran 语言，由 IBM 公司设计。

C 语言诞生于美国的贝尔实验室，它的祖先是 BCPL 语言。1967 年，英国剑桥大学的马丁·理查兹 (Martin Richards) 对 CPL(Combined Programming Language) 语言进行了简化，于是产生了 BCPL(Basic Combined Programming Language) 语言。1970 年，美国贝尔实验室的肯尼斯·汤普森 (Kenneth Thompson) 以 BCPL 语言为基础，设计出很简单且很接近硬件的 B 语言 (取 BCPL 的首字母)，并用 B 语言写了第一个 UNIX 操作系统。在 1972 年，美国贝尔实验室的丹尼斯·里奇 (D. M. Ritchie) 在 B 语言的基础上设计出了一种新的语言，并取 BCPL 的第二个字母作为这种语言的名字，它就是 C 语言。1973 年年初，C 语言的主体完成，汤普森和里奇迫不及待地开始用它完全重写了 UNIX 操作系统。

为了使 UNIX 操作系统推广，1977 年，丹尼斯·里奇发表了不依赖于具体机器系统的 C 语言编译文本《可移植的 C 语言编译程序》。1978 年，美国电话电报公司 (AT&T) 贝尔实验室正式发表了 C 语言。同时，布莱恩·科尔尼干 (B.W.Kernighan) 和丹尼斯·里奇 (D. M. Ritchie) 合著了著名的《The C Programming Language》一书 (通常简称为 K&R，也有人称之为 K&R 标准)。但是，当时的 K&R 并没有定义一个完整的标准 C 语言。后来美国国家标准化协会 (American National Standards Institute，ANSI) 在此基础上制定了一个 C 语言标准，于 1983 年发布，通常称为 ANSI C。

K&R 第一版在很多语言细节上不够精确，对于 PCC 这个“参照编译器”来说，它显得不切实际；K&R 甚至没有很好地表达它所要描述的语言。1983 年夏天，ANSI 在计算机和商业设施制造商协会 (Computer and Business Equipment Manufacturers Association，CBEMA) 的领导下建立了 X3J11 委员会，目的是创建一个 C 标准。X3J11 在 1989 年年末提出了一个他们的报告 ANSI 89。国际标准化组织 (International Organization for Standards，ISO) 在 1990 年采纳了这个标准，进一步提升了 C 语言的标准化。这次标准化的内容通常被称为 ANSI/ISO C 或 C89/C90。

1994 年，ISO 修订了 C 语言的标准。1995 年，ISO 对 C90 做了一些修订，即“1995

基准增补 1(ISO/IEC/9899/AMD1:1995)”。1999 年，ISO 又对 C 语言标准进行修订，在基本保留原来 C 语言特征的基础上，针对需要增加了一些功能，其中就包括 C++ 的一些功能，并命名为 ISO/IEC9899:1999，简称“C99”。

2001 年和 2004 年，C 语言先后进行了两次技术修正。2011 年 12 月 8 日，ISO 正式公布 C 语言的新国际标准草案——ISO/IEC 9899:2011，即 C11。新的标准提高了对 C++ 的兼容性，并将新的特性增加到 C 语言中。新功能包括支持多线程，基于 ISO/IEC TR 19769:2004 规范支持 Unicode，提供更多用于查询浮点数类型特性的宏定义和静态声明功能。2018 年 6 月，ISO 发布了 ISO/IEC9899:2018，简称 C18(或 C17)。C18 标准没有引入新的语言特性，只对 C11 进行了补充与修正。2022 年 9 月 3 日，ISO 于 Open Standards(计算机标准开放组织) 网站上发布了新的 C 语言标准定稿，称为 ISO/IEC 9899:2023，简称 C23。

目前流行的 C 语言编译系统大多是以 ANSI C 为基础进行开发的，但不同版本的 C 编译系统所实现的语言功能和语法规则又略有差别。本书内容以 ANSI C 为标准进行讲述。

1.2.2 C 语言的特征

C 语言的特征可以概括为以下几点。

1. 语言简洁、紧凑，使用方便、灵活

C 语言只有 32 个关键字和 9 种控制语句，程序书写形式自由，主要用小写字母表示。这种简洁性使得 C 语言易于学习和使用。

2. 运算符和数据类型丰富，表达力强

C 语言包含了 34 种运算符，范围广泛，功能强大。这使得 C 语言在表达复杂的算法和逻辑时非常灵活。同时 C 语言提供了丰富的数据类型，包括整型、浮点型、字符型、数组类型、指针类型、结构体类型、联合体类型等。C 语言提供了丰富的运算符和数据类型，以及强大的函数库，使得其能够表达复杂的算法和数据结构，可以满足不同场景下的需求。

3. 具有低级语言的特点

C 语言允许直接访问物理地址对硬件进行操作，可以进行位 (bit) 操作。这使得 C 语言在嵌入式系统、操作系统等底层编程领域具有广泛的应用。

4. 生成目标代码质量高，程序执行效率高

C 语言编译后生成的代码质量高，运行速度快，占用内存资源少。这使得 C 语言在高性能计算和实时控制等领域具有优势。

5. 可移植性好

C 语言是一种中级语言，它保持了与汇编语言或机器语言的接近性，但又克服了汇编语言过于依赖于具体机器硬件的缺点。因此，用 C 语言编写的程序可以方便地移植到不同的计算机平台上。

6. 程序结构清晰，可模块化

C 语言提供了函数、宏定义、类型定义等机制，使得程序可以方便地划分为多个模块，提高了代码的可读性和可维护性。

综上所述，C 语言以其简洁性、灵活性、高效性和可移植性等特点，在软件开发领域具有广泛的应用和重要的地位。

1.2.3 C 语言的应用

C 语言不仅可以用于编写应用程序，还可以用于编写系统软件、驱动程序等。它的应用范围非常广泛，从嵌入式系统到高性能计算都有涉及，具体体现在下面几个应用场景。

1. 操作系统和嵌入式系统

C 语言最初是为开发操作系统而设计的，如 UNIX、Linux 和 Windows 的内核都大量使用 C 语言。C 语言在嵌入式系统中的应用也非常广泛，在家电、汽车、医疗设备中能够直接操作硬件，是开发嵌入式系统和应用程序的最佳选择。

2. 通信协议和数字信号处理

C 语言用于开发无线通信系统的软件，如协议栈、基带处理和信道编码等，能确保高效的无线数据传输和接收。在卫星通信领域，C 语言用于实现卫星通信系统的控制和信号处理软件，能确保数据传输的稳定性。C 语言对硬件的操作能力使其在对性能有严格要求的应用中表现出色，如网络程序的底层和网络服务器端底层、地图查询等。

3. 生物医学工程和金融与交易系统

在生物医学工程领域，C 语言用于开发医疗设备的软件，如心电图机、超声波仪和医学图像处理算法。在金融与交易系统中，C 语言用于开发高频交易系统、风险管理系统和金融建模工具，处理大规模金融数据时表现出色。

4. 游戏开发和图形处理

C 语言在游戏软件开发中也有广泛应用，许多游戏软件都是用 C 语言编写的。此外，C 语言还具有很强的绘图能力和数据处理能力，适用于系统软件、三维和二维图形的处理。

C 语言有着悠久的历史和庞大的用户群体，具有高效性、灵活性和可移植性等特点，在软件开发领域具有广泛的应用和重要的地位。学习和掌握 C 语言，对于从事软件开发、系统维护、科学研究等工作的人来说，具有重要的意义。因此，学习 C 语言不仅可以提高编程技能和解决问题的能力，还可以为未来的职业发展打下坚实的基础，这算是我们要学习 C 语言的理由吧。

1.3 如何利用 C 语言解决问题

C 语言是一种强大的编程语言，可以用来解决各种问题，范围从简单的数值计算到复杂的系统编程。但无论是简单问题，还是复杂问题，都必须遵循程序设计的基本方法，而方法是我们处理问题的思维方式。

程序设计 (Programming) 是给出解决特定问题程序的过程，是软件构造活动中的重要组成部分。一般程序设计方法的基本步骤如图 1.2 所示。

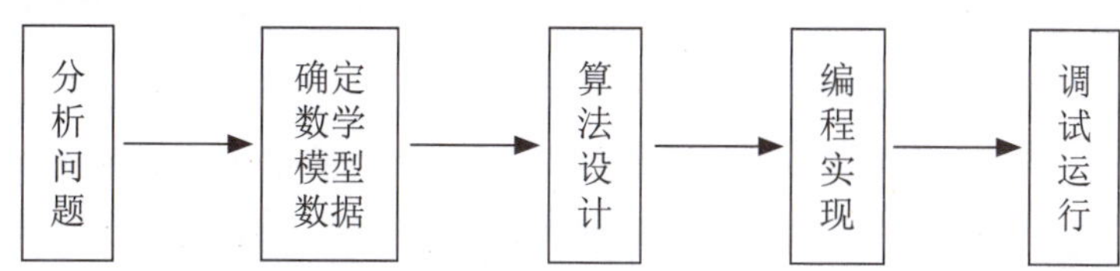

图 1.2　程序设计方法的基本步骤

1.3.1 分析问题

在着手解决问题之前，应该通过分析充分理解问题，明确原始数据、解题要求、需要输入输出的数据及形式等，具体如下。

(1) 弄清程序要完成的功能。

(2) 如果数据有输入，分析输入数据的格式和类型。

(3) 对输入的数据做什么样的处理。

(4) 处理结果使用哪个数据类型，如何保存，按什么格式输出。

比如，一杯水和一杯油的交换问题，程序功能是要完成两个杯中的液体交换，而不是杯子位置交换；输入数据应该为两容器中不同液体的质量，为简化问题，可以将其看成整数，也可以直接赋值；程序中主要对两个输入数据进行交换处理；最后将交换的结果在屏幕上输出，告知处理结果。

1.3.2 确定数据结构及模型

数据结构，指的是数据的存储结构及关系。数据模型，是对客观对象的数据特征的抽象描述。现实世界中的对象无法直接进入计算机，需要把它抽象为特定符号，放到计算机的存储器中，方便计算机进行处理。程序设计爱好者在学习过程中，要逐步树立程序设计的抽象思维，这是学好程序设计的重要基础。

比如，一杯水和一杯油的交换问题。水杯、油杯、水和油等都是无法直接放入计算机中处理的，需对其进行抽象描述，例如可以用 x 表示水杯，其值表示水的质量；y 表示油杯，其值表示油的质量；同时问题转换为 x 与 y 的值交换问题，记为 $x \leftrightarrow y$。

1.3.3 算法设计

所谓算法，是为解决某一特定的问题所给出的一系列确切的、有限的操作步骤，也称为解决方案 (方法)。

1. 算法设计准则

(1) 正确性。算法应当满足特定的需求，对于所有合法的输入数据都能得到正确的结果。

(2) 可读性。算法应当易于人的理解，以便于调试和维护。清晰的代码结构、合理的变量命名和模块化设计，可以使算法在后续的改进和调试中更加容易。

(3) 健壮性。当输入数据非法时，算法应能恰当处理，而不是产生错误的输出。处理错误的方法不应是中断程序执行，而是返回一个表示错误或错误性质的值。

(4) 高效性。算法的执行时间和存储量需求都应当尽可能低。时间复杂度衡量了算法运行时间随着输入规模增长的变化情况，优秀的算法应追求尽可能低的时间复杂度。

(5) 可扩展性。算法应该能够适应未来可能的变化和扩展，比如处理更大的数据量或者更复杂的任务。

(6) 模块化。将算法分解为独立的模块，由每个模块负责完成特定的功能，这样不仅提高了算法的可读性和可维护性，也有助于代码复用。

(7) 通用性。算法应该尽可能地适用于各种不同的应用场景和数据类型，而不仅仅局限于特定的问题或数据。

2. 算法的特征

算法是对计算机的解决问题方案的描述，每一步都应该是可以执行并且是确定、没有歧义的。使用者可以不通过输入设备进行输入，但是计算机一定要有一个输出的结果，这也要求算法步骤必须有限，否则计算机按照算法的步骤一直算下去，就一直不会有结果输出。因此，算法必须具备以下 5 个基本特征。

(1) 确定性：算法最基本的要求之一。它意味着算法的每一步操作都是明确的、无歧义的。在确定的算法中，对于任何给定的输入，算法都会产生相同的输出。只要输入保持不变，算法的行为应该是一致的。

(2) 有穷性：指算法必须能够在有限的步骤内结束，不应该无限循环。在实际的计算机中，算法必须能够在有限的时间内完成。

(3) 输入：算法至少应该有一个或多个输入。这些输入是算法在执行过程中所需的数据。算法的输入可以是从用户处接收的，也可以是算法内部预设的。

(4) 输出：算法至少应该有一个结果输出。输出可以是一个数值、一个状态、一个图形或者其他形式的输出。

(5) 可行性：算法的每一步都应该是在实际计算机中可执行的。算法的步骤不能涉及实际无法完成的操作，如无限的循环或者超出计算机处理能力的计算等。

算法的 5 个特性共同构成了一个算法的基本框架，了解这些特性对于学习算法和编程至关重要，因为它们不仅是计算机科学的基本概念，也是评估和设计算法的标准。在分析和设计算法的过程中，这些特性是必须要考虑的，以确保算法的有效性和实用性。

3. 算法的描述

算法描述是指对设计的算法用一种方式进行详细的展现，以便与人交流。算法可以采用多种方式来描述，包括自然语言、伪代码、程序流程图等。这些描述方式在问题的描述上存在一定的差异，其中自然语言较为灵活但不够严谨，而伪代码和程序流程图则具有较高的严谨性，但可能缺乏灵活性。

(1) 自然语言描述。使用人类语言对算法进行描述，易于理解但不够精确，不易于扩展。

【例 1-3】求 5 的阶乘。

【解】最直观方法是 1×2×3×4×5，其基本步骤如下。

步骤 1：先求 1 乘以 2，得到 2 的阶乘 2。

步骤 2：将步骤 1 得到的结果 2 乘以 3，得到 3 的阶乘 6。

步骤 3：将步骤 2 得到的结果 6 乘以 4，得到 4 的阶乘 24。

步骤 4：将步骤 3 得到的结果 24 乘以 5，得到 5 的阶乘 120。

(2) 伪代码描述。一种介于自然语言和编程语言之间的描述方式，既具有自然语言的易读性，又具备编程语言的严谨性。它不依赖于具体的编程语言，而是使用类似于自然语言的语法来描述算法的结构和逻辑。

【例 1-4】求 5 的阶乘。

【解】求 5! 的伪代码表示如下。

```
BEGIN
  n := 5
  result := 1
  FOR i FROM 1 TO n DO
    result := result * i
  END FOR
  PRINT result
END
```

(3) 程序流程图描述。程序流程图用图的形式画出程序流向，是算法的一种图形化表示方法，具有直观、清晰、更易理解的特点。程序流程图是目前描述算法的常用方法，一般分传统流程图和 N-S 流程图两类。其中传统流程图使用一组特定图形符号描述程序运行具体步骤，常用符号如图 1.3 所示。N-S 图又称盒图，它完全去掉了流程线，算法的每一步都用一个矩形框描述，把一个个矩形框按执行的次序链接起来，就是一个完整的算法描述。

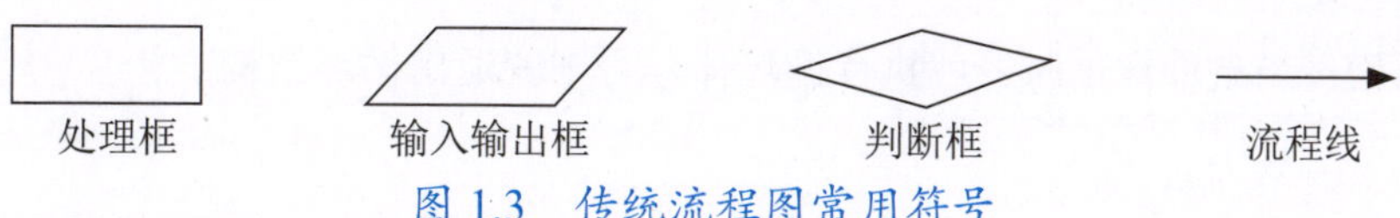

图 1.3 传统流程图常用符号

在结构化程序设计中，程序的执行流程由3种基本结构组成：顺序结构、选择结构和循环结构。流程图对不同结构画法有所不同。

● 顺序结构：程序中的语句按先后顺序逐条执行。

【例 1-5】求a与b的和。

【解】用传统流程图和N-S图表示其算法，分别如图1.4和图1.5所示。

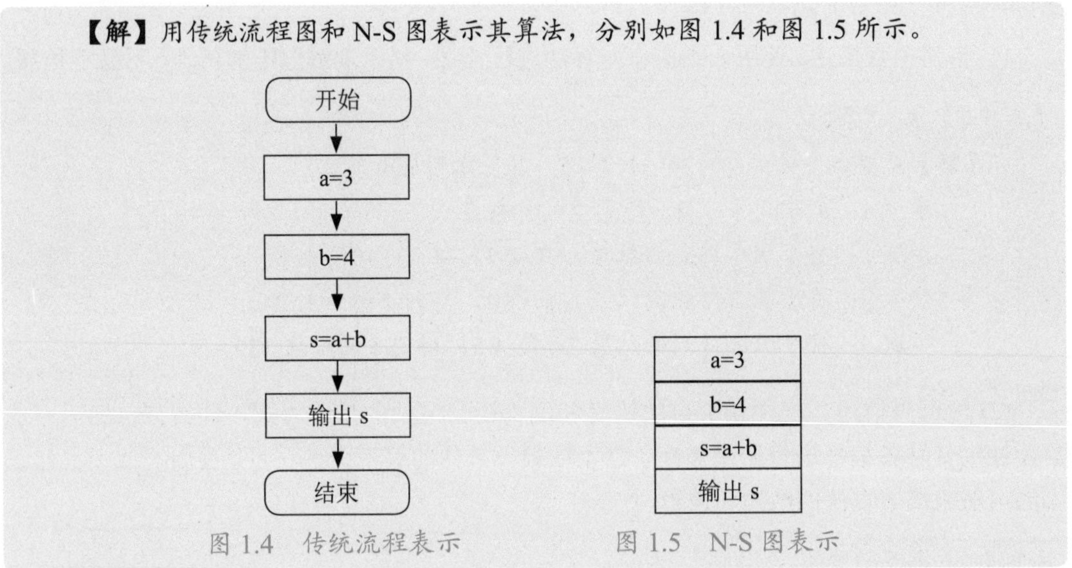

图 1.4　传统流程表示　　图 1.5　N-S 图表示

● 选择结构：在执行程序中的选择结构语句时，该结构将根据不同的条件执行不同分支的语句。

【例 1-6】求a与b中的最大值。

【解】用传统流程图和N-S图表示其算法，分别如图1.6和图1.7所示。

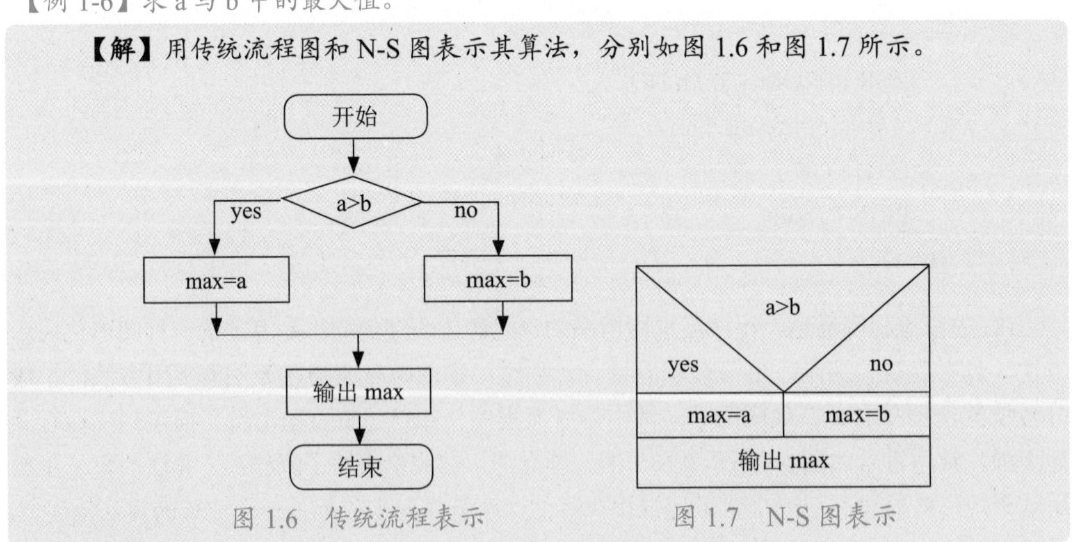

图 1.6　传统流程表示　　图 1.7　N-S 图表示

● 循环结构：当条件满足时，就执行循环体，否则就退出循环结构。

【例 1-7】求5的阶乘。

【解】用传统流程图和N-S图表示其算法，分别如图1.8和图1.9所示。

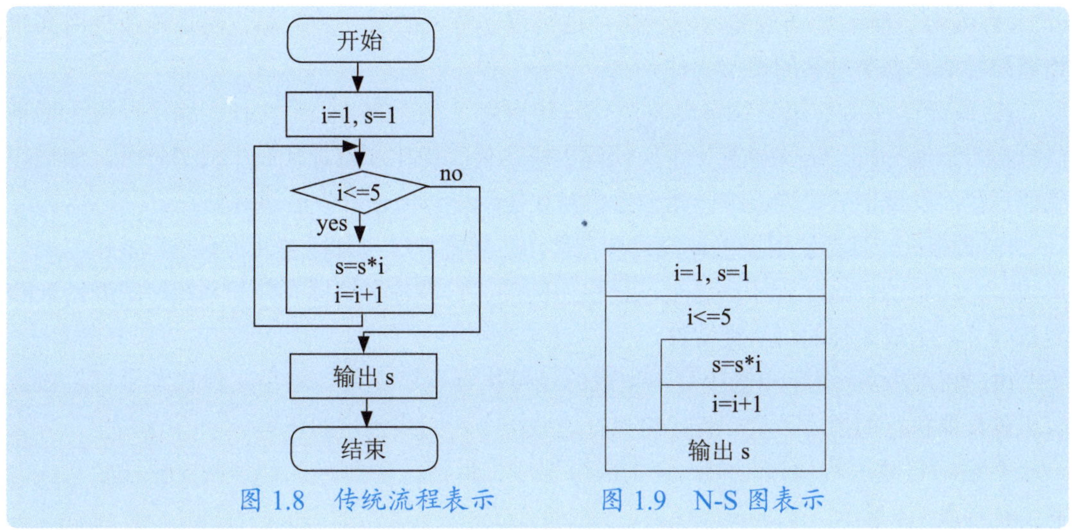

图 1.8 传统流程表示　　图 1.9 N-S 图表示

1.3.4 编程实现

编程实现是指将设计的方案、理念或者算法转换为可以工作的、有效的代码或程序的过程。在编程领域，将设计好的算法用代码表达出来是实现的典型例子。但这不仅仅是编程语言语法的堆砌，还包括代码的优化、错误处理、可维护性和可扩展性等多个方面的考虑。编制 C 语言程序的基本步骤一般包括编辑、编译、链接和执行等，具体步骤如图 1.10 所示。

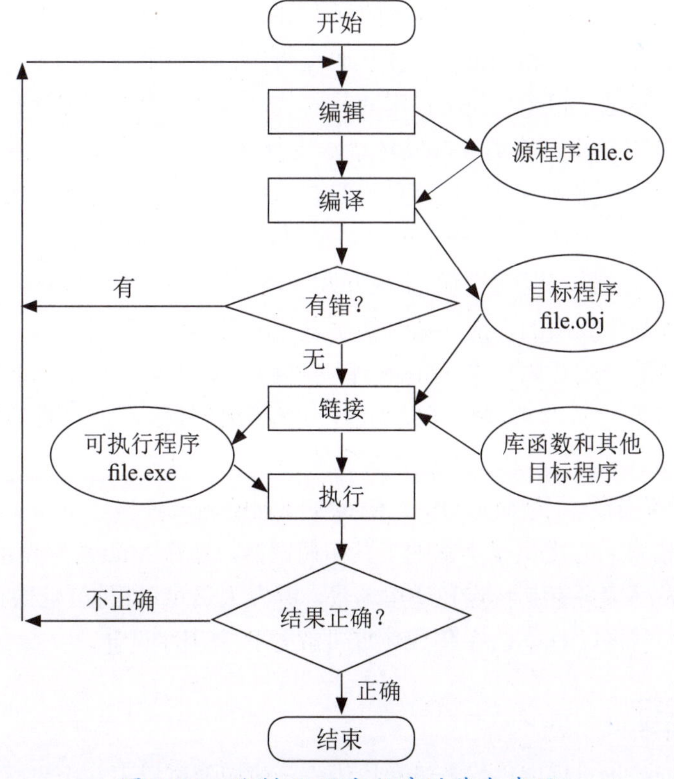

图 1.10 编制 C 语言程序的基本步骤

(1) 编辑：使用 C 语言编写源代码，这是程序开发的第一步。源代码是程序员用高级语言编写的，人类可读的文本文件。

(2) 编译：使用 C 语言编译器将源代码转换为可执行的二进制文件。编译过程包括词法分析、语法分析、语义检查、中间代码生成、代码优化和目标代码生成等阶段。如果在编译过程中发现语法错误，编译器会提供错误提示，以方便开发者进行修正。

(3) 链接：一旦源代码被编译成目标文件，还需要将这些目标文件与系统库链接起来，形成一个完整的可执行程序。这个过程称为链接，它将各个目标文件和系统库中的函数和变量合并，生成最终的可执行文件。

(4) 执行：运行编译和链接后，生成的是可执行程序文件。这个文件包含了可以被计算机处理器执行的指令，执行程序将执行这些指令，完成预定的任务。

在编制 C 语言程序过程中，会生成源程序、目标程序和可执行程序 3 种程序文件，其特征如表 1.1 所示。

表 1.1　源程序、目标程序和可执行程序的特征

	源程序	目标程序	可执行程序
内容	程序设计语言	机器语言	机器语言
是否可执行	不可以	不可以	可以
文件名后缀	.c 或 .cpp	.obj	.exe

编程实现的整个工作都可以在集成开发环境中完成，目前 C 语言常用的集成开发环境包括以下几种。

- Visual Studio。这是 Windows 平台下的标准 IDE，功能强大，支持多种编程语言。它提供了丰富的开发工具和调试器，如代码编辑器、编译器、调试器等。这个环境虽然功能强大，但不适合初学者使用，因为其安装包较大，包含许多暂时用不到的工具。
- Eclipse。这是一个开源的集成开发环境，支持多种编程语言，其中就包括 C 语言。Eclipse 具有可扩展性强的特点，可以通过插件增加额外的功能，适合需要跨平台开发的用户。
- Code::Blocks。这是一款轻量级的集成开发环境，专门针对 C 和 C++ 语言。它提供了简洁的界面和易于使用的功能，适合初学者使用或小型项目开发。
- Dev-C++。这是一款适用于 Windows 环境的 C/C++ 开发工具，功能简洁，适合初学者使用。它没有完善的可视化开发功能，调试功能较弱，但自带的编译器能满足初学者。
- Xcode。这是苹果公司为 Mac OS X 和 iOS 开发的集成环境，支持多种编程语言，其中就包括 C 语言。它提供了丰富的工具和调试器，适合 Mac 用户使用。

这些集成开发环境各有其特点和适用场景，开发人员可以根据自己的需求选择合适的 IDE 进行开发。本书将以 Dev-C++ 集成环境讲解 C 语言程序设计。

1.3.5 调试运行

程序调试运行是指对程序进行查错和排错，一般应经过以下几个步骤。

1. 静态检查（人工检查）

在将代码放入编译器编译之前，先仔细对程序进行人工检查，查看程序的结构是否清晰合理、各函数间的调用关系是否正确，检查变量命名是否规范、有无拼写错误，以及检查语法上是否存在明显问题，比如括号是否匹配、有没有漏写分号等。

2. 利用编译程序检查语法错误

- 编译错误 (Error)。由 C 编译系统对程序进行查错时，如果出现编译错误，必须根据错误提示找出错误的位置并改正。有时代码中一个错误可能导致产生一大批编译错误，这种情况下应该从上到下逐一改正，修改一两个之后再次编译。
- 编译警告 (Warning)。警告也需要根据情况处理，若不处理可能产生运算误差等。

3. 运行程序并检查逻辑错误

排除语法错误后运行程序，输入多组不同的数据测试程序，检查运行结果是否符合要求。如果运行结果错误，这可能是由于程序中存在逻辑错误。此时通常需要对照流程图检查算法逻辑，确定程序的逻辑流程是否正确。对于怀疑出错的地方，可设置断点，查看程序当前的状态；也可一步一步地执行，监控变量值的变化，通过输出的值来判断程序是否按照预期运行，从而找到出错的程序段，缩小查错范围。

1.4 项目实战

我们有一杯水和一杯油，现在告诉机器人将两个杯子里面的液体交换，请问你有什么好的方法吗？

1.4.1 项目问题分析

项目是要完成两个杯中的液体交换，而不是杯子位置交换；输入数据简化成整数，在程序中直接赋值，分别表示两种液体质量；程序主要对两个输入数据进行交换处理；最后将交换结果在屏幕上输出。

1.4.2 数据模型的构建

水杯、油杯以及水和油都是无法直接放入计算机中处理的，我们对其进行抽象描述，构建正确的数据模型，具体如下。

- int x ;　//x 表示水杯，其值表示水量
- int y;　//y 表示油杯，其值表示油量
- 问题描述：$x \leftrightarrow y$。

1.4.3 算法的设计

【算法 1】用一个空杯 z 作为缓冲，完成水和油的交换，具体算法描述如图 1.11 所示。

【算法 2】不用一个空杯做缓冲，利用水和油的密度不同来完成交换，具体算法描述如图 1.12 所示。

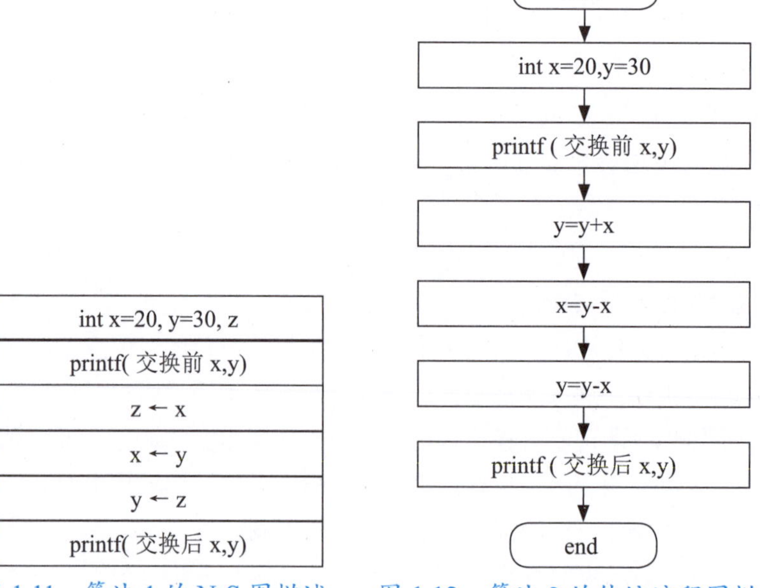

图 1.11 算法 1 的 N-S 图描述　　图 1.12 算法 2 的传统流程图描述

1.4.4 代码编写

C 语言源代码可以在任何文本编辑器中编辑，也可以在集成环境下直接编辑。

【算法 1】

```
/* This is the first C program */
#include  <stdio.h>
int main ( )
{
      int x=20, y=30, z;
      printf (" 交换前 :x=%d, y=%d!\n",x,y) ;
      z=x;
      x=y;
      y=z;
      printf (" 交换后 :x=%d, y=%d!\n",x,y) ;
      return 0;
}
```

其中第 1 行为注释语句，用于帮助程序员理解代码。C 语言中的注释由“/*”开始、由“*/”结束，这种注释方式可以实现多行注释；使用“//”可进行单行注释。

第 2 行为预处理语句，告诉编译器到哪里找使用的系统库函数。如果要使用系统库函数，需用预处理指令包含其相应的头文件。预处理指令都是以“#”号开头。本程序中使用了 printf 库函数，该函数的声明放在 stdio.h 头文件中。预处理语句有两种形式：一种是使用尖括号“< >”包含系统头文件，如 #include<stdio.h>，此时系统会先搜索编译器指定的路径，然后搜索标准系统头文件路径。另一种使用双引号 (" ") 包含用户自定义的头文件，如 #include"myheader.h"，此时系统会先在搜索当前工作目录，然后搜索系统头文件路径。

从第 3 行起是主函数 main。C 程序由函数构成，有且仅有一个 main 函数，它是程序的入口和出口，即程序从 main 的第 1 个“{”开始执行，到最后一个“}”结束。“{}”中包含的语句称为函数体，函数体中每一条语句以分号结束，其中“int x=20, y=30, z;”为变量定义语句；“printf (" 交换后 :x=%d, y=%d!\n",x,y);”和“printf (" 交换后 :x=%d, y=%d!\n",x,y) ;”为输出语句；“z=x; x=y; y=z;”这 3 条语句完成数据交换；“return 0;”为函数返回语句。

C 语言源文件无程序行的概念，程序中可使用空行和空格，语句都是以分号结尾。C 语言所使用的符号为英文状态下符号，字母区分大小写。

【算法 2】

```
/* This is the first C program */
#include <stdio.h>
int main ( )                    // 无参数、有返回值的主函数
{
    int x=20, y=30;   // 定义变量 x 表示水杯，y 表示油杯，并赋初值
    printf (" 交换前 :x=%d, y=%d!\n",x,y) ;   // 交换前输出
    // 开始交换
    y=x+y;
    x=y-x;
    y=y-x;
    printf (" 交换后 :x=%d, y=%d!\n",x,y) ; // 交换后输出
    return 0;   // 返回
}
```

1.4.5 程序调试运行

我们采用 Dev-C++ 5.11 集成环境，程序的编辑、调试、运行都在集成环境下完成。如果您还没有安装的话，可以从课程网站 (https://www.xueyinonline.com/detail/246393878) 资料中下载安装。

1. 集成环境安装运行

(1) 从课程网站下载 devcpp5.11.rar 后，解压此压缩包，双击 devcpp 5.11.exe 安装文

件，开始安装。首先弹出 Installer Language(安装语言选择) 对话框，如图 1.13 所示，选择 English(英文)，单击 OK 按钮，确定安装语言。

(2) 弹出 License Agreement(许可证) 窗口，如图 1.14 所示。直接单击 I Agree 按钮，同意安装许可。

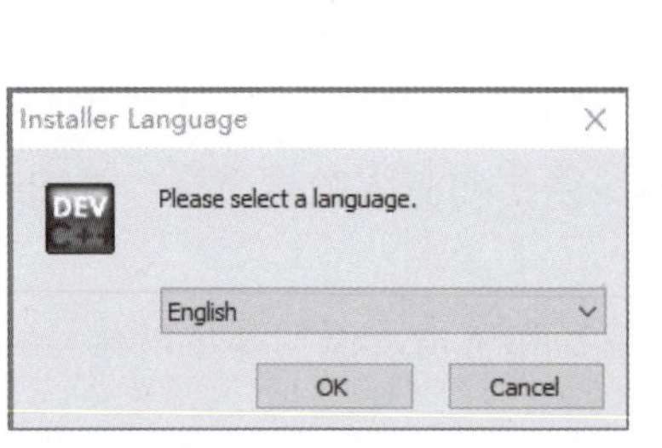

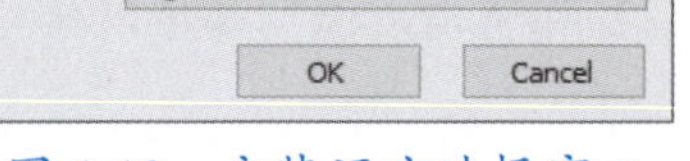
图 1.13　安装语言选择窗口

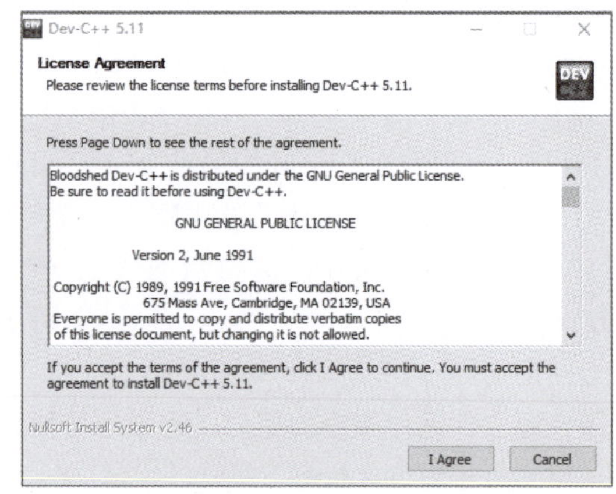

图 1.14　许可证窗口

(3) 弹出 Choose Components(组件选择) 窗口，如图 1.15 所示，安装类型选择 Full(默认值)，然后单击 Next 按钮。

(4) 弹出 Choose Install Location(选择安装位置) 窗口，如图 1.16 所示。可以单击 Browse 按钮选择新的安装位置。单击 Install 按钮，开始安装文件。

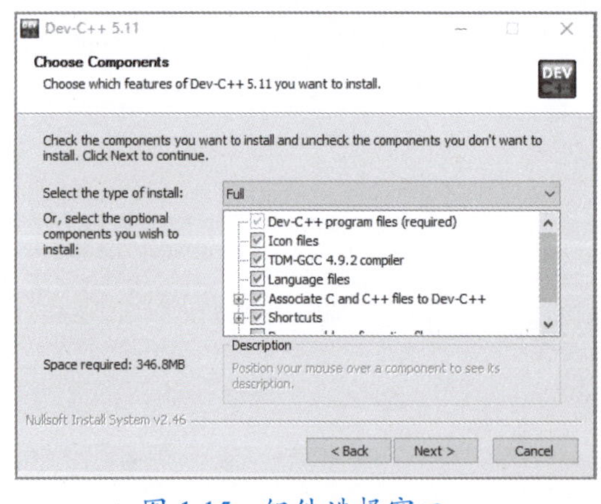

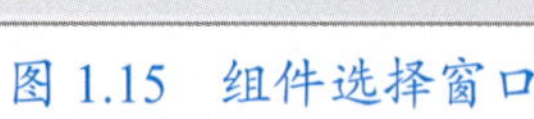
图 1.15　组件选择窗口

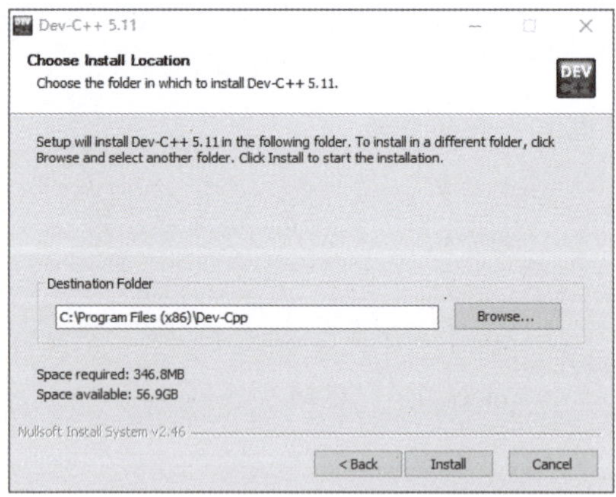

图 1.16　选择安装位置窗口

(5) 等待 Dev-C++ 安装完毕，弹出完成安装向导窗口，如图 1.17 所示。保留选中 “Run Dev-C++ 5.11” 复选框，单击 Finish 按钮，完成安装。

(6) 安装结束后，在 Windows 中选择 “开始” → “Bloodshed Dev-C++” → “Dev-C++” 命令启动集成环境；也可以用桌面快捷方式启动。当首次运行 Dev-C++ 时，会弹出首次运行配置窗口，如图 1.18 所示。选择语言为“简体中文”，然后单击 Next 按钮，进入下一步。

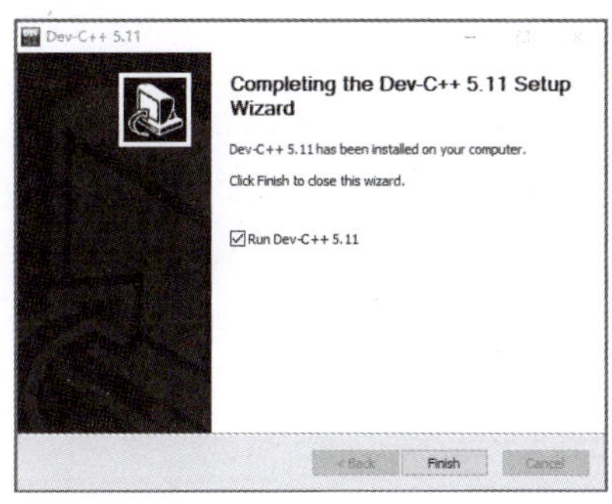

图 1.17　完成安装向导窗口

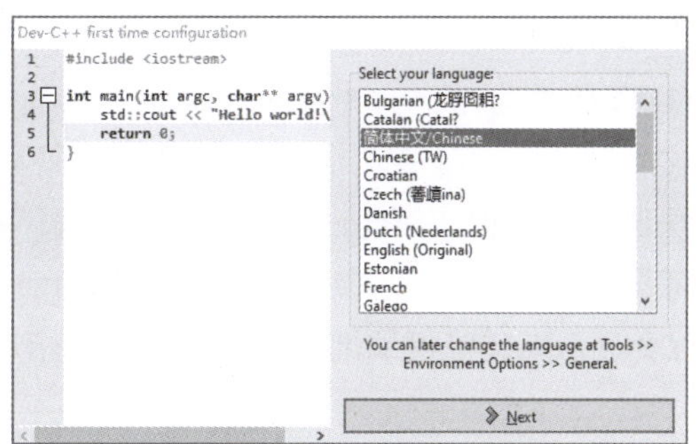

图 1.18　首次运行配置窗口

(7) 弹出主题选择窗口，如图 1.19 所示。在此可以选择编辑器的字体、颜色和图标，通常保持默认值即可。设置完毕后，单击 Next 按钮，进入下一步。

(8) 在弹出的已设置成功窗口中，直接单击 OK 按钮，完成首次安装配置。紧接着会出现 Dev-C++ 的主界面，如图 1.20 所示。

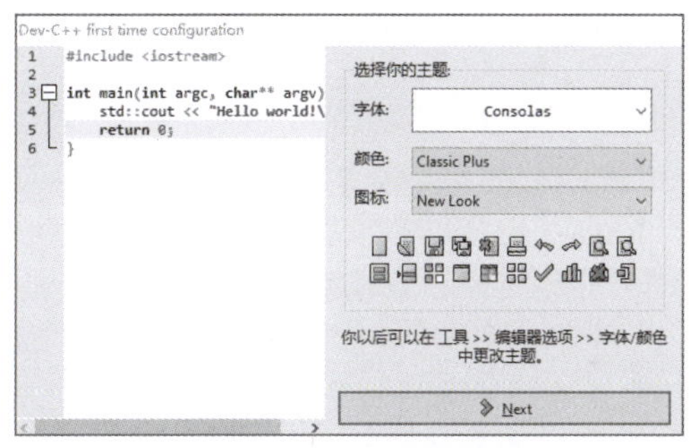

图 1.19　主题选择窗口

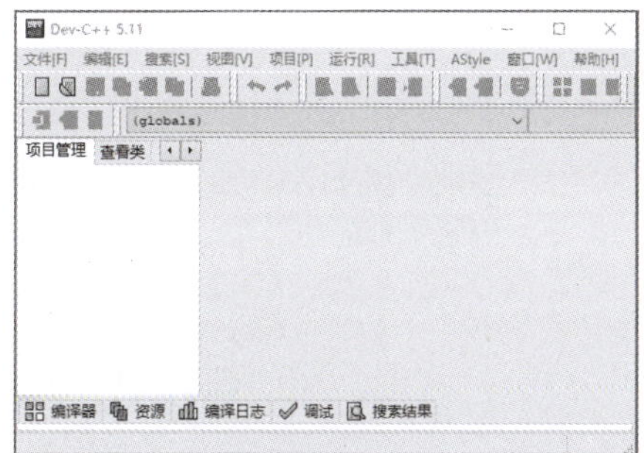

图 1.20　Dev-C++ 的主界面

2. 源程序编辑

(1) 在 Dev-C++ 主界面中，选择“文件”→“新建”→“源代码”命令，可以在编辑窗口直接编辑源程序，也可将编辑好的源程序复制过来，其操作与其他文本编辑器类似，如图 1.21 所示。

(2) 编辑完成后，选择“文件”→“保存”命令保存文件，此时可以选择文件保存位置、文件名和保存类型。保存位置和文件名可以根据自己喜爱设置，保存类型可以选择 C 或 C++ 源文件，如图 1.22 所示。

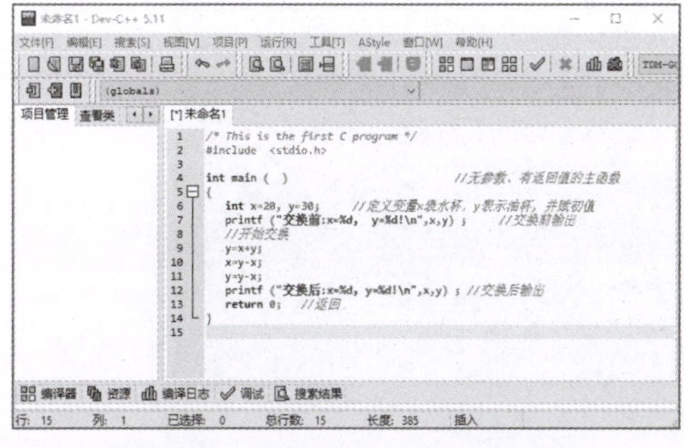

图 1.21　Dev-C++ 的编辑窗口

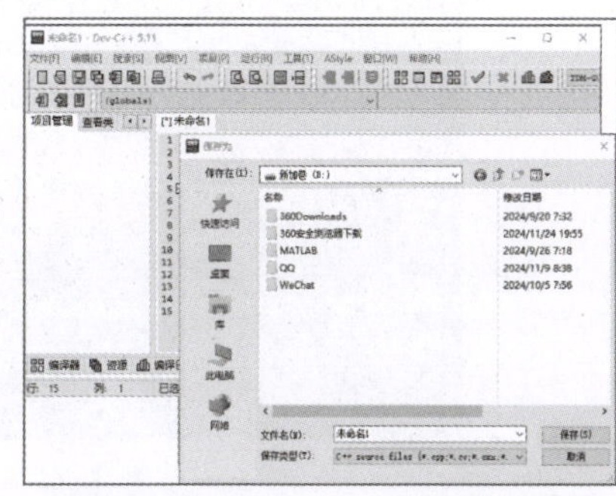

图 1.22　Dev-C++ 的保存窗口

3. 编译运行

(1) 选择“运行”→“编译”命令，或者按 F9 键，即可编译，文件如图 1.23 所示。编译文件时，主要检查语法错误，将 C 代码文件翻译成二进制汇编文件，这是因为计算机无法识别 C 文件。只能识别汇编文件。编译器完成编译工作，不需要我们手工操作，只要保证按照 C 语言的语法编辑好源程序即可。如果源程序有语法错误，编译窗口 (图 1.23 下方) 会显示编译错误结果，大家可以按提示进行修改。

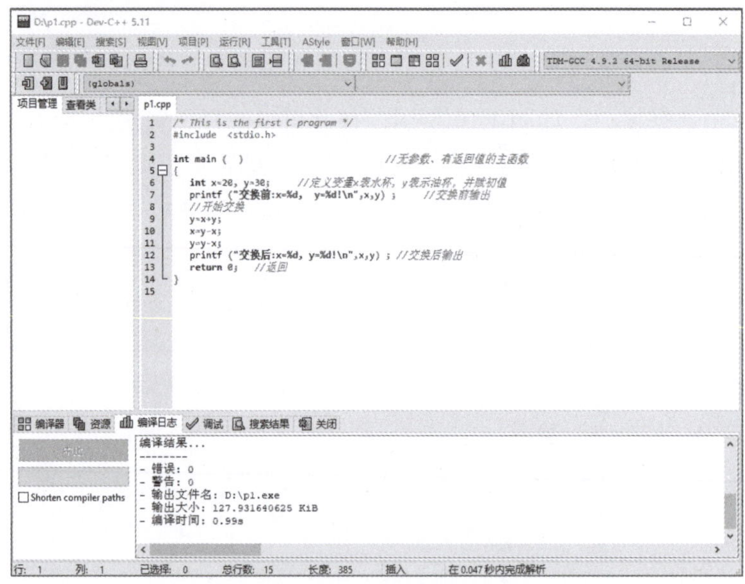

图 1.23　Dev-C++ 的编译窗口

(2) 选择“运行”→“运行”命令，或者按 F10 键，即可运行文件，结果如图 1.24 所示。运行是执行 EXE 文件 (编译生成的目标文件经链接后生成 EXE 文件)。当然，也可以将编译和运行结合，选择“运行”→“编译运行”命令或者按 F11 键即可。

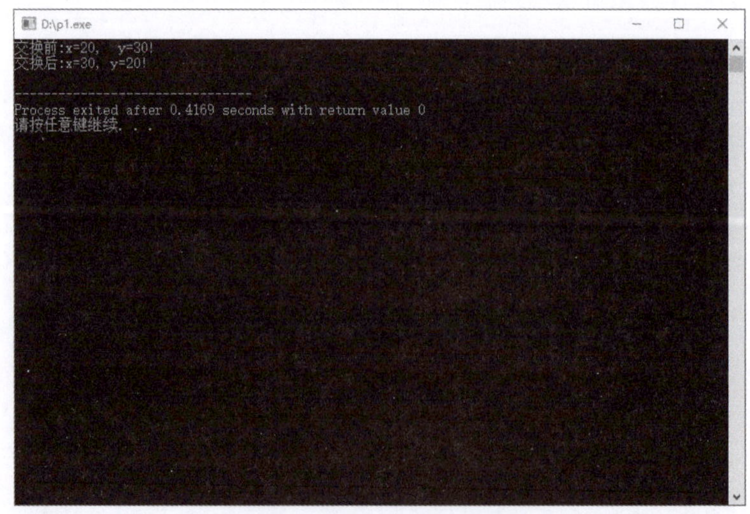

图 1.24　程序运行结果窗口

4. 调试运行

当程序存在逻辑上的一些错误，也就是经常说的bug，我们肉眼一时无法识别时，可以通过调试来修改完善程序。打开一个C语言源文件，一定要先编译它，这样做的原因一是看代码是否能够编译通过；二是调试运行时都是需要先编译的。

首先，调试的关键是设置“断点”，具体方法是在要设置断点的那行代码开头处的数字上单击，如图1.25中红色一行所示。可以设置多个断点，也可以只设置一个断点。如果设置了多个断点，程序会在断点与断点之间进行调试。如果只有一个断点，程序会从设置断点处开始，随着点击一步一步执行，直到程序结束。

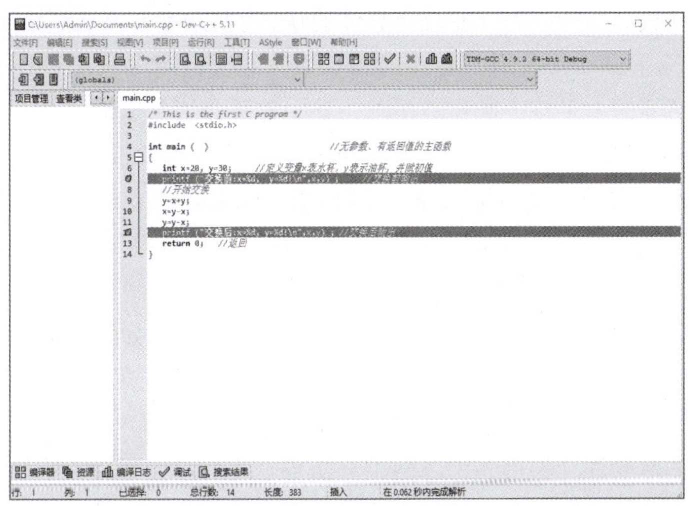

图 1.25 断点设置窗口

选择“运行”→“运行”命令或者按F5键，即可进入调试状态。调试开始后，可以单击“下一步”按钮，让程序运行到需要的位置。图1.26中蓝色一行表示当前程序运行的位置。也可以单击“添加查看”按钮，实时查看变量的值。

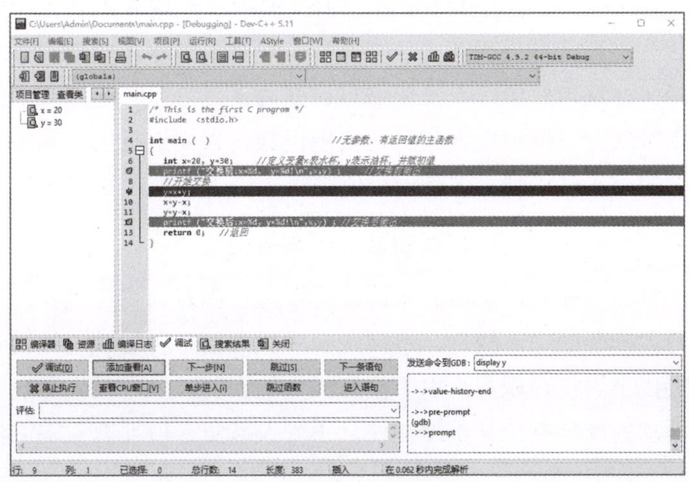

图 1.26 调试窗口

最后简单介绍一下调试窗口中常用的工具：“调试”——开始调试运行；“添加查看”——实时查看定义的变量、数组等值，它们会在左侧空白栏显示；“下一步”——让程序往下进行单步运行模式；“停止执行”——退出“调试”。

总结拓展

【本章小结】

本章主要是让读者对程序设计有一个整体的认识，帮助读者搞清楚如何跟计算机交流、为什么要学习C语言、如何利用C语言解决问题，培养读者的程序设计思维，掌握程序设计的方法，为后面的学习打下坚实的基础。其中主要介绍了以下几个方面内容。

(1) 通过理解程序设计与计算机语言等基本概念，形成程序设计理念。

(2) 了解C语言的来源与发展，认识学习C语言的重要性。

(3) 掌握C语言程序的基本结构。C程序由函数构成，有且仅有一个main函数，它是程序的入口和出口。C语言的语句都是以分号结尾。

(4) 掌握程序设计的基本步骤，了解DEV集成环境，能设计编写第一个C语言程序。

(5) 养成良好的编程风格：用锯齿形书写格式，多加注释。变量名、函数名见名知义，必须是合法的标识符，大小写敏感，先定义后使用。

本章所讨论的水与油交换问题中，两种算法各有优势，但都忽略了杯子的容量。这将涉及计算机数据存储，详情在后续章节将重点讨论。

【思政故事】

这一天，永远值得我们铭记

1964年10月16日15时整，在新疆罗布泊荒漠闪过一道强烈亮光，惊天动地的巨响之后，巨大火球转为蘑菇云冲天而起——中国第一颗原子弹爆炸成功。“东方巨响”震惊世界，同时向世界庄严宣告：中国人民依靠自己的力量，打破了超级大国的核垄断。这是中国人民为保卫国家安全、维护世界和平、实现民族复兴而进行的一场伟大的科学探索，也是中国科技史上的一座里程碑。这是一个值得每个中国人骄傲和铭记的大日子。

积弱积贫，百废待兴

中国研制第一颗原子弹时，正值新中国成立不久。当时新中国处在内忧外患的严峻境地，面对着世界两大阵营的“冷战”、帝国主义对我国的各种封锁与核讹诈，以及后来苏联的背信弃义。近代中国积弱积贫，由于没有强大的国防，成了任人撕咬的肥肉。要使新中国成为谁也啃不动的硬核桃，真正站得住、不受人欺负，就要有尖端武器。毛泽东主席在1958年6月的军委扩大会议上指出："原子弹，没有那个东西，人家就说你不算数。那么好，我们就搞一点。搞一点原子弹、氢弹、洲际导弹，我看有10年工夫是完全可能的。"在苏联的援助下，中国于1958年建成了第一座实验性原子反应堆。这一年，成立了以万毅为部长的国防部第五部，负责领导特种部队的组建工作；成立了以聂荣臻为主任的国防科学技术委员会，负责统一领导国防科学技术研究工作；不久，国防部第五部合并到国防科委。1959年6月，苏联中止合同，随后撤走了专家。毛泽东毅然决定：自己动手，从头摸起，准备用8年时间，造出原子弹。他明确指出："要下决心搞尖端技术。赫鲁晓夫不给我们尖端技术，极好！如果给了，这个账是很难还的。"中央把原子弹工程定名为"596工程"，要造"争气弹"。我们面前是完全空白的，没有先进的计算机，只有几台老式的手摇式计算机；研究人员更多只能依靠纸笔、计算尺等原始的工具。但随着纸张不断加厚，原子弹的理论设计也一步一步推进。

干惊天动地事，做隐姓埋名人

1960年春天，中央军委命令陈士榘将军率领中国的第一批特别工程部队进入罗布泊，开始了中国第一个核试验基地的工程建设。同时，中共中央在七、八月召开工作会议，讨论如何克服面临的严重困难，以及发展国防科学技术特别是尖端技术的问题，提出要"埋头苦干，发愤图强，自力更生，奋勇前进"，并采取了一系列重大措施：一是加强领导，组织全国各科研、生产部门协作攻关；1962年11月，成立了以周恩来任主任、罗瑞卿任办公室主任、国务院几位副总理及中央军委有关部门领导参加的专门委员会。二是遵照"缩短战线，任务排队，确保重点"的原则，对其他一些尖端武器发展项目，除保留一定的骨干力量继续攻关外，暂缓进行，以集中力量研制原子弹。三是选调技术骨干100名、大中专毕业生6000名，培养充实原子弹研制队伍。

中央专委在周恩来领导下，组织各方面的力量，及时在人力、物力、财力等方面进行调度，卓有成效地组织了全国大协作，解决了研制原子弹中遇到的100多个重大问题，安排了原子弹所需的特殊材料、部件和配套产品2万余项的研制生产，大大加快了原子弹研制的步伐。广大科技工作者在科研和生活条件十分艰苦的环境下，凭着为祖国争光的勇气，克服重重困难，发挥聪明才智，攻克了一道道难关，经过反复试验论证，于1963年3月提出了中国第一颗原子弹理论设计方案；同时，西北核武器试验场和研制基地的建成，为全面突破原子弹技术创造了条件。于是，党中央将国防科研人员陆续迁往大西北，开始进入研制原子弹的总攻阶段。

在美、英、苏三国联合遏制中国进行核试验的大背景下，中国的科学家们努力工作、发愤图强，在核武器的研究方面取得了一系列重大的突破。彭桓武、邓稼先、周光召、胡思得、周毓麟、孙清河、李德元、朱建士、秦元勋等科技理论家完成了理论的设计；王淦昌、吴世法、陈能宽、林传骝等人进行了爆炸物理试验研究；钱三强、何泽慧、王方定等人进行了中子物理试验研究；惠祝国、祝国梁等人进行了引爆控制研究；郭永怀、龙文光等人进行了结构设计方面的研究。到 1964 年夏天，我国终于全面突破了原子弹技术难关，取得了原子弹研究方面的巨大成就。经过广大科技人员奋发图强，1964 年 6 月 6 日，经过爆轰模拟试验，我国胜利实现了预先的设想。

中国人民通过艰苦奋斗、自强不息、克服各种困难，终于研制出第一颗原子弹。新中国第一颗原子弹的成功研制，打破了帝国主义对我国的核讹诈，增强了国家的国防力量。同时原子弹的爆炸成功，代表了中国科学技术的新水平，有力地打破了超级大国的核垄断，提高了中国的国际地位。正是有了这些先辈们义无反顾的献身与付出，在 60 多年前，中国第一颗原子弹才得以横空出世。也正是在前辈们不畏艰难、勇于牺牲的精神鼓舞和激励下，一代又一代中国人实现了一次又一次的突破。60 多年后的今天，东风快递使命必达、航母舰队依次入列、神舟飞船遨游太空 …… 只要秉持先辈们的这种精神，相信未来我们定将创造出更多中国奇迹。

致敬先辈！

【课后练习】

一、选择题

1. 一个 C 程序的执行是从 (　　)。

   A. 本程序的 main 函数开始，到 main 函数结束

   B. 本程序文件的第一个函数开始，到本程序文件的最后一个函数结束

   C. 本程序文件的第一个函数开始，到本程序的 main 函数结束

   D. 本程序的 main 函数开始，到本程序文件的最后一个函数结束

2. 以下叙述正确的是 (　　)。

   A. 在对一个 C 程序进行编译的过程中，可发现注释中的拼写错误

   B. 在 C 程序中，main 函数必须位于程序的最前面

   C. C 语言本身没有输入输出语句

   D. C 程序的每行中只能写一条语句

3. 一个 C 语言程序是由 (　　)。

   A. 一个主程序和若干个子程序组成

   B. 函数组成

   C. 若干过程组成

   D. 若干子程序组成

4. 以下叙述中错误的是 (　　)。

   A. C 语言的可执行程序是由一系列机器指令构成的

   B. 用 C 语言编写的源程序不能直接在计算机上运行

C. 通过编译得到的二进制目标程序需要链接才可以运行

D. 在没有安装 C 语言集成开发环境的机器上不能运行 C 源程序生成的 .exe 文件

5. 以下叙述不正确的是 (　　)。

A. 一个 C 源程序必须包含一个 main 函数

B. 一个 C 源程序可由一个或多个函数组成

C. C 程序的基本组成单位是函数

D. 在 C 程序中，注释说明只能位于一条语句的后面

6. 标准 C 语言程序的源文件名的后缀为 (　　)。

A. .c

B. .cpp

C. .obj

D. .exe

二、填空题

1. 计算机程序设计语言的发展，经历了从 ____、____ 到 ____ 的历程。

2. 计算机能唯一识别的语言是 ____。

3. C 语言程序是由 ____ 构成的。

4. 每个 C 语言程序中有且只有一个 ____ 函数，它是程序的入口和出口。

5. 引用 C 语言标准库函数，一般要用 ____ 预处理命令将其头文件包含进来。

三、程序分析题

1. 分析图 1.27 所示流程图，指出该算法所完成的功能。

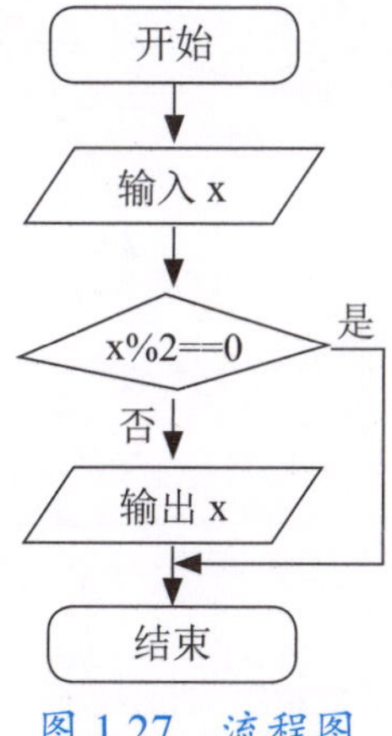

图 1.27　流程图

2. 设计从 a、b、c 三个数中找出一个最大数的算法，用流程图表示该算法。

四、程序设计题

1. 编写一个 C 语言程序，要求输入两个整数 a 和 b，交换 a 和 b 的数值后，在屏幕上输出交换结果。

2. 编写一个 C 语言程序，要求运行时输出下面图形。

```
********************
  Hello AI World!
********************
```

3. 同学们进入大学学习，一定要做出合理规划。大家想预测一下四年后的你是什么样的吗？我们可以用程序来计算：假设同学们进入大学是站在同一起跑线 (记为 1.0)，一天比一天进步或退步一点点 (0.01)，大学四年后的你到底有多强大？

提示：实数定义可用 double, x^y 可以使用 pow(x,y) 函数，该函数在 math.h 头文件中声明。

第 2 章 数据存储

不积跬步，无以至千里[①]。

——荀子《劝学》

【项目案例】

给定圆的半径 r，求圆的面积。要求输入一个整数，表示圆的半径；输出一个实数，四舍五入保留小数点后 10 位，表示圆的面积。

【问题驱动】

(1) 什么是数据存储？

(2) 数据在计算机中如何存储？

(3) C 语言中如何使用存储的数据？

【章节导读】

在数据驱动的时代，数据存储原理是程序设计中的核心知识之一。数据存储是计算机科学和信息技术中的核心概念之一，涉及数据的保存、管理和使用。掌握程序运行过程中数据的存储情况，数据的存储原理，如何使用存储的数据，对程序设计者有非常重要的意义。本章将对计算机工作原理、计算机存储器、数据存储原理和存储形式，标识符、常量、变量等基本概念，以及各种数据类型变量的定义和常量的表示方式等进行介绍。掌握数据存储原理，可以帮助开发者设计高性能、高可用的程序，提高数据的安全性、完整性和可靠性。

① 这句话强调了基础知识积累的重要性。伟大成就源于积累，无论学习还是生活，耐心坚持，脚踏实地，一步一步积累，终将会达成目标。

2.1 什么是数据存储

在第 1 章讨论了水与油交换的问题，编写了相关程序，但在调试程序时发现了下面情况。

【程序】

```
/* This is the first C program */
#include <stdio.h>
int main ( )                          // 无参数、有返回值的主函数
{
    char a=888, b=999;                // 定义变量 a 表示水杯，b 表示油杯，并赋初值
    printf("before the exchange:a=%d, b=%d!\n",a,b);          // 交换前输出
    b=a+b;
    a=b-a;
    b=b-a;
    printf("after the exchange:a=%d, b=%d!\n",a,b) ;          // 交换后输出
    return 0;                                                 // 返回
}
```

【运行结果】 before the exchange:a=120,b=-25!

after the exchange:a=-25,b=120!

从程序运行结果中可以发现，x 和 y 的值进行了交换，但其值发生了变化。这是为什么？原因是我们没有考虑水杯和油杯的容量问题，如果水和油过多可能会产生溢出。这些情况涉及数据在计算机中的存储问题，让我们通过这章的学习来探究其中奥秘吧。

2.1.1 计算机工作原理

计算机的基本组成部分主要包括输入设备、输出设备、存储器、运算器、控制器。输入设备用于接收用户的指令和数据，输出设备用于显示处理结果，存储器用于存储程序和数据，运算器负责执行算术和逻辑运算，控制器负责协调和指挥计算机各部件的工作，如图 2.1 所示。其中由运算器和控制器组成的中央处理单元 (Central Processing Unit，CPU)，是一块超大规模的集成电路，也就是我们平常所称的芯片，是计算机的运算核心和控制核心，负责执行指令和处理数据。

计算机的工作原理主要基于存储程序和程序控制的概念，这意味着计算机需要预先将指令序列 (程序) 和原始数据通过输入设备输送到计算机内存储器中。每条指令都要明确规定计算机从哪个地址取数，进行什么操作，然后送到什么地址等步骤。在运行时，计算机从内存中取出指令，经过译码后，按指令的要求，从存储器中取出数据进行指定的运算和逻辑操作等加工，然后再按地址把结果送到内存中去。接下来，再取出下一条指令，在控制器的指挥下完成规定操作，直至遇到停止指令。

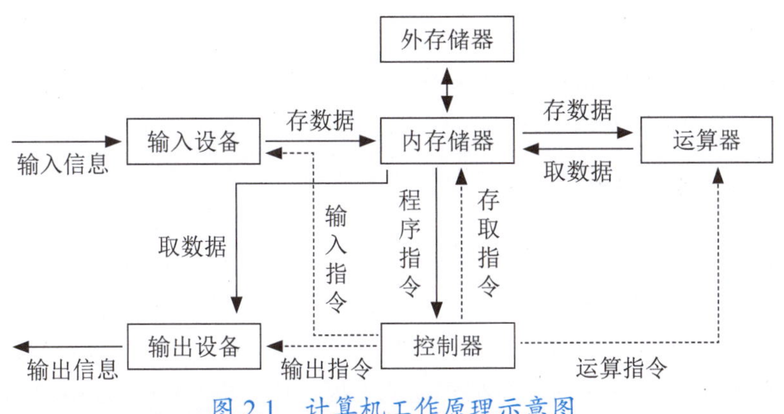

图 2.1　计算机工作原理示意图

存储程序是现代计算机的基础，指的是程序 (即指令序列) 和数据被预先存储在计算机的内存中，这样 CPU 就可以按顺序读取并执行这些指令。程序控制是指在程序执行过程中，计算机自动按照程序员设定的顺序和条件来控制各种操作的执行，这种控制方式使得计算机能够灵活地处理各种任务。因此，计算机的工作原理是一个复杂但有序的过程，涉及指令的存储、提取、解析和执行，以及数据的存储和处理。CPU 作为核心部件，负责执行指令和处理数据，而存储器则提供了必要的记忆空间来存储程序和数据。通过这些组件的协同工作，计算机能够自动地完成预定的任务。

2.1.2 计算机存储器

存储器是计算机的记忆装置，用来存储指令或者数据的部件。根据 CPU 能否直接访问，可将所有存储器分为内部存储器和外部存储器两类。其中 CPU 可以直接访问所有的内部存储器，但无法直接访问外部存储器。例如，我们常说的内存条就是一种内部存储器；而诸如硬盘、U 盘、光盘等则属于外部存储器。

存储器是具有“记忆”功能的设备，它采用具有两种稳定状态的物理器件来存储信息。这些器件也称为记忆元件，记忆元件的两种稳定状态分别表示为“0”和“1”，因此计算机中的所有数据只能采用两个数码“0”和“1”的二进制表示。

计算机存储器容量是指存储器可以容纳的二进制信息量，通常用存储器中存储地址寄存器 (MAR) 的编址数与存储单元位数的乘积表示。记忆元件存放的一个二进制数位称为位 (bit)，是存储器最小的存储单位。每 8 位组成一个存储单元，称为字节 (Byte)，是存储器的基本存储单位。每个存储单元都有一个唯一的编号，称为地址。一个存储器包含许多存储单元，每个存储单元可存放一个字节的数据；CPU 根据地址寻找到存储单元，再从对应地址的存储单元中读写数据。

存储器以二进制计算容量，基本单位是字节 (Byte，简称 B)，相关联的换算关系如下。

1KB=1024B=2^{10}B，1MB=1024KB=2^{20}B，1GB=1024MB=2^{30}B，1TB=1024GB=2^{40}B

对于 32 位的操作系统，最多可使用 2^{32} 个地址，即 4GB。通过物理地址扩展可以让 32 位系统访问超过 4GB 的存储器，而随着 64 位系统的出现，内存容量限制真正得到大幅度的扩展。但在不同操作系统中应用程序运行可能存在兼容性问题。

2.1.3 什么是数据存储

数字信息有两种类型：输入数据和输出数据。用户提供输入数据，计算机提供输出数据。但如果没有用户输入，计算机的 CPU 就无法进行任何计算或产生任何输出数据。手动输入 / 输出数据非常耗时耗力，解决方案就是计算机从存储设备中读写数据，而无须手动将数据输入 / 输出。简单来说，数据存储就是现代计算机 (或称为终端) 直接或通过网络连接到存储设备，用户指示计算机从这些存储设备访问数据或将数据存储到其中。从根本上说，数据存储有两个基本要素：数据所采取的形式，以及记录和存储数据的设备。

在这里，我们主要讨论一下 C 语言编写的程序在运行过程中的数据存储情况，通常，在有操作系统的情况下，程序在自己的逻辑存储空间内存储和运行。程序运行时，存储空间的布局粗略划分为代码区和数据区。但是为了方便存储组织和管理，往往需要将它们划分为更加具体的区域。具体的划分因目标机器而定，但是一般来说，可以划分为以下几个部分。

(1) 保留地址区。为操作系统 (Operating System，OS) 保留的地址区域。通常是不允许普通程序读写，只允许操作系统读写。

(2) 程序代码区。静态存放编译产生的目标代码。

(3) 静态数据区。全局变量和静态变量存储在一块区域，初始化的全局变量和静态变量在一块区域，未初始化的全局变量和未初始化的静态变量在相邻的另一块区域。程序结束后，由系统释放。

(4) 文字常量区。存放常量字符串。程序结束后，由系统释放。

(5) 动态数据区。指动态变化的堆区和栈区。堆 (数据对象由低地址到高地址存储) 一般由程序员分配释放，若程序员不释放，程序结束时可能由 OS 回收。栈 (数据对象由高地址到低地址存储) 编译器自动分配释放，存放着为运行函数而分配的局部变量、函数参数、返回数据、返回地址等。

(6) 寄存器区：用来保存栈顶指针和指令指针 (汇编操作)。

编译程序所产生的目标程序本身的大小通常是固定的，一般放在代码区。目标程序所需要的数据对象放在数据区，这里的数据对象包括用户定义的各种变量或者常量，如“int a;”，其中的 a 是一个数据对象；如“printf("hello world");”其中的“hello world”字符串常量是一个数据对象。数据对象在目标机器中存放时，通常是以字节 (Byte) 为单位进行空间分配存储，同一类型的数据对象在不同类型的目标机器中分配存储空间的大小可能不同。

2.2 数据在计算机中如何存储

计算机中所有的数据是以二进制的形式存储的，那么 0、1 这些数据是怎么存在计算机当中的呢？事实上这是通过对小电容器的充放电来完成的；存储时充电表示 1，不通电表示 0；读取时电量大于 50% 为 1，电量小于 50% 为 0。因此，现实世界的客观对象要存储在计算机中，就首先要以二进制的形式表示，最后通过电子信号来实现。

2.2.1 C 语言的基本数据类型

程序是解决某种问题的一组指令的有序集合。著名计算机科学家沃思 (Niklaus Wirth) 提出一个公式：

程序 = 数据结构 + 算法

其中“数据结构”是指对数据的描述，在 C 语言中，体现为数据类型的描述。算法是对数据处理的描述，是为解决一个问题而采取的方法和步骤，是程序的灵魂。为了对数据进行存储和处理，C 语言把数据分成多种数据类型，每一种类型数据的表示、存储、运算等方面各自具有一些不同的特点。对于一个具体问题，要设计它的实现算法，必然要考虑其数据结构。

在 C 语言中，基本类型包括整型、实型和字符型，在 Dev-C++5.11 编译器下，各数据类型具体如下所述。

1. 整型

(1) int：标准整数类型，通常一个对象分配存储空间为 4 字节。

(2) short int：短整型，通常一个对象分配存储空间为 2 字节。

(3) long int：长整型，通常一个对象分配存储空间为 4 字节。

(4) long long int：超长整型，通常一个对象分配存储空间为 8 字节。

数据在内存中的二进位信息的最高位可作为数值信息位，也可作为数据的符号位；还可以通过 unsigned 修饰符表示无符号整数类型，如 unsigned int、unsigned short、unsigned long 等，它们不包含负数。

2. 实型

实型数据分 3 种类型：单精度型 (也称浮点型 float)、双精度型 (double)、长双精度型 (long double)。

(1) float：单精度浮点数，通常一个对象分配存储空间为 4 字节。

(2) double：双精度浮点数，通常一个对象分配存储空间为 8 字节。

(3) long double：长双精度浮点数，通常一个对象分配存储空间为 16 字节。

3. 字符型

字符型用 char 表示，用于表示单个字符，通常一个对象分配存储空间为 1 字节。

char 类型本质就是存放一个 1 字节大小的整型数据，同时可以分为有符号 (signed char) 和无符号 (unsigned char) 两种情况。

2.2.2 不同数据类型的存储方式

现代计算机采用二进制形式表示数据和指令，计算机内部处理的所有数据都是经过数字化编码的二进制数据。数值、文字、图形等信息，只有编码成二进制形式才能由计算机进行处理。数字化信息编码，就是用 0、1 两个二进制符号，根据一定规则组合起来，以表示现实世界大量且复杂多样的信息。通常情况下，数据在输入时，会被计算机的输入系统自动转化为相应的二进制编码形式。

1. 整数在内存中的表示

整数有 3 种二进制的表示形式：原码、反码和补码。整数的数值在内存中用补码的形式存放。原码、反码和补码用最高位表示数的符号 (0 为正，1 为负)，将一个整数转换成二进制形式，就是其原码。对于正数，原码、反码、补码都相同；对于负数，反码是将原码中除符号位以外的所有位 (数值位) 取反 (就是 0 变成 1，1 变成 0)，补码是其反码加 1。

如果用 4 位原码表示整数，−1 的原码为 1001，−2 的原码为 1010，1 的原码为 0001，2 的原码为 0010。因此 4 位原码表示的整数范围为 1111 ～ 0111，即为 −7 ～ 7。这时 0 的原码有两种表示方式：0000 和 1000；而且 −1 和 +1 相加也不能归 0，即 1001+0001=1010，显然原码不方便计算机进行运算，所以人们又发明了补码。补码其实就是以 0 为基准，通过加减运算得到正负数据的编码。如果用 4 位补码表示整数，其补码的形成过程如图 2.2 所示。

十进制整数	二进制补码	增减量
7	0111	+1
6	0110	+1
5	0101	+1
4	0100	+1
3	0011	+1
2	0010	+1
1	0001	+1
0	0000	0
−1	1111	−1
−2	1110	−1
−3	1101	−1
−4	1100	−1
−5	1011	−1
−6	1010	−1
−7	1001	−1
−8	1000	−1

图 2.2　补码的形成过程

在补码中，零的表示是唯一的，即全零，这有助于简化数值的比较和运算。补码同时扩大了表示范围：相比于原码，补码可以多表示一个最小数，如 4 位补码表示整数范围为 1000~0111，即为 -8~7。补码使得符号位可以和数值位一起直接参与运算，为设计乘法器、除法器等运算器件提供了便利，同时使整个运算形成闭环运算，数据溢出时不会报错。例如，4 位补码在最大正数基础上加 1，则变为最小负数，即 0111+1=1000；在最小负数基础上减 1，则变为最大正数，即 0111，相当于按 24 进行模运算，其他数据可以依此类推。

【例 2-1】给出整数＋ 14 和 -14 的补码及对应 32 位的内存单元存放形式。

【解】 $(+14)_{补}$ = 0000 0000 0000 0000 0000 0000 0000 1110

$(-14)_{补}$ = 1111 1111 1111 1111 1111 1111 1111 0010

对应 32 位的内存单元存放形式如图 2.3 所示。数据在内存中的存放位置是高字节放在高地址的存储单元中，低字节放在低地址的存储单元中。

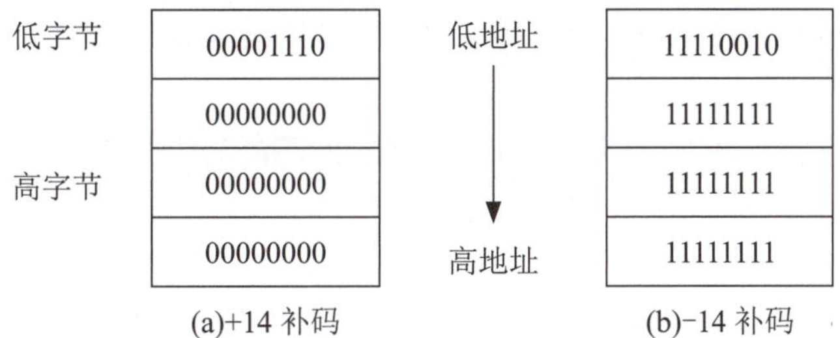

图 2.3　+14 和 -14 的内存单元存放形式

2. 实数在内存中的表示

实数是带有小数部分和整数部分的数字，也就是我们通常说的小数。对于小数，计算机采用了两种表示方法：定点表示法和浮点表示法。整数可以被看作是小数点位置固定在最右边的数字，因此定点表示法用来存储整数，小数点并不进行存储。而实数采用浮点表示法，该表示法允许小数点移动，可以在小数点左右有不同数量的码，极大增加了实数可存储的范围。

浮点数是将实数分为阶码和尾数两部分表示，即实数 $N=S\times r^j$。其中 S 为尾数 (正负均可)，用纯小数表示 (最高位置为符号位)，是小数点右边的二进制数，定义了该数的精度；j 为阶码 (正负均可，但必须为整数)，以补码形式表示；r 为基数，对二进制而言 r 等于 2。

【例 2-2】给出实数 float 型的 0.078125 对应 32 位的内存单元存放形式。

【解】 C 中 float 型占 4 个字节 (32 位) 内存空间，其中尾数符号 1 位，小数部分 23 位，阶码符号 1 位，阶码 7 位。将 0.078125 转换二进制为 0.000101，其二进制浮点形式为 0.101×2^{-3}，转换为十进制为 0.625×2^{-3}，即 7.8125×10^{-2}。其数据存储的格式如图 2.4 所示。

0	1010000000000000000000000	1	0000011
尾数符号	尾数部分	阶码符号	阶码部分

图 2.4　0.078125 的内存单元存放形式

3. 字符在内存中的表示

英文字符在内存中存储的是它的 ASCII 码值，一个英文字符存储占 1 个字节。汉字字符最常用的就是 GB2312 编码，一个汉字字符存储需要 2 个字节。

ASCII(American Standard Code for Information Interchange，美国信息交换标准代码) 是基于拉丁字母的一套电脑编码系统，主要用于显示现代英语和其他西欧语言。这是最通用的信息交换标准，等同于国际标准 ISO/IEC 646。ASCII 码使用指定的 7 位或 8 位二进制数组合来表示 128 或 256 种可能的字符。标准 ASCII 码也叫基本 ASCII 码，使用 7 位二进制数 (剩下的 1 位二进制为 0) 来表示所有的大写和小写字母，包括数字 0 ～ 9、标点符号，以及在美式英语中使用的特殊控制字符。具体对照情况如表 2.1 所示。

表 2.1　ASCII 对照表

ASCII 值	控制字符	ASCII 值	控制字符	ASCII 值	控制字符	ASCII 值	控制字符
0	NUT	32	(space)	64	@	96	、
1	SOH	33	!	65	A	97	a
2	STX	34	“	66	B	98	b
3	ETX	35	#	67	C	99	c
4	EOT	36	$	68	D	100	d
5	ENQ	37	%	69	E	101	e
6	ACK	38	&	70	F	102	f
7	BEL	39	,	71	G	103	g
8	BS	40	(	72	H	104	h
9	HT	41	)	73	I	105	i
10	LF	42	*	74	J	106	j
11	VT	43	+	75	K	107	k
12	FF	44	,	76	L	108	l
13	CR	45	-	77	M	109	m
14	SO	46	.	78	N	110	n
15	SI	47	/	79	O	111	o
16	DLE	48	0	80	P	112	p
17	DCI	49	1	81	Q	113	q
18	DC2	50	2	82	R	114	r
19	DC3	51	3	83	S	115	s
20	DC4	52	4	84	T	116	t
21	NAK	53	5	85	U	117	u
22	SYN	54	6	86	V	118	v
23	TB	55	7	87	W	119	w

（续表）

ASCII 值	控制字符	ASCII 值	控制字符	ASCII 值	控制字符	ASCII 值	控制字符
24	CAN	56	8	88	X	120	x
25	EM	57	9	89	Y	121	y
26	SUB	58	:	90	Z	122	z
27	ESC	59	;	91	[	123	{
28	FS	60	<	92	\	124	|
29	GS	61	=	93	]	125	}
30	RS	62	>	94	^	126	`
31	US	63	?	95	_	127	DEL

GBK 是汉字编码标准之一，全称为“汉字内码扩展规范”，是人们常说的“国标”。该编码几乎涵盖了所有的中文汉字，其中最常用的就是 GB2312，即国标 2312。一个汉字占 2 个字节。

Unicode 编码又称万国码，是计算机科学领域里的一项业界标准，包括字符集、编码方案等。Unicode 是为了解决传统的字符编码方案的局限而产生的，它为每种语言中的每个字符设定了统一并且唯一的二进制编码，以满足跨语言、跨平台进行文本转换、处理的要求。Unicode 编码几乎包含全世界所有文字，一个文字占 2 个字节 (byte)。

UTF-8 是目前用的最多的编码，它具有极强的兼容性，是针对 Unicode 的一种可变长度字符编码，一个汉字占 3 个字节，一个英文占 1 个字节。

注意：Dev-C++ 是比较方便的 C 编译器，默认的编码是 ANSI 编码。但有时因为打开文件的编码格式不对而出现中文乱码，这时可通过修改编码来解决：选中菜单栏的“工具”菜单，选择编译选项，加入 -fexec-charset=gbk，选中编译时加入以下命令。

2.2.3 不同数据类型的取值范围

因为 CPU 和编译器的差异，各系统中的数据类型所占用的字节数 (bytes) 不同，二进制位数 (bit) 也不同。那么怎样才能知道系统的数据类型的字节数和位数呢？ C 语言提供的 sizeof 运算符可以获取变量和数据类型所占用的内存大小 (字节数)。

【例 2-3】查看 Dev-5.11 下各数据类型所占内存大小。

【编程实现】

```
#include <stdio.h>
int main ( )            // 无参数、有返回值的主函数
{
printf(" 整型类型 :short int %d 字节， int %d 字节， ",sizeof(short),sizeof(int));
printf(" long int %d 字节，long long int %d 字节。\n",sizeof(long),sizeof(long long));
printf(" 实数类型 :float %d 字节， double %d 字节， ", sizeof(float), sizeof(double));
printf(" long double%d 字节。\n", sizeof(long double));
printf(" 字符类型 :char%d 字节。\n",sizeof(char));
```

```
return 0;  //返回
}
```

【运行结果】

整型类型 :short int 2 字节，int 4 字节， long int 4 字节，long long int 8 字节。
实数类型 :float 4 字节，double 8 字节，long double 16 字节。
字符类型 :char 1 字节。

综上可知在 Dev-5.11 下 C 语言中各数据类型所占内存大小，因此各数据类型的取值范围也就确定了，具体如表 2.2 所示。

表 2.2 基本数据类型大小与范围

类型	符号	关键字	占字节数	数的表示范围
整型	有	(signed)int	4	$-2^{31}\sim 2^{31}-1$
		(signed)short	2	$-2^{15}\sim 2^{15}-1$
		(signed)long	4	$-2^{31}\sim 2^{31}-1$
		(signed)long long	8	$-2^{63}\sim 2^{63}-1$
	无	unsigned int	4	$0\sim 2^{32}-1$
		unsigned short	2	$0\sim 2^{16}-1$
		unsigned long	4	$0\sim 2^{32}-1$
		unsigned long long	8	$0\sim 2^{64}-1$
实型	有	float	4	绝对值 $10^{-37}\sim 10^{38}$
	有	double	8	绝对值 $10^{-307}\sim 10^{308}$
	有	long double	16	绝对值 10^{-4931}~10^{4932}
字符型	有	char	1	-128 ～ 127
	无	unsigned char	1	0 ～ 255

在 C 语言中，float 型占 4 个字节 (32 位) 内存空间，其中尾数符号占 1 位，尾数部分占 23 位，阶码符号占 1 位，阶码占 7 位，提供 7～8 位有效数字。double 型占 8 个字节 (64 位) 内存空间，其中尾数符号占 1 位，尾数部分占 52 位，阶码符号占 1 位，阶码占 10 位，提供 16～17 位有效数字。long double 型占 16 个字节 (128 位) 内存空间，其中尾数符号占 1 位，尾数部分占 112 位，阶码符号占 1 位，阶码占 15 位，提供 19～20 位有效数字。

2.3 C 语言中如何使用数据

现代计算机中，程序 (即指令序列) 和数据都存储在计算机的内存中，CPU 可按地址读写并执行这些指令。作为程序设计者，怎么去读写相关数据和程序呢？显然按地址去读写是非常不方便的。一般情况下，首先给相应存储单元取一个别名，即标识符，然后即可通过标识符读写数据或程序。

2.3.1 标识符

在编程语言中，标识符是用户编程时自己定义的名字，用来标识变量、常量、函数的字符序列 (命名)。

C 语言中标识符的命名规范如下。

(1) 标识符由字母、数字、下画线组成，并且首字母只能是字母或下划线。

(2) 标识符对大小写敏感，即严格区分大小写。一般变量名用小写，符号常量命名用大写。注意，C 语言中字母是区分大小写的，因此 score、Score、SCORE 分别代表 3 个不同的标识符。

(3) 不能把 C 语言的关键字作为用户的标识符，如 if、for、while 等。标识符尽量不和 C 语言库函数同名。

(4) 标识符长度是由机器上的编译系统决定的，一般有效长度为 255 个字符，至少前 8 个字符有效。

(5) 标识符命名应做到“见名知义”，如 length(长度)，sum(求和)，pi(圆周率)。

【例 2-4】判断 C 语言中下列标识符的合法性。

Sum，sum，M.D.John，day，Date，3days，student_name，#33，lotus_1_2_3，char，a>b，_above，$123。

【解】 M.D.John 非法，不能含“.”；3days 非法，不能以数字开头；#33 非法，不能含“#”；char 非法，不能是关键字；a>b 非法，不能含“>”；$123 非法，不能含“$”；其他的标识符都合法。

2.3.2 常量

在 C 语言中，常量是指在程序的执行过程中，其值不会发生变化的量，它是一个固定的数据。常量可分为直接常量 (值常量) 和符号常量，其中直接常量可以直接使用，符号常量先定义后使用。

1. 直接常量

根据数据类型，常量可以是整数、浮点数、字符或字符串等。

(1) 整数常量。

在 C 语言中，整数常量是直接表示的整数数值不需要任何变量来存储它们。整数常量可以是十进制、八进制或十六进制，以下是 C 语言中的整数常量。

- 十进制整数：由数字 0 ～ 9 和正负号表示，如 123，-456，0。
- 八进制整数：由数字 0 开头，后跟数字 0 ～ 7 表示，如 0123，011。
- 十六进制整数：由 0x 或 0X 开头，后跟 0 ～ 9，a ～ f，A ～ F 表示，如 0x123，0Xff。

【例 2-5】判断下列常量的合法性。

012，oX7A，00，078，0x5Ac，-0xFFFF，0034，7B。

【解】oX7A 不合法，首字符不能是字母 o；078 不合法，八进制数中不能有数字 8；7B 不合法，十进制数中不能有字母 B；其他常量都是合法的。

整数常量可以通过后缀表示其类型。在 C99 及以后的标准中，可以将 U 或 u(对于无符号整数) 和 L 或 l(对于长整数) 作为后缀。在 C11 中，还引入了 LL 或 ll 作为长长整数的后缀，如 123U，123L，123Ll，123Lu。前缀、后缀可同时使用，以表示各种类型的数，如 0XA5Lu 表示十六进制无符号长整数 A5，其十进制值为 165。其实整型常数这种表示无符号数意义不大，在机器内部它还是用其补码表示，例如 -1U 和 -1 在内存中表示是一样的，数据处理也一样。

(2) 实型常量。

在 C 语言中，实型常量 (也称为浮点数) 用于表示有小数部分的数值。浮点常量可以是十进制小数表示法，也可以是十进制科学记数法 (也称为指数表示法)。

- 十进制小数形式：由数字 0 ～ 9 和小数点组成，如 0.0，5.6，-5.。
- 指数形式：由十进制数，加阶码标志 e 或 E 以及阶码 (只能为整数，可以带符号) 组成。一般形式为 aEn，其中 a 为十进制数，n 为十进制整数，都不可缺少，其可表示 $a\times10^n$，如 1.23E4，1.23e-4，分别表示 1.23×10^4，1.23×10^{-4}。

【例 2-6】判断 C 语言中下列实数常量的合法性。

1.2，0.0，345，E7，1.0-5，50.-E3，.125，5.0e3。

【解】345 不合法，无小数点；E7 不合法，阶码标志 E 之前无数字；1.0-5 不合法，无阶码标志；50.-E3 不合法，负号位置不对；其他实数常量都是合法的。

(3) 字符型常量。

字符型常量是用单引号 (') 括起来的单个普通字符或转义字符。

- 字符常量的值：该字符的 ASCII 码值，如 'a'，'A'，'?'。
- 转义字符：反斜线后面跟一个字符或一个代码值表示一个功能，如 '\n' '\101'。

常用转义字符及其含义如表 2.3 所示。

表 2.3 常用转义字符及其含义

转义字符	含义	ASCII 码值 (十进制)
\a	响铃 (BEL)	007
\b	退格 (BS)	008
\f	换页 (FF)	012
\n	换行 (LF)	010
\r	回车 (CR)	013
\t	水平制表 (HT)	009
\v	垂直制表 (VT)	011

（续表）

转义字符	含义	ASCII 码值（十进制）
\\	反斜线	092
\’	单引号字符	039
\”	双引号字符	034
\0	空字符 (NULL)	000
\ddd	任意字符	三位八进制
\xhh	任意字符	二位十六进制

【例 2-7】转义字符举例。

【编程实现】

```
#include <stdio.h>
int main ( )
{
   printf ("\101 \x42 C\n");
   printf ("I say:\"How are you?\"\n");
   printf ("\\C Program\\\n");
   printf ("Visual \'C\'\n"); printf("Y\b=\n");
   return 0;
}
```

【运行结果】

```
A B C
I say:"How are you?"
\C Program\
Visual 'C'
=
```

(4) C 字符串常量。

在 C 语言中，字符串常量是由双引号（“ ”）包围的一系列字符，包括字母、数字、标点符号和特殊字符。字符串常量以空字符 (\0) 作为结尾，这是由编译器自动添加的，用于标记字符串的结束， 如字符串“HELLO”在内存中的存放形式如图 2.5 所示。

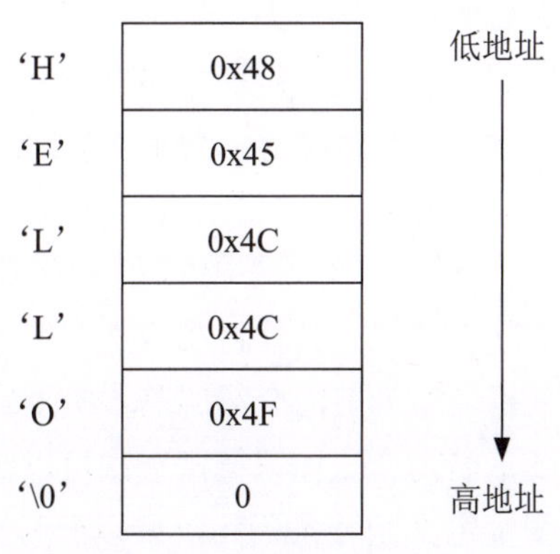

图 2.5　字符串内存单元存放形式

2. 符号常量

用一个符号表示一个常量时，在使用符号常量之前要先对它进行定义。常量只有定义好之后，才可以进行使用。它可以简化程序的编写和后期的改动。

(1) 宏定义常量。

一般格式为：

#define 符号常量 常量

如“#define MAX 100”定义符号常量 MAX 为 100，在程序中可以直接使用 MAX。若要修改这个常量的值，只需要修改 #define 处的值即可改变程序中所有用到这个常量的地方。

(2) 标识符常量 (常变量)。

一般格式为：

const 数据类型 标识符 = 常量

如“const int n = 20”定义了一个名为 n 的标识符，其本质是个变量，但被 const 修饰后的变量 n 的值不能改变，相当于一个常量。

#define 是一条预编译命令，称为宏定义命令，在预编译时仅仅是进行字符替换。符号常量不占内存，只是一个临时符号，在预编译后这个符号就不存在了，故不能对符号常量赋以新值。const 这种定义形式叫常变量，分配有存储空间，但是其中的内容不允许改变。

C 语言还支持一些特殊的浮点值常量，如正无穷大 (INFINITY)、负无穷大 (-INFINITY) 和非数字 (NAN，表示“不是一个数字”的结果，如 0 除以 0)。这些值在头文件 <float.h> 中定义，并且主要用于浮点数的比较和错误处理。

2.3.3 变量

C 语言中的变量是指在程序运行期间其值可以发生改变的量。变量用于从外部接收数据，保存一些不断变化的值，如中间结果或最终结果，而这些都无法用常量来实现。一个变量应该有一个合法标识符作为其名字，即变量名。系统会在内存中为变量分配一定的存储单元，并在其中存放变量的值。变量名就是内存地址的别名，程序员可以用变量名来读写相关数据。变量必须先定义，后使用。

变量的定义格式为：

[存储类型] 数据类型 变量名 1[，…，变量名 n]；

C 语言中存储类型分为 4 种类别：自动的 (auto)、静态的 (static)、寄存器的 (register)、外部的 (extern)，其中自动变量存放在动态存储区，静态变量和外部变量存放在静态存储区，寄存器变量存放在 CPU 的寄存器。如果在定义或者声明变量时没有指定类型，系统会采取默认方式，具体将在后文介绍。

数据类型为前面介绍的基本类型。

变量名为合法标识符，一次可以定义多个变量，变量间用逗号隔开。

变量定义是一条语句，要以分号结束。其中“[]”表示该部分是可选项，后文无特别说明功能相同。

定义变量时可以赋初值，在变量名后面增加“= 数值”即可；如果定义变量时没有赋初值，则程序员是无法预知其值的。

【例 2-8】整型变量的实例。

【编程实现】

```
#include  <stdio.h>
#define SUM 2147483648              // 定义符号常量 SUM，值为 2147483648
int main ()
{
    int  a, b = -20U;               // 定义两个 int 型变量 a 和 b，b 赋初值 20
    unsigned  int  c = 0xff;        // 定义无符号整型变量 c，并赋初值 0xff
    long  D;                        // 定义长整型变量 D
    long  long E;                   // 定义长长整型变量 E

    a = SUM;
    D = 301;
    E=SUM;
    printf("a = %d\n", a);
    printf("b = %d\n", b);
    printf("c = %d\n", c);
    printf("D = %d\n", D);
    printf("E = %lld\n", E);
    return 0;
}
```

【运行结果】

```
a = -2147483648
b = -20
c = 255
D = 301
E = 2147483648
```

整型变量定义可以分 signed(有符号) 和 unsigned(无符号)，定义 short int 和 long int 时可以省略 int。从运行结果看出，整型变量 a 在内存占 4 个字节，能存放最大正数 2147483647，存放 2147483648 时溢出，因为补码形成闭环运算，所以显示结果为 -2147483648。-20U 中的 U 不起作用，在内存中仍按有符号存储。超长整型变量 E 在内存中占 8 个字节，所以能存放 2147483648。

【例 2-9】实型变量的实例。

【编程实现】

```
#include <stdio.h>
int main ( )
{
   float a;                          // 定义 float 型变量 a
   double b, c;                      // 定义 double 型变量 b 和 c
   a = 123.4567895678;               // 对变量 a 赋值为 123.4567895678
   b = a;                            // 将变量 a 赋给变量 b
   c = 123.4567895678;               // 对变量 c 赋值为 123.4567895678
   printf("a = %.10f, b = %.10lf, c = %.10lf \n", a, b,c);
   return 0;
}
```

【运行结果】

```
a = 123.4567871094, b = 123.4567871094, c = 123.4567895678
```

实型变量定义可以分 float(单精度)、double(双精度) 和 long double(长双精度)，但很多编译器不支持 long double(长双精度) 的输入 / 输出。从运行结果看出，float 型变量最多只能精确表示 8 个数字，因此显示 a 的值时，只能有效显示前面 8 个数字即 123.45678，后面位数是系统随机的；而 double 型变量最多能精确表示 17 个数字，所以能准确存储相关数据。

【例 2-10】字符型变量的实例。

【编程实现】

```
#include  <stdio.h>
int main ( )                    // 无参数、有返回值的主函数
{
   char a=888, b=999; // 定义变量 a 表示水杯，b 表示油杯，并赋初值
   printf("before the exchange:a=%d, b=%d!\n",a,b); // 交换前输出
   printf("before the exchange:a=%c, b=%c!\n",a,b); // 交换前输出
   b=a+b;
   a=b-a;
   b=b-a;
   printf("after the exchange:a=%d, b=%d!\n",a,b) ;   // 交换后输出
   printf("after the exchange:a=%c, b=%c!\n",a,b);    // 交换后输出
   return 0;  // 返回
}
```

【运行结果】

before the exchange:a=120, b=-25!
before the exchange:a=x, b=?
after the exchange:a=-25, b=120!
after the exchange:a=? b=x!

这个是我们前面讨论的油与水的交换问题。你可能对当时的运行结果很迷惑，现在我们重新进行解读。char 数据类型在内存中占 1 个字节 (8 位)，存放字符的 ASCII 码值，也是以补码形式表示，因此 char 与 int 数据可以相互转换，可进行算术运算。char 数据类型存在有符号和无符号之分，默认情况下为有符号，取值范围为 -128 ～ 127。

当执行“char a=888, b=999;”语句时，因为变量 a、b 只占 1 个字节的存储空间，只能存放 -128 ～ 127 之间 256 个数据，所以会溢出，由于补码形成闭环运算，最终结果还会在 -128 ～ 127 取值范围中。因为 888 是 3 个 256 多 120，即 999%256=120(求余数)，999 是 4 个 256 少 25，即 999%256 = -25(求余数)，所以运行结果以整数显示“a=120, b=-25”。因为 ASCII 码值 120 对应的是‘x’字符，ASCII 码值没负数，-25 没对应的字符，系统用“？”表示未知，因此运行结果以字符显示“a=x, b=?”。

2.4 项目实战

问题：给定圆的半径 r，求圆的面积。要求输入一个整数，表示圆的半径；输出一个实数，四舍五入保留小数点后 10 位，表示圆的面积。

2.4.1 项目问题分析

在项目中，计算不是很难，主要是对数据的输入输出有一定的要求。输入为一个整数，输出为一个实数，且对精度有要求：四舍五入保留小数点后 10 位。首先对象抽象化，定义标识符 r 来存储圆的半径，要求 int 类型；定义标识符 s，保存储圆的面积，要求 double 类型；定义字符常量标识符 PI，表示 π，为了保证面积值的精度，要考虑圆周率的精度，比如 PI 取值为 3.1415926536。其次确定解决问题流程，首先从键盘上输入半径 r，然后按公式 $s=\pi\times r^2$ 计算，最后将 s 按四舍五入保留小数点后 10 位输出。

2.4.2 数据模型的构建

求圆的面积所用的数据结构定义如下：

```
#define PI 3.1415926536  //PI 表示圆周率
int r ;  // 表示圆半径
double s ; // s 表示圆面积
```

2.4.3 算法的设计

求圆的面积，其具体算法描述如图 2.6 所示。

#define PI
int r
double s
scanf("%d", &r);
s=PI*r*r
printf("input s: %.10lf"， s)

图 2.6　求圆的面积算法的 N-S 图

2.4.4 项目实现

项目源代码可以在 DEV-C++ 集成环境下直接编辑、编译和调试运行，具体程序如下。

【源代码】

```
/* 求圆的面积 */
#include  <stdio.h>
#define PI  3.1415926536

int main()
{
    int r;
    double s;
    printf(" 请输入圆的半径： ", s);
    scanf("%d", &r);
    s = PI * r * r;
    printf(" 圆的面积：%.10lf", s);
    return 0;
}
```

【运行结果】

请输入圆的半径：11↙（↙表示回车键操作）

圆的面积：380.1327110856

总结拓展

【本章小结】

本章主要是让大家对 C 语言中的数据存储有一定的了解，掌握计算机中程序运行的基本原理，了解数据存储的方式，理解变量、常量等基本概念，能熟练掌握各种类型数据的定义和使用方法。其主要内容包括如下。

(1) 计算机的工作原理和数据存储原理。

(2) C 语言中基本数据类型及存储方式。

(3) 各种数据类型的存储空间大小和数值表示的范围。

(4) C 语言中标识符、常量、变量的基本概念，能正确使用 C 语言中各种数据。

通过本章知识的学习和项目实战，希望读者能掌握数据类型的定义和使用方法，能根据具体问题定义相应的数据结构，树立程序设计的抽象思维方式。

【思政故事】

山河同心，聚力“芯”生

2020 年 9 月 15 日，美国对华为的新禁令正式生效，在此之后，台积电、高通、三星及 SK 海力士、美光等主要元器件厂商将不再供应芯片给华为。这意味着，华为可能再也买不到利用美国技术生产的芯片、存储器。面对困局，华为准备开始芯片生态的艰难探索之路。

为何芯片如此重要，我们为什么不能制造高端芯片

芯片 (又称微电路、微芯片、集成电路) 是指内含集成电路的硅片。作为智能电器的核心部件，芯片一直充当着“大脑”的角色。从电脑、手机，到汽车、无人机，再到人工智能、脑机接口等，芯片可谓无所不在。

芯片体积微小，制造工艺却极其复杂。以手机的核心处理器为例，在显微镜下，指甲盖大小的芯片上集成了数百亿个晶体管，仿佛一个微型世界。而半导体厂商 Cerebras Systems 生产的目前最大的 AI 芯片 WSE，基于台积电 16nm 工艺，更是集成了 1.2 万亿个晶体管，40 万个 AI 核心。16nm 工艺意味着在芯片中，线最小可以做到 16nm 的尺寸。制程缩小，则可以在更小的芯片中塞入更多的晶体管，芯片性能提升就更加明显。

芯片之于信息科技时代，是类似煤与石油之于工业时代的重要存在。中国很早就意识到了半导体产业的巨大潜力，并投入资源建立了初级的半导体产业。以光刻机为例，中国在 1978 年开发了 5 微米制程半自动光刻机，此后，电子工业部 45 所、上海光机所、中科院光电所、上海微电子等单位持续推出多个版本的光刻机。与自身相比，中国芯片产业并未停滞，2019 年生产集成电路 2018.2 亿个，40 多年来增长上万倍。

然而，由于芯片制造相关的基础科研能力不足，制程从微米深入纳米后，中国没有跟上世界顶尖企业的发展步伐，差距逐渐拉大。其实，芯片行业包括一个庞大而复杂的产业链，整体上可以分为设计、制造、封装、测试 4 大环节。在封装、测试方面，中国已经处于世界领先地位。中国芯片之所以受制于人，主要是精密制造、精细化工、精密材料等方面的落后，最为严重的是在芯片制造环节。

中国芯片技术和产业的短板最终还是需要中国人踏实创新解决

在国家政策支持和各界共同努力下，中国集成电路产业正迅速发展，中国商业芯片行业正展现出很强的发展动能和潜力。为了应对美国的技术打压和封锁，华为已经悄然启动了一项名为“南泥湾”的项目。该项目意在终端产品的制造过程中，规避使用美国技术，以加速实现供应链的“去美国化”。华为之所以用“南泥湾”命名这个项目，背后的深意在于“希望在困境期间，实现生产自给自足”。在外部环境倒逼和内部技术提升的共同作用下，国产芯片不断加速试错、改造、提升，已经从“不可用”向“基本可用”再到“好用”转变。

在全球芯片热的大环境下，我国芯片的创新研发之路并非一帆风顺。但经过山河同心，聚力“芯”生，过去，只有航空航天、超级计算机、高铁、卫星导航系统等使用“中国芯”；现在，手机、笔记本电脑、智能穿戴设备等，也已经部分使用国产芯片。自从“芯片事件”后华为决心独立研发芯片，最终发布麒麟 980 芯片追平美国高通，开启了“中国芯”的逆袭之路。最新研发的麒麟 9000 芯片，不仅采取了 5nm 的工艺制程，更是集成了 153 亿颗晶体管，还集成了 5G 功能。

实现中华民族伟大复兴，我们每一位新时代青年都应该认识到自身所肩负的社会责任，努力学习专业知识，提升个人综合素养，以创新突破瓶颈，用知识助力科技强国。

【课后练习】

一、选择题

1. sizeof(float) 的结果是 (　　)。

A. 一个双精度型表达式

B. 一个整型表达式

C. 一种函数表达式

D. 一个不合法的表达式

2. C 语言中，一个 short int 型数据在内存中占 2 个字节，则 unsigned short 型数据的取值范围为 (　　)。

A. 0 ～ 255

B. 0 ～ 32767

C. 0 ～ 65535

D. 0 ～ 2147483647

3. 下列变量定义中，合法的是 (　　)。

A. short _a=015;

B. double b=e2.5;

C. long do=0xfdaL;

D. float 2_and=1e-3;

4. 下列4组选项中，均是不合法用户标识符的选项是 (　　)。

A. W P_0 do

B. b-a goto int

C. float la0 _A

D. -123 abc TEMP

5. 下面4个选项中，均是不合法浮点数的选项是 (　　)。

A. 160. 0.12 e3

B. 123 2e4.2 .e5

C. -.18 123e4 0.0

D. -e3 .234 1e3

6. 下面4个选项中，均是不合法转义字符的选项是 (　　)。

A. \" \\ \xf

B. \1011 \ \ab

C. \011 \f \}

D. \abc \101 xlf

7. 下面四个选项中，均是正确的数值常量或字符常量的选项是 (　　)。

A. 0.0 0f 8.9e '&'

B. "a" 3.9e-2.5 1e1 '\"'

C. '3' 011 0xff00 0a

D. +001 0xabcd 2e2 50.

二、填空题

1. 若有定义：char c='\010'；则变量c中包含的字符个数为____。

2. 在C语言中，基本数据类型主要有____、____、____3种。

3. 根据C语言标识符的命名规则，标识符只能由____、____、____组成，而且第一个字符必须是____或____。

4. 在C语言中，八进制整型常量以____作为前缀，十六进制整型常量以____作为前缀。

三、程序分析题

1. 分析下面程序的输出结果。

```
void main( )
{
    short int x=-32769;
```

```
    printf("%d\n", x);
}
```

2. 分析下面程序的输出结果。

```
#include<stdio.h>
void main( )
{
    char ch;
    short int a = -32768, c;
    unsigned long b = 0xffffaa00;
    ch = a;
    c = b;
    printf("ch=%d, c=%hx\n",ch,c);
}
```

四、程序设计题

1. 小千的故事。

【案例描述】“小千”是不是感觉很熟悉？他常常作为男一号活跃于各大权威课本中；同样，C 语言的世界里也少不了他。案例要求依次输入小千的年龄和身高：

(1) 如果输入：11，140，则在屏幕上打印输出“小千的年龄是 11 岁，身高是 140.0cm。”

(2) 如果输入：22，180，则在屏幕上打印输出“小千的年龄是 22 岁，身高是 180.0cm。”

2. 字符智能转化。

【案例描述】编程实现字母的大小写转换。要求从键盘输入任意大写字母，计算机都能将其转换为小写字母并输出到屏幕上。

第3章 数据运算

临崖勒马猛回头，万丈高楼平地起[①]。

——俗语

【项目案例】

输入一个三位整数，判断是否为“水仙花数”，如果是就输出“Yes”，否则输出“No”。所谓“水仙花数”，是指一个三位数，其各位数字的立方和等于该数本身。例如 153 是一个水仙花数，因为 $153=1^3+5^3+3^3$。

【问题驱动】

(1) 什么是数据运算？

(2) C 语言能做哪些运算？

(3) 不同类型数据之间如何进行运算？

【章节导读】

数据运算是程序设计的核心内容之一，涉及对数据的各种操作和处理。通过数据运算，程序能够完成从简单的数学计算到复杂的逻辑处理等各种任务。本章将对数据的数值运算和逻辑运算进行介绍，帮助大家熟悉表达式与语句等基本概念，能合理运用赋值、算术、关系、逻辑、位、复合等运算符，理解混合运算规则，全面了解数据运算的基本概念、常见运算及其应用场景。

① 这句话强调了知识从无到有，逐步积累的重要性。面对困难和挑战，我们要采取行动，在关键时刻做出决断，转向正确的方向，从脚下开始，一步一个脚印地前进。

3.1 什么是数据运算

在计算机内部，数据运算的量是非常大的，既有数值型数据的运算，也有非数值型数据的运算。其中数值型数据表示具体的数量，有正负大小之分，而非数值型数据主要包括字符、声音、图像等，这类数据在计算机中存储和处理前需要以特定的编码方式转换为二进制表示形式。

3.1.1 数据运算基础

C 语言中的数据运算主要包括以下几个方面：不同类型数据的表示，各种运算类型及运算规则的使用，运算主要包括数值数据，非数值数据的运算。

1. 运算基础

运算的本质是根据已有数据，进行各种运算处理，得到新的数据。所以，运算的基础就是数据。在数据的表示方法中，定义的变量只是一个存储空间的指代，并没有和具体的数据进行关联。如果要使用变量，就要把数据和变量进行关联，让指代具体化。

2. 数值处理

在 C 语言中，数值处理包括整数、小数的各种运算处理，如算术运算、扩展赋值、增量 / 减量运算、正 / 负运算等。

3. 数据类型不一致的处理

在 C 语言中，规定了以下 3 种针对数据类型不一致的处理方式。

(1) 自动转换：C 语言中规定，表达式中如果出现数据类型不一致的情况，必须先转换为同一类型数据才能进行运算。而自动转化的方向是由占用存储单元少的数据类型向占用存储单元多的数据类型转换。

(2) 小数运算：在表达式中如果出现了单精度和双精度两种类型的小数，计算机会默认将其全部转换为双精度类型后再进行运算和保存。

(3) 强制转换：强制转换又称手动转换。有时为了节约存储空间和其他目的，程序员要将数值手动转换为指定的数据类型。

4. 运算优先等级

在 C 语言中，运算要遵守运算符的运算规则，包含优先级与结合性两部分。

3.1.2 表达式与语句

1. 运算符

运算符也称操作符，是一种表示对数据进行何种处理的符号，如 +，-，*，& 等。运算符所处理的对象 (数据) 称为操作数，操作数可以是常量、变量或函数等。根据所需操作数的个数，运算符的分类如下。

(1) 单目运算符：只带一个操作数的运算符，如 ++、-- 运算符。

(2) 双目运算符：带两个操作数的运算符，如 +、- 运算符。

(3) 三目运算符：带三个操作数的运算符。如：?: 运算符。

根据功能，运算符可分为赋值、算术、关系与逻辑、位和指针运算符等几种。由于提供了丰富多样的运算符，C 语言不仅使用灵活、而且功能强大。

2. 表达式

变量用来存放数据，运算符则用来处理数据。用运算符将变量、常量和函数链接起来的符合 C 语言语法规则的式子称为表达式。

C 语言丰富的运算符构成了种类繁多的表达式。C 语言表达式最重要的特征是每个表达式都有一个确定的值及 (该值的) 类型。所谓表达式的值，是指按照规则对表达式进行运算所得到的结果。

正确得出表达式的值，就必须熟悉运算符的运算顺序。表达式中运算符的运算顺序服从于运算符的优先级和结合性规则。优先级规则要求表达式求值时，优先级高的运算符先进行运算，类似于熟知的“先乘除后加减”规则；表达式中两个相邻的运算符具有相同的优先级时，首先运算哪一个操作符的问题由操作符的结合性规则决定，类似于熟知的“加减混合，谁在左边先算谁”。显然，只有运算符优先级相同时才讨论其结合性。若按自左向右的顺序进行运算，则称该优先级的运算符的结合性为左结合；若按自右向左的顺序进行运算，则称该优先级的运算符的结合性为右结合。

3. 语句

语句是 C 语言程序的基本构建模块，一条语句相当于一条完整的计算机指令，所有语句都以分号 (;) 结尾。C 语言程序的执行部分是由语句组成的，程序的功能也是由执行语句实现的。C 语言语句可以分为 5 类：空语句、表达式语句、复合语句、控制语句、函数调用语句。

(1) 空语句。它本身只包含一个分号，本身不执行任何任务。它所使用的场合就是语法要求出现一条完整的语句，但并不需要它执行任务。

(2) 表达式语句，由运算符和操作数组成，最后以分号结尾。其一般形式为“表达式 ;”。执行表达式语句就是计算表达式的值。如：

```
int a = 4; a=a+1;    // 两条语句
```

(3) 复合语句。复合语句是用花括号括起来的一条或多条语句，也叫程序块。复合语句内的各条语句都必须以分号“; ” 结尾，在括号外不能加分号。

(4) 控制语句：用于控制程序的流程，以实现程序的各种结构方式，由特定的语句定义符组成。C 语言有 9 种控制语句，可分为以下 3 类。

- 条件判断语句：if、switch 语句。
- 循环执行语句：do while、while、for 语句。
- 转向语句：break、goto、continue、return 语句。

(5) 函数调用语句：由函数名、实际参数加上分号“;”组成。其一般形式为“函数名 (实际参数表); ” 执行函数语句就是调用函数体并把实际参数赋予函数定义中的形式参数，然后执行被调用函数体中的语句，求取函数值。

3.2 C语言中的运算

C 语言的运算符异常丰富，除了控制语句和输入 / 输出以外的几乎所有的基本操作都是运算符处理。除了常见的三大类，即算术运算符、关系运算符与逻辑运算符之外，还有一些用于完成特殊任务的运算符，比如位运算符等。

3.2.1 赋值运算

赋值运算是建立变量与数据的关联，将数据放到变量所代表的存储单元，明确变量指代关系。变量的定义系统只给其分配相应的存储单元，但里面存放的数据还是未知的。要将相应数据放入存储单元，还要通过赋值运算完成。通过赋值运算符“=”将一个变量和一个表达式链接起来的表达式，称为赋值表达式。在赋值表达式后面加分号，就构成了赋值语句。一般格式为：

变量 = 表达式;

赋值运算符 (=) 是双目运算符，用于将右边常量或变量或表达式的值赋给左边变量。赋值表达式的值为被赋值变量的值。赋值语句左边必须是变量名或对应某特定内存单元的表达式。赋值语句中的“=”表示赋值，不是代数中相等的意思；表示相等需用“==”。

【例 3-1】赋值运算。

```
int x, y, z;
x = 20;
y = x;
z = x + y;
```

【例 3-2】多个变量连续赋值。

```
int x, y, z;
x=y=z=10;
```

【解】 先 10 赋值给 z，再将表达式 z=10 的值 10 赋值给 y，最后将表达式 y=10 的值 10 赋值给 x，结果 x、y、z 的值均为 10。

【例 3-3】赋值表达式的嵌套。

```
int x, y, z;
z = (x = 2) + (y = 3);
```

【解】 运算结果是 x 的值为 2，y 的值为 3，z 的值为表达式 x=2 的值 2 和表达式 y=3 的值 3 之和，即为 5。

注意： 赋值运算符左边的操作数只能是变量，3 = i、i++ = 5 和 a + b = 23 等赋值表达式都是不合法的。

3.2.2 算术运算

C语言中的算术运算符有+、-、*、/和%，用算术运算符将操作数链接起来组成的式子，称为算术表达式。C语言中，算术运算符的优先级和结合性虽然和数学上的定义一致，同时也可以通过括号进行调整，但由于操作数的类型有整型(char、short、long)和浮点型(float、double)之分，当不同类型的操作数混合运算时，有时会让设计者感到迷惑。

- 加法运算符(+)，双目运算符。两个操作数进行相加运算。
- 减法运算符(-)，双目运算符。两个操作数进行相减运算。
- 乘法运算符(*)，双目运算符。两个操作数进行相乘运算。
- 除法运算符(/)，双目运算符。两个操作数进行相除运算(其中除数不能为0)。
- 求余运算符(%)，双目运算符。两个操作数只能为整数，可让两个数值或变量进行求余运算。在求余运算时，如果左边操作数为正整数，则运算结果为正整数；如果左边操作数为负整数，则运算结果为负整数。
- 负号运算符(-)，单目运算符，拥有一个操作数。可让数值或变量进行相反运算。

【例3-4】算术运算示例。

```
5 / 2   // 表达式值为 2
-5 / 2.0 // 表达式值为 2.5
5 % 2  // 表达式值为 1
-5 % 2 // 表达式值为 -1
1 * 10 // 表达式值为 10
5 % 1  // 表达式值为 0
5.5 % 2 // 表达式非法
```

注意：算术运算符的结合方向为从左向右，优先级从高到低为[-(负号)]→[*、/、%]→[+、-]。其中-(负号)为单目运算符时，为右结合性。两整数相除(/)，结果为整数；求余(%)时，要求两侧均为整型数据。

【例3-5】求下面算术表达式的值。

20 + ‘a’ + 5 / 2 + 12.6 / 3

【解】先算优先级高的运算符，即两个除法运算符。计算完除法后，原表达式变为连加运算，加法运算符的结合性为左结合，因此从左至右进行连加运算。具体过程是先计算子表达式5 / 2，操作数类型相同，结果为2，int型。再计算子表达式12.6 / 3，操作数类型不同，3需转换成double型3.0，结果为4.2，double型。接着计算子表达式20 + ‘a’，操作数类型相同(‘a’自动转换成int型97)，结果为117，int型。再计算子表达式117 + 2，操作数类型相同，结果是119，int型。最后计算子表达式119 + 4.2，操作数类型不同，119转换成double型119.0，结果是123.2，double型。

3.2.3 位运算

位运算符可对操作数的每一个二进制位进行运算，主要有按位与 (&)、按位或 (|)、按位取反 (~)、按位异或 (^)、左移 (<<)、右移 (>>) 共 6 种。

(1) 按位与 (&)，双目运算符。只有两个操作数的对应二进制位都为 1 时，结果才为 1，否则为 0。如 0011 & 0101 表达式值为 0001。

(2) 按位或 (|)，双目运算符。只要两个操作数的对应二进制位中有一个为 1，结果就为 1，否则为 0。如 0011 | 0101 表达式值为 0111。

(3) 按位异或 (^)，双目运算符。只有两个操作数的对应二进制位不同，结果为 1，否则为 0。如 0011 ^ 0101 表达式值为 0110。

(4) 按位取反 (~)，单目运算符。对一个操作数的每一个二进制位进行运算，将 0 变成 1，将 1 变成 0。如 ~0011 表达式值为 1100。

(5) 左移 (<<)，双目运算符。将左边操作数所对应的二进制数往左移位，溢出的最高位被丢掉，空出的低位用零填补。一般格式为“返回整型值的表达式 (移的对象) << 返回整型值的表达式 (移动位数)”。左移 1 位相当于该数乘以 2，左移 n 位相当于该数乘以 2^n。如 3 << 2 表示将 3 所对应的二进制数左移 2 位，该表达式的值为 12；2 << 3 表示将 2 所对应的二进制数左移 3 位，该表达式的值为 16。

(6) 右移 (>>)，双目运算符。将左边操作数所对应的二进制数往右移位，溢出的最低位被丢掉。如果变量是无符号数，空出的高位用零填补；如果变量是有符号数，空出的高位用原来的符号位填补。一般格式为“返回整型值的表达式 (移的对象)>> 返回整型值的表达式 (移动位数)”。右移 1 位相当于除以 2，同样，右移 n 位相当于除以 2^n。如 8 >> 2 表示将 8 所对应的二进制数右移两位，该表达式的值为 2。

【例 3-6】将 short 类型数据的高、低位字节互换。

【编程实现】

```
#include <stdio.h>
int main ( )
{
   short a = 0xf245 , b, c;
   b = a << 8 ;        // 将 a 的低 8 位移到高 8 位赋值给 b，b 的值为 0x4500
   c = a >> 8 ;        // 将 a 的高 8 位移到低 8 位赋值给 c，c 的值为 0xfff2
   c = c & 0x00ff;     // 将 c 的高 8 位清 0 后赋值给 c，c 的值为 0x00f2
   a = b + c;          // 将 b 和 c 的值相加赋值给 a，a 的值为 0x45f2
   printf ("a = %x", a);
   return 0;
}
```

【运行结果】

a = 0x45f2

位运算就是直接对整数在内存中的二进制位进行操作。程序中的所有数值在计算机内存中都是以二进制的形式储存的，位运算通常比乘除法运算要快很多。位运算的操作数只能为整型和字符型数据，位运算符之间的优先级从高到低为：[~] → [<<、>>] → [&] → [^] → [|]。

3.2.4 关系运算

关系运算符主要用于比较两个操作数的大小关系或相等关系。在 C 语言中，关系运算符有以下几种。

- 大于 (>)，双目运算符。
- 小于 (<)，双目运算符。
- 大于或等于 (>=)，双目运算符 (> 和 = 之间没有空格)。
- 小于或等于 (<=)，双目运算符 (< 和 = 之间没有空格)。
- 等于 (==)，双目运算符 (两个 = 之间没有空格)。
- 不等于 (!=)，双目运算符 (! 和 = 之间没有空格)。

这些运算符都是双目运算符，需要两个操作数进行比较。关系运算符的优先级低于所有算术运算符，但高于赋值运算符。6 个关系运算符之间的优先级从高到低为：[<、<=、>、>=] → [==、!=]。

关系运算符在程序中经常用于比较两个数据的大小，以决定程序下一步的工作。关系运算符得出的结果是布尔值 0 和 1，若关系成立，则结果为真 (1)；如果关系不成立，则结果为假 (0)。

【例 3-7】已知 int a = 3, b = 2, c = 1, d, f; 分析下面表达式的值。

(1) (a > b) == c：a>b 关系成立，其值为 1。与 c 进行比较，等式关系成立，该表达式的值为 1。

(2) b + c < a：b+c 其值为 3，与 a 进行比较，小于关系不成立，该表达式的值为 0。

(3) d = a > b：a > b 关系成立，其值为 1。再将 1 赋值给 d，该表达式的值为 1。

(4) f = a > b > c：a > b 关系成立，其值为 1。再将 1 与 c 比较，大于关系不成立，其值为 0。最后将 0 赋值给 f，该表达式的值为 0。

(5) ‘a’ +100>a+100// ‘a’ +100 其值为 97+100，即 197；a+100 其值为 3+100，即 103。再将 197 与 103 作比较运算，大于关系成立，该表达式的值为 1。

注意：在进行关系运算时，需要注意操作数的类型。关系运算符可以用于数值型和字符型数据的比较，但不适用于字符串常量。关系运算符的结果只有两种可能：成立 (1) 或不成立 (0)。C 语言中用 0 表示假，非 0 表示真。通过掌握关系运算符及其使用方法，可以在编写 C 语言程序时更加灵活地处理数据和表达式的逻辑关系。

3.2.5 逻辑运算

逻辑运算符是用于逻辑运算，它们可以组合成多个条件并生成一个布尔值 (真或假)。C 语言提供了 3 种逻辑运算符：逻辑与运算符 (&&)、逻辑或运算符 (||) 和逻辑非运算符 (!)。

(1) 逻辑与运算符 (&&)，双目运算符。只有当所有条件都为真时，结果才为真。如果其中一个条件为假，则整个表达式的结果为假。

(2) 逻辑或运算符 (||)，双目运算符。只要其中一个条件为真，结果就为真。只有当所有条件都为假时，整个表达式的结果才为假。

(3) 逻辑非运算符 (!)，单目运算符。用于反转条件的布尔值。如果条件为真，则逻辑非运算符的结果为假；如果条件为假，则逻辑非运算符的结果为真。

逻辑运算真值情况如表 3.1 所示。逻辑运算中，逻辑非的优先级最高，逻辑与次之，逻辑或最低，即 [！ (非)] → [&&(与)] → [||(或)]。与其他种类型运算符的优先级关系从高到低为：[！] → [算术运算] → [关系运算] → [&&] → [||] → [赋值运算]。

表 3.1 逻辑运算真值表

<table>
<tr><th>A</th><th>B</th><th>!A</th><th>!B</th><th>A && B</th><th>A || B</th></tr>
<tr><td>假</td><td>假</td><td>1</td><td>1</td><td>0</td><td>0</td></tr>
<tr><td>假</td><td>真</td><td>1</td><td>0</td><td>0</td><td>1</td></tr>
<tr><td>真</td><td>假</td><td>0</td><td>1</td><td>0</td><td>1</td></tr>
<tr><td>真</td><td>真</td><td>0</td><td>0</td><td>1</td><td>1</td></tr>
</table>

【例 3-8】已知 int a = 4,b = 5,c,x=3,y=2; 求下列逻辑表达式的值。

(1) a <= x && x <= b：等价于 (a <= x) && (x <= b)，表达式的值为 0。

(2) b> a && x > y：等价于 (b > a) && (x > y)，表达式的值为 1。

(3) a == b || x == y：等价于 (a == b) || (x == y)，表达式的值为 0。

(4) !a || a > b：等价于 (!a) || (a > b)，表达式的值为 0。

(5) !a > b：等价于 (!a) > b，表达式的值为 0。

(6) c = a || b：等价于 c = (a || b)，表达式的值为 1。

(7) a | 7 && b & 8：等价于 (a | 7) && (b & 8)，表达式的值为 0。

(8) a >> 2 && b << 1：等价于 (a >> 2) && (b << 1)，表达式的值为 1。

求解逻辑表达式时，并非所有的逻辑运算符都被执行，只是在必须执行该逻辑运算符才能求出表达式的解时才执行该运算符。如“ a && b && c”，只在 a 为真时，才判别 b 的值；只在 a、b 都为真时，才判别 c 的值。如“a || b || c”，只在 a 为假时，才判别 b 的值；只在 a、b 都为假时，才判别 c 的值。

3.2.6 复合运算

复合运算是指结合了几种基本运算功能的运算，它能使程序代码更加简洁。在 C 语言中主要有复合赋值运算、自增、自减运算等。

1. 复合赋值运算

在 C 语言中，复合赋值运算符是一种简化赋值操作的符号。它允许在一行代码中完成多个运算操作，而不需要使用临时变量。复合赋值运算符包括以下几种：+=、-=、*=、/=、%=、<<=、>>=、&=、^=、|=。

赋值表达式的一般格式为：

exp1 op= exp2; // 相当 exp1 = (exp1 op exp2)

(1) += 运算符，双目运算。表示将左边变量的值与右边表达式的值相加，然后将相加结果赋值给左边的变量。如：

int a = 10; int b = 20; a += b; // a = a + b;

在这个例子中，a 的初始值为 10，b 的初始值为 20。执行 a += b 后，a 的值变为 30。

(2) -= 运算符，双目运算。表示将左边变量的值与右边表达式的值相减，然后将相减结果赋值给左边的变量。如：

int a = 10; int b = 20; a -= b; // a = a – b;

在这个例子中，a 的初始值为 10，b 的初始值为 20。执行 a -= b 后，a 的值变为 -10。

(3) *= 运算符，双目运算。表示将左边变量的值与右边表达式的值相乘，然后将相乘结果赋值给左边的变量。如：

int a = 10; int b = 20; a *= b; // a = a * b;

在这个例子中，a 的初始值为 10，b 的初始值为 20。执行 a *= b 后，a 的值变为 200。

(4) /= 运算符，双目运算。表示将左边变量的值与右边表达式的值相除，然后将相除结果赋值给左边的变量。如：

int a = 10; int b = 20; a /= b; // a = a / b;

在这个例子中，a 的初始值为 10，b 的初始值为 20。执行 a /= b 后，a 的值变为 0(因为 10 除以 20 等于 0 余 10)。

(5) %= 运算符，双目运算。表示将左边变量的值与右边表达式的值求余，然后将余数赋值给左边的变量。如：

int a = 10; int b = 3; a %= b; // a = a % b;

在这个例子中，a 的初始值为 10，b 的初始值为 3。执行 a %= b 后，a 的值变为 1(因为 10 除以 3 等于 3 余 1)。

(6) |= 运算符，双目运算。表示将左边变量的值与右边表达式的值按位或，然后将结果赋值给左边的变量。如：

int a = 5; int b = 3; a |= b; // a = a | b;

在这个例子中，a 的初始值为 5，二进制表示为 0101；b 的初始值为 3，二进制表示为 0011。执行 a |= b 后，a 的值变为 0111。

(7) &= 运算符，双目运算。表示将左边变量的值与右边表达式的值按位与，然后将结果赋值给左边的变量。如：

int a = 5; int b = 3; a &= b; // a = a & b;

在这个例子中，a 的初始值为 5，二进制表示为 0101；b 的初始值为 3，二进制表示为 0011。执行 a&= b 后，a 的值变为 0001。

(8) ^= 运算符，双目运算。表示将左边变量的值与右边表达式的值按位异或，然后将结果赋值给左边的变量。如：

int a = 5; int b = 3; a^= b; // a = a ^ b;

在这个例子中，a 的初始值为 5，二进制表示为 0101；b 的初始值为 3，二进制表示为 0011。执行 a^= b 后，a 的值变为 0110。

(9) <<= 运算符，双目运算。表示将左边变量的值根据右边表达式的值按位左移，然后将结果赋值给左边的变量。如：

int a = 5; a<<= 1; // a = a << 1;

在这个例子中，a 的初始值为 5，二进制表示为 0101；执行 a<<= 1 后，a 的值变为 1010。

(10) >>= 运算符，双目运算。表示将左边变量的值根据右边表达式的值按位右移，然后将按位右移结果赋值给左边的变量。如：

int a = 5; a >>= 1; // a = a>>1;

在这个例子中，a 的初始值为 5，二进制表示为 0101；执行 a >>= 1 后，a 的值变为 0010。

需要注意的是，左操作数必须是变量，因为复合赋值运算符的作用是将运算结果赋值回原始变量。

2. 增量 / 减量运算

增量运算符 (++) 和减量运算符 (--) 都是用于变量的自增和自减。这类运算符以两种形式出现：出现在变量的前面是前缀，出现在变量的后面是后缀。使用这类运算符，可能带来的代码可读性和计数方便性。

(1) 增量运算符 (++)，单目运算符。操作数必须是整数和实数类型的变量，让变量自行加 1 运算。根据运算符号的使用位置，该运算符有两种语法形式：++ i(先执行 i=i+1，再使用 i 值)、i++(先使用 i 值，再执行 i=i+1)。

(2) 减量运算符 (--)，单目运算符。操作数必须是整数和实数类型的变量，让变量自行减 1 运算。根据运算符号的使用位置，该运算符有两种语法形式：-- i(先执行 i=i-1，再使用 i 值)、i--(先使用 i 值，再执行 i=i-1)。

【例 3-9】已知 int a,b ,c,j,k; 求表达式中各变量的值。

```
j= 3;  k = ++j;            //k=4，j=4
j = 3;  k = j++;           //k=3，j=4
```

```
j = 3;  printf ("%d", ++j);                 // 输出 4，j=4
j = 3;  printf("%d", j++);                  // 输出 3，j=4
a = 3; b = 5; c = (++a) * b;                //c=20，a=4，b=5
a = 3; b = 5; c = (a++) * b;                //c=15，a=4，b=5
```

使用自增、自减运算符时要注意，++ 和 -- 运算符只能用于变量，不能用于常量和表达式。当这些运算符连用时，按照从右向左的顺序计算，即具有右结合性。两个 + 和 - 之间不能有空格。在表达式中，连续使同一变量进行自增或自减运算时，很容易出错，所以最好避免这样用。

3. 逗号运算

在C语言中，可以把多个表达式用逗号连接起来(或者说，把这些表达式用逗号分开)，构成一个更大的表达式。其中的逗号称为逗号运算符，所构成的表达式称为逗号表达式。

逗号运算优先级最低，左结合性，即从左向右依次计算，对逗号表达式中用逗号分开的表达式分别求值，最后一个表达式的值就是整个逗号表达式的值。

【例 3-10】已知 int a,b ,c; 求下列表达式的值。

```
a = 3 * 5, a * 4                           //a=15，表达式值 60
a = 3 * 5, a * 4, a + 5                    //a=15，表达式值 20
b= (a = 3, 6 * 3)                          //a=3，b=18，表达式值 18
c = a = 3, 6 * a                           //a=3，c=3，表达式值 18
printf ("%d,%d,%d", a, b, c);              // 输出 3，18，3
printf ("%d,%d,%d", (a, b, c), b, c);      // 输出 3，18，3
```

4. 条件运算符

C 语言中的条件运算符是一种特殊的运算符，它类似于后面将要学习的 if 语句，但使用起来更加简洁。条件运算符由符号 ? 和 : 组成，其格式为“表达式 1 ? 表达式 2 : 表达式 3”。这是 C 语言中唯一的一个三元运算符，意味着它需要三个操作数，具体运算规则如图 3.1 所示。

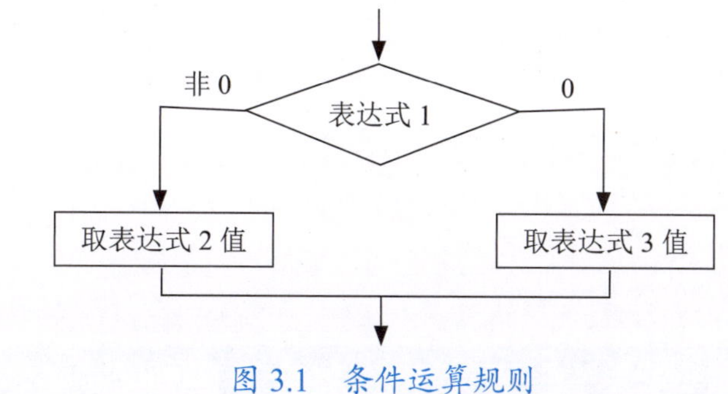

图 3.1　条件运算规则

如果“表达式 1”的值为真(非 0)，则以“表达式 2”的值作为整个条件表达式的值；如果“表达式 1”的值为假 (0)，则以“表达式 3”的值作为整个条件表达式的值。

【例 3-11】小写字母转盘(26 字母组成一个转盘，从键盘上输入 1 个字母，屏幕上输出该字母的前后(左右)字母)。

【问题分析】

26 字母组成一个转盘，求前驱字符时，除 a 的前驱是 z 外，其他字母前驱都可以通过该字母的 ASCII 值减 1 得到；求后继字符时，除 z 的后继是 a 外，其他字母后继都可以通过该字母的 ASCII 值加 1 得到。

【算法设计】

根据问题分析情况，设计相应算法，算法的 N-S 图如图 3.2 所示。

char ch, ch1, ch2
ch = getche ( )
ch1 = (ch == 'a' ? 'z' : ch – 1)
ch2 = (ch == 'z' ? 'a' : ch + 1)
printf ("%c%c", ch1, ch2)

图 3.2　转盘算法的 N-S 图

【编码实现】

```
#include <stdio.h>
#include <conio.h>
void main ( )
{
   char ch, ch1, ch2;        //ch 为输入字母，ch1 为前驱字符，ch2 为后继字符
   ch = getche ( );          // 从键盘读取一字符
   putchar ('\n');           // 换行
   // 求前驱字符，除 a 的前驱是 z 外，其他都为该字母的 ASCII 值减 1。
   Ch1 = (ch == 'a' ? 'z' : ch – 1);
   // 求后继字符，除 z 的后继是 a 外，其他都为该字母的 ASCII 值加 1。
   Ch2 = (ch == 'z' ? 'a' : ch + 1);
   printf ("ch1 = %c, ch2 = %c\n", ch1, ch2);  // 显示结果
   return 0;
}
```

【运行结果】

w↙(↙表示回车键操作)

ch1 = v, ch2 = x

3.3　C 语言中的混合运算规则

当表达式涉及不同的运算符和不同类型的操作对象时，数据要进行混合

运算。在 C 语言中，混合运算遵循一定优先级、结合性和转换规则，以确保不同类型的数据能够正确地进行不同的运算。

3.3.1 优先级与结合性

在 C 语言中，优先级决定表达式中各种不同的运算符起作用的优先次序，而结合性则在相邻运算符具有同等优先级时决定表达式的结合方向。如“a = b = c;”，b 的两边都是赋值运算，优先级自然相同；而赋值表达式具有“向右结合”的特性，这就决定了这个表达式的语义结构是“a = (b = c)”，而非“(a = b) = c”。C 语言中常用运算符的优先级别和结合性如表 3.2 所示。

表 3.2 运算符的优先级别和结合性

<table>
<tr><th>优先级</th><th>运算符</th><th>操作数的个数</th><th>结合性</th></tr>
<tr><td>高</td><td>()</td><td></td><td>从左向右</td></tr>
<tr><td>↑</td><td>~，!，++，--，-(负号)，sizeof (类型)</td><td>1 (单目运算符)</td><td>从右向左</td></tr>
<tr><td></td><td>*，/，%</td><td>2 (双目运算符)</td><td>从左向右</td></tr>
<tr><td></td><td>+，- (减法)</td><td>2 (双目运算符)</td><td>从左向右</td></tr>
<tr><td></td><td><<，>></td><td>2 (双目运算符)</td><td>从左向右</td></tr>
<tr><td></td><td>>，<，>=，<=</td><td>2 (双目运算符)</td><td>从左向右</td></tr>
<tr><td></td><td>==，!=</td><td>2 (双目运算符)</td><td>从左向右</td></tr>
<tr><td></td><td>&</td><td>2 (双目运算符)</td><td>从左向右</td></tr>
<tr><td></td><td>^</td><td>2 (双目运算符)</td><td>从左向右</td></tr>
<tr><td></td><td>|</td><td>2 (双目运算符)</td><td>从左向右</td></tr>
<tr><td></td><td>&&</td><td>2 (双目运算符)</td><td>从左向右</td></tr>
<tr><td></td><td>||</td><td>2 (双目运算符)</td><td>从左向右</td></tr>
<tr><td></td><td>?:</td><td>3 (三目运算符)</td><td>从左向右</td></tr>
<tr><td></td><td>=，+=，-=，*=，/=，%=，>>=，<<=，&=，^=，|=</td><td>2 (双目运算符)</td><td>从右向左</td></tr>
<tr><td>低</td><td>,</td><td></td><td>从左向右</td></tr>
</table>

【例 3-12】计算 0XF0F0 & 0X1010 + 0X0A0A << 5/2 的值。

【解】

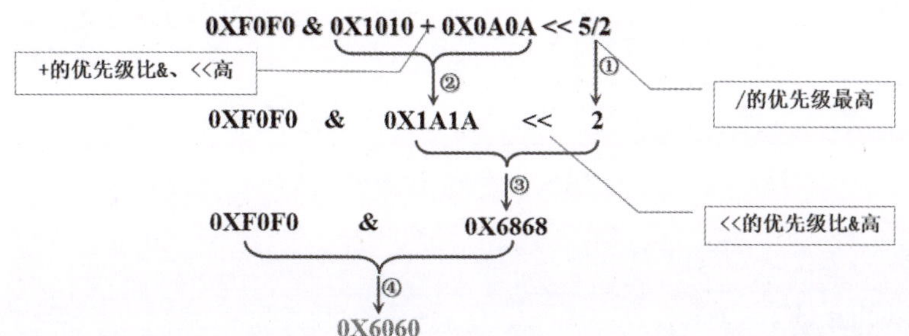

3.3.2 数据类型的转换

当涉及不同类型的数据进行混合运算时，C 语言会需要将这些数据转换为同一类型，以便进行运算。数据类型转换的方法有两种：一种是自动转换，一种是强制转换。

1. 自动转换

自动转换是由编译器自动完成的，程序员不需要手动进行类型转换。但了解这些转换的原理是非常重要的，因为它们会影响程序的行为和性能。具体情况如表 3.3 所示。

表 3.3　混合运算中数据的自动转换情况表

运算符 / 操作数	类型转换规则
=	首先将赋值运算符 (=) 右边表达式的值转换成“=”左边的数据类型，然后再赋值给左边的变量
+、-、*、/	如果其中一个操作数是 float 或 double 类型，结果将是 double 类型。这是因为系统会将所有的 float 型数据转换为 double 类型数据再进行计算
字符 (char) 型与整型数据计算	将字符型数据的 ASCII 代码与整型数据进行计算。如果字符型与浮点型数据进行运算，则将字符的 ASCII 代码转换为 double 型数据，然后进行计算
int 型与 float 或 double 型数据运算	先将 int 型和 float 型数据转换为 double 型，然后再进行运算，结果为 double 型

(1) 短长度的数据类型 → 长长度的数据类型。

① 无符号短长度的数据类型 → 无符号或有符号长长度的数据类型：直接将无符号短长度的数据类型的数据作为长长度的数据类型数据的低位部分，长长度的数据类型数据的高位部分补零，如图 3.3 所示。

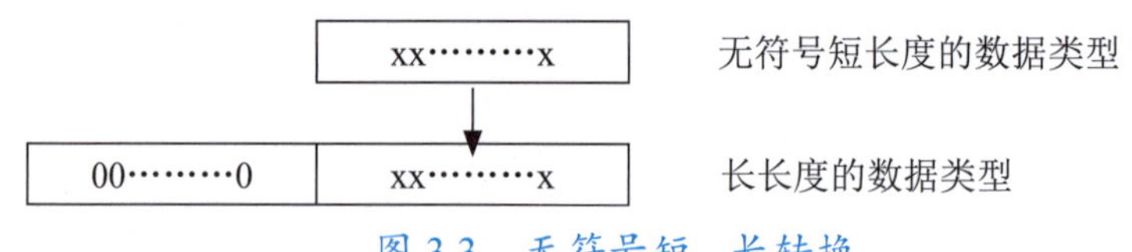

图 3.3　无符号短 - 长转换

② 有符号短长度的数据类型 → 无符号或有符号长长度的数据类型：直接将有符号短长度的数据类型的数据作为长长度的数据类型数据的低位部分，然后将低位部分的最高位 (即符号位) 向长长度的数据类型数据的高位部分扩展，如图 3.4 所示。

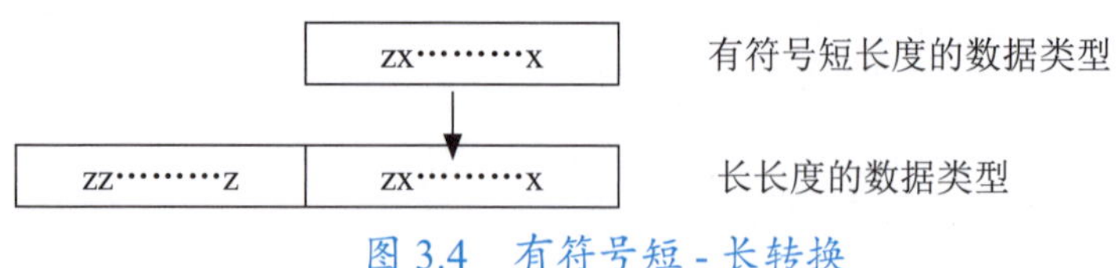

图 3.4　有符号短 - 长转换

【例 3-13】短长度→长长度转换示例。

```
unsigned char ch1 = 0xfc;
char ch2 =0xfc;
int a, b,c=-2;
unsigned long u;
```

```
a = ch1;  //b 的值将是 252
b = ch2;  //b 的值将是 -4
u = c;  //u 的值将是 0xfffffffe
```

(2) 长长度的数据类型 → 短长度的数据类型。

直接截取长长度的数据类型数据的低位部分 (长度为短长度的数据类型的长度) 作为短长度数据类型的数据，如图 3.5 所示。

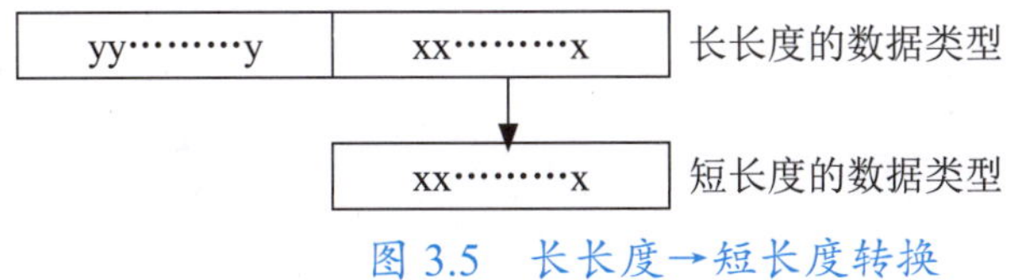

图 3.5　长长度→短长度转换

【例 3-14】长长度 - 长短度转换示例。

```
int a = -32768;
unsigned long b = 0xffffaa00;
char ch;
short int c;
ch = a;  //ch 的值将是 0
c = b;  //c 的值将是 0xaa00
```

(3) 长度相同的数据类型转换。

数据按照原样复制即可。

2. 强制转换

强制数据类型转换是通过类型转换运算实现的，是指程序员为了需要人为地转换。其一般形式为“(类型说明符)(表达式)”，它把“表达式”的运算结果强制转换成“类型说明符”所表示的类型。其中，“类型说明符”是强制类型转换符，它的优先级比较高。

【例 3-15】强制类型转换示例。

```
float x = 3.5, y = 2.1, z;
int a;
a = (int)(x+y);          // 结果为 5
z = (int)x+y;            // 结果为 5.100000
z = (double)(3/2);       // 结果为 1.000000
a = (int)3.6;            // 结果为 3
```

在使用强制转换时，应注意类型说明符和表达式都必须加括号 (单个变量可以不加括号)。如把“(int)(x+y)”写成“(int)x+y”，则会把 x 转换成 int 型之后再与 y 相加了。无论是强制转换还是自动转换，都只是为了本次运算的需要而对变量的数据长度进行的临时性转换，而不改变数据声明时对该变量定义的类型。如“(double)a”只是将变量 a 的值转换成一个 double 型的中间量，a 本身的数据类型并未转换成 double。

3.4 项目实战

问题：输入一个三位整数，判断是否为“水仙花数”，如果是就输出“Yes”，否则输出“No”。所谓“水仙花数”是指一个三位数，其各位数字的立方和等于该数本身。例如 153 是一个水仙花数，因为 $153=1^3+5^3+3^3$。

3.4.1 项目问题分析

在本项目中，输入数据为一个三位数整数，输出信息为一个字符串常量。数据运算主要是对三位数的整数进行分解，分别求出其个位、十位和百位，分解可以通过取余、整除等运算来完成。然后判断各位数的立方之和是否等于这个数，用条件运算符来完成：如果等于就是“水仙花数”输出“Yes”，否则输出“No”。

3.4.2 数据模型的构建

求水仙花数所用的数据结构定义如下：

```
int n ;       // 表示一个三位整数
int a, b, c ; // a 表示百位，b 表示十位，c 表示个位
```

3.4.3 算法的设计

求水仙花数，具体算法描述如图 3.6 所示。

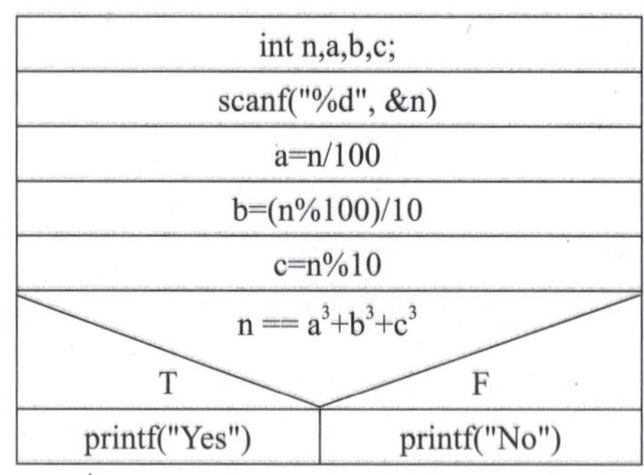

图 3.6 求水仙花数算法的 N-S 图

3.4.4 项目实现

项目源代码可以在 DEV-C++ 集成环境下直接编辑、编译和调试运行。具体程序如下。

【源代码】

```
/* 求水仙花数 */
#include <stdio.h>
```

```
int main()
{
    int n,a,b,c;
    scanf("%d", &n);      // 输入一个三位整数
    a = n/100;            // 求整数的百位
    b = (n%100)/10;       // 求整数的十位
    c = n%10;             // 求整数的个位
    (n == a*a*a+b*b*b+c*c*c) ? printf("Yes"):printf("No"); // 判断是否为水仙花数
    return 0;
}
```

【运行结果】

```
153↙
Yes
```

总结拓展

【本章小结】

本章主要探讨了运算符、表达式和各种类型数据之间的转换，以及运算符的优先级别等内容。数据运算是学好 C 语言的基础，是每个 C 语言程序员必须熟练掌握的，C 语言中赋值、算术、关系、逻辑、位、复合等运算符，以及混合运算规则等内容也是需重点掌握的。本章主要包括以下几个方面。

(1) 不同类型运算符及其含义。

(2) 不同类型表达式的书写格式。

(3) 不同表达式的计算与应用。

(4) 各种运算符、运算符的优先级和结合性。

(5) 各种类型数据混合运算时的转换规则。

通过本章知识的学习和项目实战，希望读者能掌握各种运算符的使用方法，合理运用算术、关系、逻辑、位运算，理解运算符的优先级和结合性，可以解决各种复杂的计算和逻辑问题，加强对 C 语言中运算符的运用，培养数据运算能力，为后续学习更高级的编程技术打下坚实基础。

【思政故事】

燃灯精神，学习力量

2008 年 9 月 1 日，在张桂梅老师的倡导下，在省、市、县各级党委政府的支持下和社会各界捐助下，云南丽江华坪女子高中开学了。华坪女子高中是全国第一所全免费的高

中，是践行教育公平的改革先遣队，同时也在党和老百姓之间架起了一座桥梁。开学那天，一些家长放声哭起来，激动地喊出了："感谢共产党，感谢政府，感谢全社会好心人！"

不忘教育初心，用生命办学

在女高建校的10多年中，身患重病、满身药味、满脸浮肿的张桂梅住在女子高中学生宿舍，与学生同吃、同住，陪伴学生学习。张老师每天早上5点钟起床，托着疲惫的身躯咬牙坚持到晚上12点30分才睡，周而复始，常年如此。张桂梅每年春节一直坚持家访，亲自走访了2000多名学生的家庭，没有在账上报过一分钱。学生来自丽江市四个县的各大山头，家访行程十万多公里。不管山路多么艰险，她从未退缩。车子到不了，便步行；步行走不稳，爬也要爬到。每次家访回来，她都要重病一次。张桂梅用柔弱的身躯扛过了病痛带来的巨大痛苦，用共产党人的信念，支撑着走进每个孩子的家。

张桂梅用生命陪伴着女高的孩子，忘记了失去亲人的悲痛，忘记了别人诸多不解、非议和委屈，忘记了头顶上的一长串殊荣，忘记了折磨她的病痛和不幸，忘记了年龄和生死，以忘我的精神投入到党的教育事业的实践中。她坚信：要让最底层的百姓看到希望；要让他们的孩子和所有孩子一样，享受教育的公平，感受到党和政府的阳光与温暖；学校要培养能回报社会、真正具有共产主义理想、能把自己从社会上得到的帮助再传递下去的学生。她曾经这样说过："如果说我有追求，那就是我的事业；如果说我有期盼，那就是我的学生；如果说我有动力，那就是党和人民。"

信仰坚定理想，知识改变命运

女子高中靠什么走到了今天？刚开始的女子高中没有宿舍，没有食堂、厕所，没有围墙。不管是老师还是学生，都住在教室里，食堂、厕所和邻近的学校共用。困难可想而知，老师和学生经常哭成一片，教师辞职、学生不读是常有的事。这时，在张桂梅那共产党人的坚定信念的影响下，党支部率先打破常规，以党建统领校建，开创了"五个一"党性常规活动。其中"五个一"即"全体党员一律佩戴党员徽章上班""每周重温一次入党誓词""每周唱一支革命经典歌曲""党员每周一次理论学习""组织党员每周观看一部具有教育意义的影片并写观后感交流"。

从女子高中毕业的学生没有一个辜负家乡父老的期望，没有一个辜负学校老师孜孜不倦的教诲，全部进入大学的殿堂，实现了走出大山、飞越大山的梦想。张桂梅曾说过："人要有一种不倒的精神，一种忘我的精神，一种自信的精神，雨水冲不倒，大风刮不倒。只有我们坚持着，觉得自己能行，就不会倒，什么样的奇迹都会创造。"如今张桂梅让人熟知的不再仅仅是儿童之家的"张妈妈"，更多的是山里女孩的"老师妈妈"。她创办的女子高中免费为山里女孩提供教育，如今已真正成为山里女孩的"梦工场"、最贴心的"家"和党委政府联系群众的一座爱心之桥。

她不是英雄，但是她用朴实、真实、感人的事迹赢得了人们对她的敬重。张桂梅始终坚信，依靠共产党就能办成事，就能成就她的梦。办一所女子高中的梦，点燃了无数个贫穷女孩人生道路上的明灯，让无数个贫穷女孩子圆了大学的梦。她要通过培养女大学生来促进贫困山区脱贫，促进现代文明建设，让孩子们通过读书改变命运、改变人生。

在最好的学习环境和最佳的学习时间的新时代青年，应该更加坚定信念，为人生奋斗，让学习更有力量！

【课后练习】

一、选择题

1. 假设所有变量均为整型，则表达式 (a = 2, b = 5, b++, a + b) 的值是 (　　)。

A. 7　　B. 8　　C. 6　　D. 2

2. 以下正确的叙述是 (　　)。

A. 在 C 语言程序中，每行中只能写一条语句

B. 若 a 是实型变量，C 语言程序中允许赋值 a=10，因此实型变量允许存放整型数

C. 在 C 语言程序中，无论是整数还是实数，都能被准确无误地表示

D. 在 C 语言程序中，% 是只能用于整数运算的运算符

3. 假定 x 和 y 为 double 型，则表达式 (x = 2, y = x + 3 / 2) 的值是 (　　)。

A. 3.500000　　B. 3　　C. 2.000000　　D. 3.000000

4. 以下程序的输出结果是 (　　)。

```
void main ( )
{
   int a = 3;
   printf ("%d\n", (a+=a-=a*a) );
}
```

A. -6　　B. 12　　C. 0　　D. -12

5. 若变量 a 是 int 类型，并执行了语句“a ='A'+ 1.6;”，则正确的叙述是 (　　)。

A. a 的值是字符 C　　B. a 的值是浮点型

C. 不允许字符型和浮点型相加　　D. a 的值是字符 'A' 的 ASCII 值加上 1

6. 语句“printf ("a\bre\'hi\'y\\\bou\n");”的输出结果是 (　　)。

A. a\bre\'hi\'y\\\bou　　B. a\bre\'hi\'y\bou　　C. re'hi'you　　D. abre'hi'y\bou

7. 下列程序执行后的输出结果是 (　　)。

```
void main ( )
{ char x = 0xFFFF; printf ("%d \n", x--); }
```

A. -32767　　B. FFFE　　C. -1　　D. -32768

8. 若变量 a、i 已正确定义，且 i 已正确赋值，合法的语句是 (　　)。

A. a==1　　B. ++i;　　C. a = a++ = 5;　　D. a = int (i);

9. 若有如下程序：

```
void main ( )
{
   int y = 3, x = 3, z = 1;
   printf ("%d %d\n", (++x, y++), z+2);
```

```
}
```

运行该程序的输出结果是（ ）。

A. 3 4　　B. 4 2　　C. 4 3　　D. 3 3

二、填空题

1. 若 s 是 int 型变量，且 s = 6，则表达式 s%2-(s+1)%2 的值为________。

2. 若 a 是 int 型变量，则表达式 ((a=4*5,a*2),a+5) 的值为________。

3. 若 a 是 int 型变量，则计算表达式 a=25/3%3 后 a 的值为________。

4. 若 x 和 n 均是 int 型变量，且 x 和 n 的初值均为 5，则计算表达式 x+=++n 后，x 的值为________，n 的值为________。

5. 若有定义：int x=3,y=2;float a=2.5,b=3.5; 则表达式 (x+y)%2+(int)a/(int)b 的值为________。

6. 已知字母 a 的 ASCII 码为十进制数 97，且设 ch 为字符型变量，则表达式 ch='a'+'8'-'3' 的值为________。

三、程序分析题

1. 分析下面程序的输出结果。

```
#include < stdio. h>
void main( )
{
    int k=10;
    float a=3.5, b=6.7, c;
    c=a+k%3*(int)(a+b)%2/4;
    printf("%f\n", c);
}
```

2. 分析下面程序的输出结果。

```
#include< stdio. h>
void main( )
{
    char a=0x95, b, c;
    b=(a&0xf)<<4;
    c=(a&0xf0)>>4;
    a=b|c;
    printf("%x\n", a);
}
```

四、程序设计题

1. 温度转换。

【案例描述】输入一个华氏温度，要求输出摄氏温度。公式为 c=5(F-32)/9，取 2 位小数。输入内容为：一个华氏温度，浮点数。输出内容为：摄氏温度，浮点两位小数。

【输入样例】

-40

【输出样例】

c=-40.00

2. 本末倒置。

【案例描述】从键盘输入一个三位的整数 n，将其个、十、百位倒序生成一个新数字并输出，请编程实现该功能。

【输入样例】

123

【输出样例】

321

第 4 章 顺序结构程序设计

谈笑有鸿儒，往来无白丁[①]。

——刘禹锡《陋室铭》

【项目案例】

成梦中学小明，想输入一个学生的学号 (8 位数字)、生日 (年 - 月 - 日)、性别 (M：男，F：女) 及语文、数学、英语的成绩，希望计算机能计算该学生的总分和平均分，并将该学生的全部信息规划整洁的格式输出 (包括总分、平均分)。你能帮助小明吗？

【问题驱动】

(1) 什么是顺序结构程序设计？

(2) 如何实现数据的格式化输入？

(3) 如何实现数据的格式化输出？

【章节导读】

任何复杂的算法都可以由顺序结构、选择 (分支) 结构和循环结构这 3 种基本结构组成。3 种控制结构在程序中相互嵌套，可以构造出各种各样的程序。顺序结构是程序设计中最基本、最简单的控制结构，它按照代码的书写顺序依次执行每一条语句。顺序结构是程序设计的基础，理解并掌握顺序结构是学习编程的第一步。任何程序都可以理解为顺序结构，由数据输入、数据处理、数据输出 3 个部分组成。本章将对数据的格式化输入、数据的格式化输出、顺序结构程序设计等内容进行介绍。通过本章的学习，读者能够编写简单的顺序结构程序，为后续学习更复杂的控制结构打下坚实基础。

① 这句话强调精神层面的追求、内在修养的重要性、选择良好的影响、保持谦逊的学习态度以及安贫乐道的生活哲学。程序设计也一样，我们应该珍惜与那些编程达人交往的机会，虚心向他们学习，不断提高自己的程序设计素质和能力。

4.1 顺序结构程序设计

前面介绍过，算法是求解某个问题的方法，程序是算法通过编程语言书写出来的表现形式。算法是程序的灵魂，语言是算法的实现工具。所以我们学习C语言不仅要学会C语言的语法特点，各种运算符与函数的使用方法等，更重要的是要掌握分析问题、解决问题的方法，也就是锻炼问题分析、分解、归纳、整理出算法的能力。

任何复杂的算法都可以由顺序结构、选择(分支)结构和循环结构这3种基本结构组成，由此构成了程序的3种控制结构。这3种控制结构在程序中相互嵌套，从而构造出各种各样的程序结构。结构化的程序设计容易理解、容易测试，也容易修改，正确使用这些结构，将有助于设计出高度结构化的程序。

顺序结构是程序设计中最基本、最简单的程序结构。它指的是程序按照语句的顺序依次执行，没有任何条件或循环的控制。这种结构是一种线性的、有序的程序结构，按照程序中语句的书写顺序，从上到下逐条执行，直到程序结束。如程序由A、B、C三条语句组成，其算法流程图如图4.1所示，其中的语句按照它们出现的顺序依次执行，即先执行A语句，然后执行B语句，最后执行C语句。

A
B
C

图 4.1 顺序结构的N-S图描述

【例 4-1】输入三角形的三条边长，求三角形面积。

【问题分析】

这是一个典型的顺序结构，由数据输入、数据运算、数据输出3部分组成。程序中，首先通过键盘输入三角形的三边长a、b、c；然后运用三角形的面积公式 $s=\sqrt{p(p-a)(p-b)(p-c)}$ 来计算面积，其中 p= (a+b+c)/2；最后将面积输出。

【算法设计】

根据问题分析情况，设计相应算法。算法的N-S图如图4.2所示。

float a,b,c,s,p
scanf("%f%f%f",&a,&b,&c)
p=1.0/2*(a+b+c)
s=sqrt(p*(p-a)*(p-b)*(p-c))
printf("%f",s)

图 4.2 面积算法的N-S图

【编程实现】

```
#include<stdio.h>
#include<math.h>
```

```
int main()
{
    float a,b,c,s,p;
    scanf("%f,%f,%f",&a,&b,&c);
    p=1.0/2*(a+b+c);
    s=sqrt(p*(p-a)*(p-b)*(p-c));
    printf("area=%7.2f\n",s);
    return 0;
}
```

【运行结果】

```
3,4,5↙（↙表示回车键操作）
area=   6.00
```

从宏观角度看，程序的主要功能就是对数据的处理，其整个流程按照数据的输入、数据的处理、数据的输出顺序进行。因此几乎所有需要按顺序执行的程序都可以看成是顺序结构，无论是简单的数学计算、数据处理还是复杂的软件系统开发，顺序结构都是构建程序的基础。理解这一点对于初学者来说至关重要，它将帮助你在编程之路上迈出坚实的第一步，可以为进一步学习选择结构和循环结构打下坚实的基础。在实际编程中，顺序结构常常与其他结构结合使用，以实现更复杂的逻辑功能。

4.2 数据的格式化输入

程序的主要功能就是对数据的处理，其整个流程主要包括数据的输入、数据的处理、数据的输出。数据的输入指用户通过输入设备（如键盘、磁盘、扫描仪等）向计算机输入一系列数据，程序按顺序读取并存储这些数据。C 语言的标准函数库中提供了一批标准输入函数，可实现相关功能。

4.2.1 格式输入函数 scanf( )

scanf( ) 函数是系统提供的用于由标准输入设备（键盘）输入数据的库函数，其作用是按指定的格式接收用户在键盘上输入的数据，并将数据存储在指定的变量中。

1. scanf( ) 的一般格式

scanf 函数的一般格式如下：

scanf ("格式控制字符串", 变量 1 的地址, 变量 2 的地址, …, 变量 n 的地址);

scanf( ) 函数功能是在参数“格式控制字符串”的控制下，接收用户的键盘输入，并将输入的数据依此存放在“变量 1”“变量 2”……“变量 n”中。例如：

```
int a , b;
scanf ("%d%d", &a , &b);
```

假设用户输入“20 □ 10 ↙”(□表示空格，↙表示回车键操作，在输入数据操作中用于通知系统输入操作结束)，则得到变量 a 的值 20，b 的值 10。scanf 函数中的“%d%d”为格式控制字符串，表示按十进制整数形式输入数据。输入数据时，默认情况下数据之间可以用空格键、回车键或 Tab 键隔开；“&a , &b”中的“&”是取地址运算符，表示数据存储的位置，&a 指 a 在内存中的地址。

2. scanf 函数的格式控制符

scanf 函数中的格式控制字符串包含两类字符：常规字符和格式控制符，其中常规字符必须通过键盘原样输入。格式控制字符串以 % 开始，以一个格式字符结束，中间可以插入附加的字符(修饰符)进行修饰说明，其一般形式为：

%[*] [width] [l | h] Type

其中“[ ]”表示可选项，可缺省；“|”表示互斥关系；Type 表示各种格式转换符。

表 4.1 列出了 scanf 用到的格式字符。表 4.2 列出了 scanf 函数中的格式修饰符。

表 4.1　scanf 函数的格式字符

格式字符	功能说明
d，i	用来输入有符号的十进制整数
x，X	用来输入无符号的十六进制整数(大小写作用相同)
o	用来输入无符号的八进制整数
u	用来输入无符号的十进制整数
c	用来输入单个字符
s	用来输入字符串
f	用来输入实数，可以用小数形式或指数形式输入
e，E，g，G	与 f 作用相同，e、f、g 可以相互替换(大小写作用相同)

表 4.2　scanf 函数的常用格式修饰符

修饰符	功能说明
width	指定输入数据域宽，遇空格或不可转换字符则结束
*	抑制符，表示输入的数据不会赋值给相应的变量
h	用于 d、u、o、x|X 前，指定输入为 short 型整数
l	用于 d、u、o、x|X 前，指定输入为 long 型整数
	用于 e|E、f 前，指定输入为 double 型实数

3. 使用 scanf 函数的注意事项

(1) 如果相邻两个格式控制符之间，不指定常规字符作为数据的分隔符(如逗号、冒号等)，则数据输入时，相应的两个数据之间至少用一个空格分隔，用 Tab 键分隔，或者按回车键后再输入。例如：

scanf ("%d%d", &num1, &num2);

假设给 num1 输入 12，给 num2 输入 35，则正确的输入操作为：

12 □ 35 ↙

或者：

12 ↙

35 ↙

(2) 格式控制字符串中出现的常规字符 (包括转义字符) 务必原样输入。如果上述 scanf 函数中的语句变为：

scanf ("num1=%d, num2=%d\n", &num1, &num2);

假设还是给 num1 输入 12，给 num2 输入 35，正确的输入操作应变为：

num1=12，num2=35\n ↙

注意 12 后面是逗号，35 后面是 \n，都须与格式控制中的逗号以及 \n 对应。

例如有以下语句：

scanf ("%d:%d:%d", &h, &m, &s);

假设给 h 输入 12，给 m 输入 30，给 s 输入 10，正确的输入操作为：

12:30:10 ↙

也就是中间必须加冒号 (:) 作为间隔才能得到正确输入。

(3) scanf 函数只能用于输入操作。如果需要在屏幕上显示信息，为改善人机交互性，一般先用 printf 函数输出提示信息，再用 scanf 函数输入数据。例如：

scanf ("num1=%d, num2=%d\n", &num1, &num2);

改为：

printf ("num1="); scanf ("%d", &num1);

printf ("num2="); scanf ("%d", &num2);

(4) 当指定了数据的域宽 width 时，按需要的位数赋给相应的变量，多余部分被舍弃。例如：

scanf ("%3c%3c", &ch1, &ch2);

假设输入 abcdefg 并回车，因为 scanf 函数中指定了数据的域宽为 3，则系统将读取的“abc”中的 a 赋给变量 ch1，将读取的“def”中的 d 赋给变量 ch2。

(5) 当格式控制字符串中含有抑制符“*”时，表示本输入项对应的数据读入后，不赋给相应的变量 (该变量由下一个格式指示符输入)。例如：

scanf ("%2d%*2d%3d", &num1, &num2);

printf ("num1=%d, num2=%d\n", num1, num2);

假设输入 123456789 并回车，会按指定域宽将最先输入的两列数字 12 赋给变量 num1，接下来的两列数字不会赋值，再将接下来的三列数字赋给变量 num2，所以输出结果为：

num1=12, num2=567

(6) 使用格式控制符 %c 输入单个字符时，空格和转义字符均作为有效字符被输入。例如：

scanf ("%c%c%c", &ch1, &ch2, &ch3);

假设输入：

A □ B □ C ↙

则系统将字母 A 赋值给 ch1，空格□赋值给 ch2，字母 B 赋值给 ch3。

(7) 输入数据时，遇到以下情况，系统认为该数据结束。

- 遇到空格，回车键，或者 Tab 键。
- 遇到输入域宽度结束。例如“%3d”，只取 3 列。
- 遇到非法输入。比方说，在输入数值数据时，遇到字母等非数值符号。例如：

scanf ("%d", &a);

如果输入 12a3 并回车，a 的值将是 12。

(8) 当 scanf 一次调用需要输入多个数据项时，如果前面数据的输入遇到非法字符，并且输入的非法字符不是格式控制字符串中的常规字符，那么这种非法输入将影响后面数据的输入，导致数据输入失败。例如：

scanf ("%d,%d", &a, &b);

如果输入 123a45 并回车，那么 a 的值将是 123，b 的值将无法预测，因为第一个数据对应 %d 格式在输入 123 之后遇到字母 a，系统认为数值 123 后面没有数字了。正确的输入应是：

123,45 ↙

4.2.2 字符数据输入函数

与输入字符数据有关的常用库函数主要有 getchar、getc、getche、getch 等，表示从系统指定的输入设备或流文件输入一个字符。

1. getchar 函数

一般格式为：

int getchar ( );

getchar 函数的功能是从键盘上读取一个字符信息。正常读取的返回值是所读取字符的 ASCII 码，若出错则返回 EOF(-1)。

从键盘输入字符时，以回车符为输入结束条件。如果输入多个字符，则只返回第一个字符的值；输入字符回显。使用该函数需要添加头文件 stdio.h。

【例 4-2】利用 getchar 函数输入字符。

【编程实现】

```
#include <stdio.h>
int main ( )
{
    char ch1, ch2;
    int a;
    ch1 = getchar ( );
    ch2 = getchar ( );
```

```
    scanf ("%d", &a);
    printf ("ch1 = %c, ch2 = %c\n", ch1, ch2);
    printf ("a = %d\n", a);
}
```

【运行结果】

1234↙

ch1 = 1, ch2 = 2

a = 34。

【程序分析】

在程序中，声明变量 ch1 和 ch2 后，通过 getchar 函数得到输入的字符并赋值给这两个变量。注意，getchar 函数只能接收一个字符，所以 ch1 = 1，ch2 = 2，剩下的 34 赋值给整型变量 a。

2. getc 函数

一般格式为：

int getc (FILE *stream);

getc 函数的功能是从流文件 stream 中读取一个字符信息。如果运行正常，会返回读取字符的 ASCII 码值；如果出错，则返回 EOF(-1)。

该函数包含一个参数 stream，它是一个文件指针 (将在第 12 章介绍)，表示流文件。当流文件是 stdin(键盘的设备名) 时，getc 函数的功能与 getchar 相同。也就是说，getc(stdin) 与 getchar( ) 是等价的。使用该函数时，要添加头文件 stdio.h。

3. getche 函数

一般格式为：

int getche ( );

getche 与 getchar 的功能基本相同，都没有参数，运行正常会返回从键盘读取字符的 ASCII 码值，如果出错则返回 EOF(-1)。

该函数直接从键盘获取键值，不等待用户按回车键；输入字符回显。使用该函数时，需要添加头文件 conio.h。注意，这和 getchar 函数添加的头文件不同。

4. getch 函数

一般格式为：

int getch ( );

getch 与 getche 的功能基本相同，也不带参数，会返回从键盘读取字符的 ASCII 码值，如果出错则返回 EOF(-1)。

该函数直接从键盘获取键值，不等待用户按回车键；输入字符不回显。使用该函数也需要添加头文件 conio.h。

【例 4-3】getch 与 getche 的差异。

【编程实现】

```
#include <stdio.h>
#include <conio.h>
int main ( )
{
    char ch1, ch2;
    printf ("please press two keys\n");
    ch1 = getche ( );  // 回显
    ch2 = getch ( );   // 不回显
    printf ("\nyou've pressed %c and %c\n", ch1, ch2);
}
```

【运行结果】

```
please press two key
1
you've pressed 1 and 2
```

【程序分析】

在程序中，要使用 getche 和 getch 函数，应包含头文件 conio.h；要使用 printf 函数，需要包含头文件 stdio.h。getche 和 getch 这两个函数都可以不等待用户按回车键就返回从键盘输入的一个字符。声明变量 ch1 和 ch2 后，分别通过 getche 和 getch 函数将输入的字符赋值给这两个变量，所以最后的 printf 函数输出 you've pressed 1 and 2；而 getche 函数输入字符回显，getch 函数输入字符不回显，所以只有 getche ( ) 函数输入的字符 1 会显示在屏幕上。

4.3 数据的格式化输出

数据输出是将处理后的结果按照指定的格式输出给用户。从计算机向外部输出设备 (如显示器、打印机、磁盘等) 输出数据称为“输出”，C 语言的标准函数库中提供了一批标准输出函数来实现相关功能。

4.3.1 格式输出函数 printf

printf 函数是系统提供的用于向标准输出设备 (屏幕) 输出数据的库函数，其作用是按指定的格式将数据在屏幕上显示。

1. printf 的一般格式

printf 函数的一般格式如下：

printf (" 格式控制字符串 ", 表达式 1，表达式 2，…，表达式 n);

printf 函数的功能是按照“格式控制字符串”的要求，将“表达式 1”“表达式 2”“…”“表达式 n”的值显示在计算机屏幕上。

其中“格式控制字符串”包含两类字符：常规字符和格式控制符。常规字符包括可显示字符和用转义字符表示的字符，以字符原型显示在屏幕上。格式控制符是以 % 开头的一个或多个字符，用于说明输出数据的类型、形式、长度、小数位数等。格式控制符的格式为“%[修饰符] 格式转换字符”，其中括号“[]”表示可选项。例如：

```
long int x = 0x8A56;
printf ("The Value of x is %ld\n", x);
```

其中“The Value of x is”是常规字符中原样输出的字符，“\n”为表示换行的转义字符，两者都属于常规字符；“%ld”为格式控制符，表示输出长整型数据。执行上述两行代码后，程序输出结果为：

```
The Value of x is 35414
```

2. printf 函数中的格式转换字符及其含义

不同类型的数据，要用不同的格式转换字符，如前面的“%d”和“%c”分别表示输出一个十进制整数和输出一个字符，表 4.3 列出了 printf 函数中常用的格式转换字符及其含义。

表 4.3　printf 函数中格式转换字符及其含义

格式转换符	含义	对应的表达式数据类型
%d 或 %i	以十进制形式输出一个整型数据	有符号整型
%x，%X	以十六进制形式输出一个无符号整型数据	无符号整型
%o	以八进制形式输出一个无符号整型数据	无符号整型
%u	以十进制形式输出一个无符号整型数据	无符号整型
%c	输出一个字符型数据	字符型
%s	输出一个字符串	字符串
%f	以十进制小数形式输出一个浮点型数据	浮点型
%e，%E	以指数形式输出一个浮点型数据	浮点型
%g，%G	按照 %f 或 %e 中输出宽度比较短的一种格式输出	浮点型
%p	以主机的格式显示指针，即变量的地址	指针类型

【例 4-4】不同类型数据输出示例。

【编程实现】

```
#include <stdio.h>
int main ( )
{
  int a = 165;
  float f = -12.3;
  printf ("%d\n", a);   // 输出 165
  printf ("%x\n", a);   // 输出 a5
  printf ("%X\n", a);  // 输出 A5
```

```
    printf ("%o\n", a);  // 输出 245
    printf ("%f\n", f);   // 输出 -12.300000
    printf ("%e\n", f);   // 输出 -1.230000e+001
    printf ("The string  is %s", "hello"); // 输出 The string  is hello
}
```

【运行结果】

```
165
a5
A5
245
-12.300000
-1.230000e+001
The string  is hello
```

【程序分析】

在程序中，“%d”表示以十进制形式输出一个整型数据；“%x”和“%X”均表示以十六进制形式输出，用 x 则输出十六进制数的 a ～ f 时以小写形式输出，用 X 则以大写字母输出；“%o”表示以八进制形式输出；“%f”表示以十进制小数形式输出一个浮点型数据，整数部分全部输出，并输出 6 位小数；“%e”表示以指数形式输出一个浮点型数据；最后一行的“The string is”原样输出，“%s”表示将后面的表达式以字符串形式输出。

在格式控制符中，在“%”和格式字符间可以插入几种辅助格式控制符，也称为修饰符。其形式为“%[-] [+] [#] [0] [width] [.precision] [l | L] f | e | E | g | G”，其中“[]”表示可选项，可缺省；“|”表示互斥关系。修饰符的具体含义如表 4.4 所示。

表 4.4　printf 函数的辅助格式控制字符 (修饰符) 及功能

修饰符	功能说明
width	输出数据域宽。数据长度小于 width，补空格；否则按实际输出
.precision	对于整数：表示至少要输出 precision 位，若数据长度小于 precision，左边补 0
	对于实数：指定小数点后位数 (四舍五入)
	对于字符串：表示只输出字符串的前 precision 个字符
—	输出数据在域内左对齐 (缺省右对齐)
+	输出有符号正数时，在其前面显示正号 (+)
#	对于无符号数：在八进制和十六进制数前显示前导 0、0x 或 0X
	对于实数：必须输出小数点
0	输出数值时，指定左边不使用的空格自动填 0
h	在 d、o、x、u 前，指定输出为短整型数
l	在 d、o、x、u 前，指定输出为 long int 型
	在 e、f、g 前，指定输出精度为 double 型 (默认也为 double)
L	在 e、f、g 前，指定输出精度为 long double 型

注意：在使用 printf 函数时，除了 X、E、G、L 以外，其他格式控制字符必须使用小写字母。

【例 4-5】辅助格式控制字符输出示例。

【编程实现】

```
#include <stdio.h>
int main ( )
{
   int a = 12, b = 345;
   float f = 123.456;
   long i = 123456;
   printf ("i = %ld \n", i);        // 输出 i=123456
   printf ("a = %4d, b = %4d, b = %-4d \n", a, b, b); // 输出 a= □□ 12,b= □ 345,b=345 □
   printf ("a = %+4d, b = %+4d \n", a, b);    // 输出 a= □ +12,b=+345
   printf ("f=%4.2f\n", f);  // 输出 f=123.46
   printf ("%3s , %8.2s, %-4.3s\n","hello","hello","hello" );
   // 输出 hello, □□□□□□ he,hel □
}
```

【运行结果】

```
i = 123456
a =   12, b =  345, b = 345
a =  +12, b = +345
f=123.46
hello ,       he, hel
```

【程序分析】

在程序中，“%ld”表示输出长整型数据，定义的长整型变量，需要在“%d”格式字符中添加 l 字符。“%4d”表示指定输出数据的宽度为 4，此时变量 a 的位数小于 4，则左端补以空格，所以输出“a= □□ 12”等，其中□表示空格；若数据位数大于 4，则按实际位数输出。“%-4d”与“%4d”意义相似，只是输出结果左对齐，右边补空格。“%+4d”表明要输出数据的符号 (正号或负号)。“%4.2f”表示输出数据的总宽度为 4，其中有 2 位小数，此时变量 f 的实际位数大于 4，所以保留 2 位小数后按实际输出“f=123.46”。“%3s”表示输出的字符串宽度为 3，此时字符串“hello”本身长度大于 3，则将字符串 hello 全部输出。“%8.2s”表示输出的字符串宽度为 8，但只取字符串左端 2 个字符，这 2 个字符输出在 8 列右侧，左边补空格，故输出□□□□□□ he。“%-4.3s”表示输出的字符串宽度为 4，但只取字符串左端 3 个字符，这 3 个字符输出在 4 列左侧，右边补空格，所以输出“hel □”。

3. 使用 printf 函数时的注意事项

(1) 格式控制字符串可以不包含任何格式控制符。例如：

printf ("how do you do?\n");

输出结果：

how do you do?

(2) 当格式控制字符串中既含有常规字符，又含有格式控制符时，则表达式的个数应与格式控制符的个数一致，并从左到右与格式对应。如果格式控制字符串中的格式控制符的个数多于表达式的个数，则余下的格式控制符的值将是不确定的；若格式控制符的个数少于表达式的个数，则多余表达式就不输出。例如：

int a = 2,ch= 'A';

printf("a * a = %d, a + 5 = %d\n", a * a, a + 5);

输出结果：

a * a = 4,a + 5 = 7

又例如：

printf ("5+3=%d, 5-3=%d, 5*3=%d\n", 5+3, 5-3);

输出结果：

5+3=8,5–3=2,5*3 =2351776(值不确定)

又例如：

printf ("how old are you?\n", 20);

输出结果：

how old are you?(20 不输出)

(3) 不同类型的表达式要使用不同的格式转换符；同一表达式，如果按照不同的格式转换符输出，其结果可能是不一样的。例如：

int i=97, ch= 'a';

printf ("ch 1= %c,ch2=%d\n", ch,ch);

输出结果：

ch1 = a ,ch2=97

又例如：

printf ("ch 1= %c,ch2=%d", i,i);

输出结果：

ch1 = a ,ch2=97

(4) 格式控制字符串后面表达式的个数要与格式控制字符串中格式控制符的个数相等，表达式的实际数据类型要与格式转换符所表示的类型相符。printf 函数不会进行不同数据类型之间的自动转换，如浮点型数据不可能自动转换成整型数据，整型数据也不可能自动转换成浮点型数据。

【例 4-6】错误的格式化输出。

【编程实现】

```
#include <stdio.h>
int main ( )
{
   int a = 100, b = 10;
   float f = 20;
   printf ("f = %d, b = %d\n", f, b);
   printf ("a = %f, b = %d\n", a, b);
   printf ("a = %ld, b = %d\n", 120, b);
}
```

【运行结果】

```
f = 0,      b = 10
a = 0.000000, b = 10
a = 120,    b = 10
```

【程序分析】

在程序中，输出 float 型数据 f，却使用了 %d，导致 f 的不正常输出，且可能会影响到下一个表达式 b 的正常输出。输出 int 型数据 a，却使用了 %f，导致 a 的不正常输出，且可能会影响到下一个表达式 b 的正常输出。因为整型和长整型所占内存单元的大小相同 (均占 4 字节)，且都是整型数据，数据类型基本是相同的，所以输出的结果正确。

正确的格式化输出形式如下：

```
printf ("f = %f, b = %d\n", f, b);
printf ("a = %f, b = %d\n", (float)a, b);
printf ("a = %ld, b = %d\n", 120L, b); 或 printf ("a = %d, b = %d\n", 120, b);
```

4.3.2 字符数据输出函数

与输出字符数据有关的常用库函数主要有 putchar、putc、puts 等，表示向显示设备或流文件输出字符。

1. putchar 函数

一般格式为：

```
int  putchar ( int c );
```

putchar函数的功能是将一个字符信息显示在屏幕上，正常输出的返回值是所显示字符的 ASCII 码，出错则返回 EOF(-1)。

函数包含一个参数 c，它为要显示字符的 ASCII 码值。使用该函数，也需添加头文件 stdio.h。

2. putc 函数

一般格式为：

int putc (int c, FILE *stream);

putc 函数的功能是将一个字符信息存放在流文件中，正常输出的返回值是所显示字符的 ASCII 码，出错则返回 EOF(-1)。

函数包含两个参数，其中参数 c 表示要显示字符 c 的 ASCII 码值，stream 表示所要输出到的流文件。如果流文件为 stdout(显示器设备名)，则功能与 putchar 完全相同，即 putc(c, stdout) 等价于 putchar(c)。使用该函数时，要添加头文件 stdio.h。

3. puts 函数

一般格式为：

int puts (char *string);

puts 函数的功能是将一个字符串显示在屏幕上。如果函数成功执行，将返回一个非负值；出错则返回 EOF(-1)。

函数包含一个参数 string，表示要显示的字符串，输出时将自动回车换行。使用该函数时，要添加头文件 stdio.h。

【例 4-7】利用字符输出函数输出字符。

【编程实现】

```
#include <stdio.h>
int main ( )
{
   int a = 65;
   char b = 'B';
   putchar (a);
   putchar ('\n');
   puts ("is as good as");
   putc (b, stdout);
   puts ("end");
}
```

【运行结果】

```
A
is as good as
Bend
```

【程序分析】

在程序中使用 putchar、puts 和 putc 函数，首先应包含头文件 stdio.h。putchar (a) 是将整型数 65 对应的字符 A 输出，但是不会自动回车换行；putchar (‘\n’) 则输出一个换行符，使输出的当前位置移到下一行的开头；puts (“is as good as”) 将参数中的字符串原样输出且自动回车换行；putc (b, stdout) 等价于 putchar(b)，即输出参数中的字符 B，不会自动回车换行，因此紧跟后面接着输出字符串 end。

4.4 项目实战

问题：成梦中学小明，想输入一个学生的学号 (8 位数字)、生日 (年 - 月 - 日)、性别 (M：男，F：女) 及语文、数学、英语的成绩，希望计算机能计算该学生的总分和平均分，并将该学生的全部信息规划整洁的格式输出 (包括总分、平均分)。你能帮助小明吗？

4.4.1 项目问题分析

本项目由输入、计算、输出 3 部分组成，是一个典型的顺序结构。输入信息有学号 (8 位数字)、生日 (年 - 月 - 日)、性别 (M：男，F：女) 及语文、数学、英语的成绩等，要求格式清晰，有相应提示信息。计算就是求学生成绩的总分和平均分。最后需要输出全部信息，同时要求格式规范整洁。

4.4.2 数据模型的构建

根据项目要求，我们对输入的学号、生日、性别等学生信息进行数据结构分析，构建正确的数据模型，具体如下。

```
unsigned long no;                    // 学号 (no),8 位数字
unsigned int year, month, day;       // 生日 (year-month-day)
unsigned char sex;                   // 性别 (M,F)
float chinese, math, english;        // 语文、数学、英语成绩
float total, average;                // 总分、平均分
```

然后再设定输出格式如下。

===NO=====birthday===sex==chinese==math==english==total==average

4.4.3 算法的设计

首先定义多个变量，分别表示学生的学号、出生年月日等各类信息；接着利用 printf 函数进行信息提示，再利用 scanf 函数接收输入的相关信息，然后计算得出成绩总分及平均分，最后用 printf 函数将全部信息按指定格式输出。具体算法描述如图 4.3 所示。

定义相关变量
printf(提示信息)
scanf(相关信息)
total=chinese+math+english
average=tatal/3
printf(全部信息)

图 4.3 算法的 N-S 图描述

4.4.4 项目实现

根据上述分析与设计，项目源代码参考如下。

【源代码】

```
#include <stdio.h>
int main ( )
{
    unsigned long no;                       // 学号
    unsigned int year, month, day;          // 生日（年、月、日）
    unsigned char sex;                      // 性别
    float chinese, math, english;           // 语文、数学、英语成绩
    float total, average;                   // 总分、平均分
    printf ("input the student's NO: ");
    scanf ("%8ld", &no);
    printf ("input the student's Birthday(yyyy-mm-dd): ");
    scanf ("%4d-%2d-%2d", &year, &month, &day);
    fflush (stdin);                         // 清除键盘缓冲区
    printf ("input the student's Sex(M/F): ");
    scanf ("%c", &sex);
    printf ("input the student's Scores(chinese, math, english): ");
    scanf ("%f,%f,%f", &chinese, &math, &english);
    total = chinese + math + english;  // 计算总分
    average = total / 3;                    // 计算平均分
    printf("\n===NO====birthday==sex==chinese==math==english==total==average\n");
    printf ("%6ld %4d-%02d-%02d %c %-5.1f %-5.1f %-5.1f %5.1f %-5.1f\n", no, year,
month, day, sex, chinese, math, english, total, average);
}
```

【运行结果】

```
input the student's NO: 20246101↙
input the student's Birthday(yyyy-mm-dd): 2006-3-15↙
input the student's Sex(M/F): F↙
input the student's Scores(chinese, math, english): 90,89,96↙

===NO=====birthday===sex==chinese==math==english==total==average
20246101    2006-03-15    F    90.0    89.0    96.0    275.0    91.7
```

总结拓展

【本章小结】

本章主要探讨了顺序结构程序设计的有关方法；顺序结构是程序设计的基础，理解并掌握顺序结构是学习编程的第一步。主要介绍了数据的格式化输入、数据的格式化输出等函数和顺序结构程序设计思想，主要包括以下几个方面内容。

(1) 格式化输入、输出库函数的使用。重点介绍了格式化输出函数 printf 和格式化输入函数 scanf 的功能及使用方法，其中格式控制字符串是需要重点关注的地方，数据的输入和输出可以按照某种输入 / 输出格式完成。

(2) 字符的非格式化输入、输出库函数的使用。其中 getchar 和 putchar 是最简单的字符输入 / 输出函数，调用一次这两个函数中，只能对一个字符进行操作。如果需要输入 / 输出其他类型的数据，必须使用 printf 和 scanf 函数。

主要函数如表 4.5 所示。

表 4.5 输入 / 输出主要函数

库函数名	功能	所在头文件
scanf	格式化输入	stdio.h
printf	格式化输出	stdio.h
getchar	接收一字符输入，以回车键结束，回显	conio.h
getc	从输入流中接收一字符，以回车键结束，回显	conio.h
getche	接收一字符输入，输入字符后就结束，回显	conio.h
getch	接收一字符输入，输入字符后就结束，不回显	conio.h
putchar	输出一字符	stdio.h
putc	输出一字符到流文件	stdio.h
puts	输出一字符串 (输出后自动换行)	stdio.h
fflush	清除键盘缓冲区	stdio.h

(3) 程序的控制结构。任何复杂的算法都可以由顺序结构、选择 (分支) 结构和循环结构这 3 种基本结构组成。

通过本章知识的学习和项目实战，可以先重点掌握最常用的一些规则，在今后的编写和调试程序过程中，逐步深入掌握输入 / 输出函数的应用，树立结构化程序设计思想，真正迈入程序设计大门。

【思政故事】

脚踏实地，不断精进

在中国科技发展的历史长河中，总有一些杰出的先行者用自己的智慧和努力为国家的未来铺平道路。算力作为衡量一个国家数据处理能力的关键指标，指的是数据中心处理数据并输出结果的计算能力。据了解，我国现有算力总规模位居全球第二，在此成就的背后，免不了要提及一位杰出的贡献者，他就是中国工程院院士、清华大学计算机科学与技术系教授郑纬民，2022 年，他被授予了感动中国年度人物称号。郑纬民教授还是我国首次荣获全球高性能计算应用领域“诺贝尔奖”——戈登·贝尔奖的超算专家，是首位中国存储终身成就奖获得者。

1946 年，郑纬民在浙江省宁波市出生。在读初中时，他每天上学需要走 1 小时的石子路，不论刮风下雨，从未迟到。当时物资匮乏，郑纬民经常和同学一起下地劳动，插过秧、割过稻，这段经历令他受益终生。他说：“大学教我知识，中学教我做人，培养了我永争第一、吃苦耐劳、集体主义的精神。只有学会做人，才能做好事情。”1965 年，郑纬民中学毕业考入清华大学自动控制系，计算机还只是自动控制系的一个专业。当时，国内的算法、存储、系统等基础理论的研究还比较落后，没有人能准确判断中国的计算机事业将有怎样的未来。从清华大学毕业后，郑纬民开始在计算机存储系统领域深耕，带领团队攻破了存储系统的可扩展性、可靠性等一道道难关。中国的存储系统从零到世界领先，用了不到半个世纪的时间。在这一近乎奇迹的背后，离不开郑纬民的贡献。据郑纬民的学生回忆，他与学生们每日投入的工作时长常达十多个小时。他一直鼓励学生们要以沉稳的心态深入研究，并且认为参与计算机系统结构方面的研究，要做好吃苦的准备；只有脚踏实地把实际工作推进，才能成就一番事业。

2017 年，郑纬民及团队借助“神威·太湖之光”超级计算机成功设计实现了高可扩展性的非线性地震模拟工具，实现了对唐山大地震发生过程的高分辨率精确模拟，斩获了全球高性能计算应用领域的“诺贝尔奖”——戈登·贝尔奖。2018 年，郑纬民院士成为首位中国存储终身成就奖获得者。

如今，年过古稀的郑纬民依然没有停下前进的脚步。随着人工智能应用的日益普及，郑纬民提出了人工智能发展需要三驾马车，其中一驾就是算力，算力不足就没办法做好人工智能。他指出，我国人工智能产业正面临着软件、硬件两方面的瓶颈。解决“卡脖子”问题不仅要加快相关核心技术攻关，还要构建自主可控的算力生态，构建多样性算力格局，加强基础软件和应用软件等的开发；同时要密切跟踪国际前沿革新技术，推动更为积极的全球人才战略。郑纬民院士还特别关注青年朋友的成长。针对影响年轻朋友们一生的专业选择问题，他在视频中从自己的角度给出了建议：“我觉得我们年轻人要安下心来，踏踏实实地做一件事。不管你是做基础大模型训练，还是做专业的大模型训练，甚至做推理，都会有很多的事可以做。只要把它做好，你就是可以的。”

回看郑纬民教授的人生历程，每一阶段都充满了挑战与坚持。他以坚韧不拔的毅力不断攀登科学的高峰，在存储系统领域为我国实现了“从 0 到 1”再到“世界领先”的奇迹跨越，现在又全身心地投入人工智能大模型的研究。这样的精神激励着无数的科研工作者全情投入科学事业，满腔热情推动国家向前发展。作为新时代青年程序设计者，首先应注重基础，稳扎稳打地学习程序设计知识，将来才能熟能生巧地快速解决问题。面对复杂问题，一步一步按照先后顺序解决问题是最佳思维方式。不管在生活上还是学习中，我们切忌拔苗助长，应该合理规划自己的时间和精力，循序渐进地完成各个阶段的任务，同时学习郑纬民教授这种脚踏实地的精神，不断精进，为中国科技的腾飞添砖加瓦！

【课后练习】

一、选择题

1. 下面程序段执行后的输出结果是 (　　)。(“□”表示一个空格)

```
int a = 3366;
printf ("|%-08d|", a);
```

A. |-0003366|　　B. |00003366|

C. |3366 □□□□ |　　D. 输出格式非法

2. 以下程序的输出结果是 (　　)。

```
int main ( )
{
   printf ("s1 = |%15s|   s2 = |%-5s|", "chinabeijing", "chi");
}
```

A. s1 = |chinabeijing □□□ | s2 = |chi|

B. s1 = |chinabeijing □□□ | s2 = |chi □□ |

C. s1 = | □□□ chinabeijing| s2 = | □□ chi|

D. s1 = | □□□ chinabeijing| s2 = |chi □□ |

3. 已知 int x, y; double z; 以下语句中错误的函数调用是 (　　)。

A. scanf ("%d,%lx,%le", &x, &y, &z);　　B. scanf ("%2d*%d%lf", &x, &y, &z);

C. scanf ("%x%*d%o", &x, &y);　　D. scanf ("%x%o%6.2f", &x, &y, &z);

4. putchar 函数可以向终端输出一个 (　　)。

A. 整型变量表达式值　　B. 实型变量值

C. 字符串　　D. 字符或字符型变量值

5. 若有说明语句 int a, b;，用户的输入为 111222333，结果 a 的值为 111，b 的值为 333，那么以下输入正确的语句是 (　　)。

A. scanf ("%*3d%3c%3d", &a, &b);　　B. scanf ("%3d%*3c%3d", &a, &b);

C. scanf ("%3d%3d%*3d", &a, &b);　　D. scanf ("%3d%*2d%3d", &a, &b);

6. 执行下面程序时，欲将 25 和 2.5 分别赋给 a 和 b，正确的输入方法是 (　　)。

```
int a;
float b;
scanf ("a=%d,b=%f", &a, &b);
```

A. 25 □ 2.5　　B. 25,2.5

C. a=25,b=2.5　　D. a=25 □ b=2.5

二、填空题

1. 执行 int a1, a2, a3, a4; printf ("%d, %d\n", a1, a2, a3, a4); 后，会在屏幕输出 ____ 个整数。

2. 使用 scanf 函数输入数值数据时，一般用 ______、______ 或 ______ 作为数据分隔符。

3. 设 a=12、b=12345，执行语句 printf("%4d,%4d",a,b); 的输出结果为 ______。

4. 已有定义 int x; float y; 执行 scanf("%3d%f", &x, &y); 语句时，假设输入数据为 12345 □ 678 ↙，则 x、y 的值分别为 ______ 和 ______。

三、程序分析题

1. 阅读以下程序，当输入数据的形式为“12a345b789 ↙”，正确的输出结果为 ______。

```
#include <stdio.h>
int main ( )
{
   char c1, c2;
   int a1, a2;
   c1 = getchar ( );
   scanf ("%2d", &a1);
   c2 = getchar ( );
   scanf ("%3d", &a2);
   printf ("%d, %d, %c, %c\n", a1, a2, c1, c2);
}
```

2. 设有以下程序：

```
#include <stdio.h>
int main( )
{
   char c1, c2, c3, c4, c5, c6;
   scanf("%c%c%c%c",&c1,&c2,&c3,&c4);
   c5=getchar( );
   c6=getchar( );
   putchar(c1);
   putchar(c2);
   printf("%c%c\n", c5, c6);
}
```

若运行时从键盘输入数据 (↙表示回车):

abc ↙

defg ↙，

则输出结果是______。

四、程序设计题

1. 使用 scanf 函数输入的圆半径，计算得出圆的面积后，使用 printf 函数将结果输出。输出时要求有文字说明，面积值取小数点后 2 位数字。

2. 编写一个 C 程序，从键盘输入一个小写字母，要求改用大写字母输出。

3. 要求用户输出一个爱心图案 (如图 4.4 所示)，爱心函数为 $(x^2+y^2-1)^3-x^2y^3=0$，结合所学输入 / 输出函数进行设计和实现。

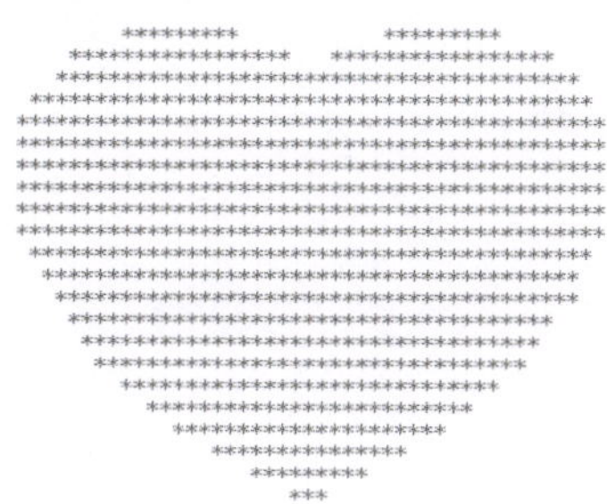

图 4.4　图案

提示：颜色可以通过 system(“color 0C”) 设计，它包含在 Windows.h 或 stdlib.h 文件中。

第 5 章 选择结构程序设计

生，亦我所欲也；义，亦我所欲也。
二者不可得兼，舍生而取义者也①。

——孟子《鱼我所欲也》

【项目案例】

振兴合作社招聘人员采摘水果，论采摘量按天计算薪资：将员工当天采摘量 K(整数)设置为 5 个等级，每个等级的提薪单价 R 有所不同，具体的单价如表 5.1 所示。尝试设计一款智能磅秤，要求读入员工采摘量后，能显示员工的当天薪资。请你为其设计相关程序。

表 5.1　各等级的提薪单价表

等级	采摘量 K(斤)	提薪单价 R(元/斤)
A	K ≤ 1000	0.10
B	1000<K ≤ 2000	0.12
C	2000<K ≤ 3000	0.15
D	3000<K ≤ 4000	0.20
E	4000<K	0.25

【问题驱动】

(1) 如何依据问题中的条件分析，设计出高效的条件选择算法。

(2) C 语言中的各种条件选择语句是如何编写的？

(3) 如何进行选择结构程序设计，并将其应用到具体实践中？

【章节导读】

选择结构是 C 语言中用于实现条件判断的重要控制结构，它使程序能够根据不同条件执行不同的代码块。本章将详细介绍 C 语言中选择结构的使用方法、语法规则以及实际应用场景。

① 舍生取义是孟子关于人生价值观的看法，面对人生选择，认为道义比生命更加宝贵。程序设计中很多时候也需要通过判断做出正确的选择，如何选择十分重要。

5.1 if-else语句

在C语言中，选择结构用于根据特定条件决定执行哪些语句。这使得程序能够根据不同的情况做出不同的反应，而不是按照固定顺序依次执行所有语句。C语言中可以利用if语句来实现选择结构。在if语句中，首先需要判断所给定的条件是否满足，即根据条件表达式的结果（真或假）决定执行哪些语句。

5.1.1 if语句的基本结构

在C语言中，if语句主要有3种形式，下面将分别介绍每种形式的具体使用方法。

1. 单分支结构

单分支结构的if语句的一般形式为：

if（表达式） 语句；

其中if后面括号中的“表达式”为进行判断的条件，后面的“语句”部分则表示相应的操作。在执行if语句时，先计算“表达式”的值；如果“表达式”的值不为0，则按真处理，会执行后面指定的“语句”；如果其值为0，则按假处理，就不会执行“表达式”后的“语句”。其执行流程如图5.1所示。

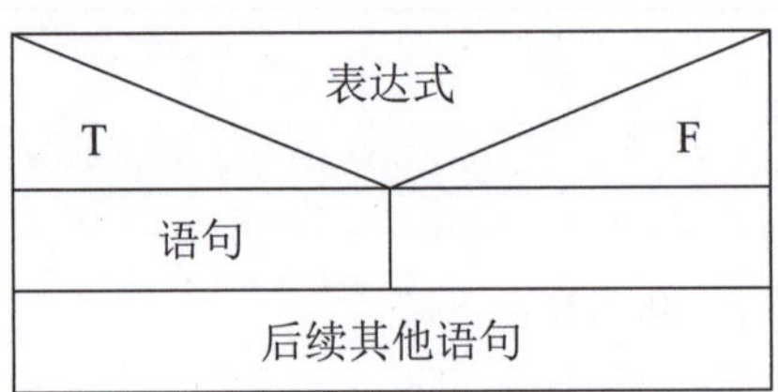

图5.1 单分支的if语句N-S图

【例5-1】下面的程序段用于输入两个整数，输出其中的大数。

```
int a, b, max;
printf ("input two numbers: ");
scanf ("%d%d", &a, &b);
max = a;
if (max < b)
    max = b;
printf("max = %d", max);
```

【解】假设用户从键盘输入两个整数“10□8↙”，则执行完scanf函数后，a的值为10，b的值为8；再执行语句“max = a;”即将a的值赋给变量max，此时max的值为10。然后判断if括号中的表达式“max < b”的值(10<8)为假，则接下来的语句“max = b;”不会执行，然后继续执行后续输出语句，输出结果为“max=10”。

2. 双分支结构

除了可以指定条件为真时执行某些语句外，还可以在条件为假时执行另外一段代码，这可用 if-else 形式实现，其一般格式如下：

```
if (表达式)
    语句 1;
else
    语句 2;
```

它同样表示根据 if 后面“表达式”的值进行相应的操作。如果“表达式”的值为真，则执行“表达式”后紧跟的“语句 1”；如果其值为假，则执行 else 后的“语句 2”。其执行流程如图 5.2 所示。

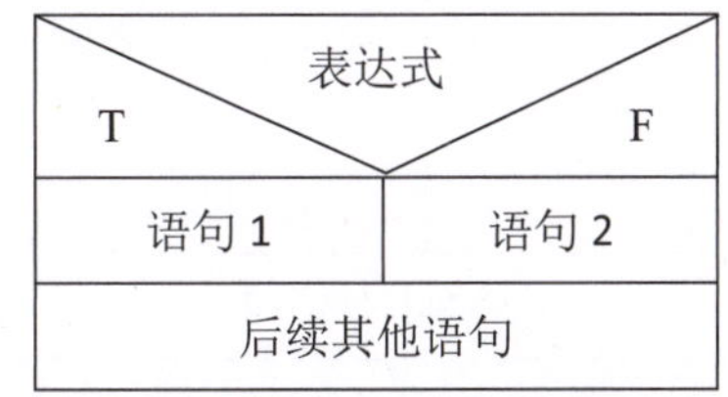

图 5.2　双分支 if-else 语句 N-S 图

【例 5-2】下面的程序段同样是输出两个整数中的最大数。

```
int a, b;
printf ("input two numbers: ");
scanf ("%d%d", &a, &b);
if (a > b)
    printf ("max = %d\n", a);
else
    printf ("max = %d\n", b);
```

【解】假设用户还是从键盘输入两个整数“10 □ 8↙”，在判断 if 后的表达式“a > b”的值时，此时 10>8 为真，则会执行紧跟后面的语句“printf ("max = %d\n", a);”，else 后面的“printf ("max = %d\n", b);”则不会执行。所以输出结果同样为“max=10”。

3. 多分支结构

利用 if-else if 形式可以对一系列的条件进行判断从而执行不同的语句，实现多分支结构。其一般格式如下：

```
if (表达式 1)          语句 1;
else if (表达式 2)     语句 2;
else if (表达式 3)     语句 3;
…
[else                  语句 n;]
```

其含义是首先对 if 后面的“表达式 1”进行判断，如果“表达式 1”的值为真，则执行“表达式 1”后的“语句 1”，然后跳过后面所有 else if 语句和 else 语句；如果其值为假，则接着对“表达式 2”进行判断，如果“表达式 2”的值为真，则执行“语句 2”，不再执行后面所有语句；如果其值为假，则继续判断后面表达式 3 的值；如此继续判断，直到前面所有表达式条件都不成立 (即值都为假) 时，才执行 else 后的“语句 n”。其执行流程如图 5.3 所示。

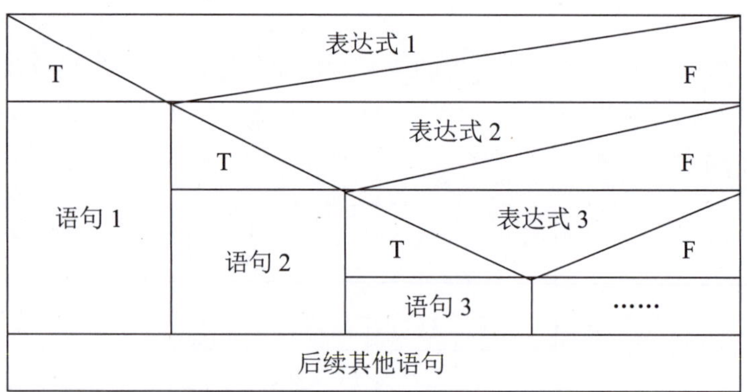

图 5.3　多分支 if-else if 语句 N-S 图

【例 5-3】下面的程序段用于判断输入字符的种类。

```
char c;
printf ("Enter a character: ");
c = getchar ( );
if (c < 0x20)
    printf ("The character is a control character\n");
else if (c >= '0' && c <= '9')
    printf ("The character is a digit\n");
else if (c >= 'A' && c <= 'Z')
    printf ("The character is a capital letter\n");
else if (c >= 'a' && c <= 'z')
    printf ("The character is a lower letter\n");
else
    printf ("The character is other character\n");
```

【解】程序先通过 getchar 函数接收用户从键盘输入的一个字符并将其存入变量 c 中。假设用户输入“b↙”，此时需要依次判断 if 和 else if 后的表达式的值，因为只有最后一个 else if 后面的条件表达式“c >= ‘a’ && c <= ‘z’ ”结果为真，所以会输出紧跟后面的语句即“The character is a lower letter”。假设用户输入“,↙”，会依次判断 if 和 else if 后的表达式的值都为假，所以执行 else 后面的语句，即输出“The character is other character”。

4. 使用 if 语句的注意事项

(1) if 语句后面的表达式必须用括号括起来 。例如：

```
if  x > 0  printf ("x > 0");
```

像这种表示方式就是错误的，正确的形式应是：

```
if (x > 0) printf ("x > 0");
```

(2) 表达式通常是逻辑表达式或关系表达式，但也可以是其他任何表达式，如赋值表达式等，甚至也可以是一个变量。只要表达式的值为非零，结果就为真，否则就是假。例如：

```
if (a = 5) 语句;
if (b)     语句;
```

以上 if 语句都是合法的，第一个 if 表达式的值永远为非 0，所以其后的语句总是要执行的；第二个 if 表达式则等价于“if (b != 0)”。

(3) 在 if 语句的三种形式中，所有的语句应为单个语句。如果要想在满足条件时执行一组 (多个) 语句，则必须把这一组语句用“{ }”括起来，组成一个复合语句。但要注意的是，在“}”之后不能再加分号。例如以下是错误的语句：

```
if (a > b)
        a++; b++;
    else
        a = 0; b = 1;
```

正确的形式应是：

```
if (a > b)
        { a++; b++; }
    else
        { a = 0; b = 1; }
```

(4) 在 if 语句中，如果表达式是一个判断两个数是否相等的关系表达式，不要将“==”写成赋值运算符“=”。例如执行以下代码：

```
#include <stdio.h>
int main ( )
{
    int x = 0;
    if (x = 0)
        printf ("x = 0\n");
    else
        printf ("x != 0\n");
}
```

其运行结果为输出“x != 0”。因为错误地将 if 后的表达式“x == 0”写成“x = 0”，条件为永假，因此程序运行的结果为输出“x != 0”。

5.1.2 if 语句的嵌套

当需要根据多个不同层次的条件来执行特定的操作时，在程序中可以使用 if 语句的嵌套，即在一个 if 语句内部包含另一个 if 语句，这种结构允许根据更复杂的条件逻辑来执行不同的代码块。外层的 if 语句一般可以检查一个大的条件，而内层的 if 语句可以进一步检查满足外层条件下的更细致的条件。例如，在一个学生成绩管理系统中，首先判断学生的总分是否达到及格线 (外层 if)，如果达到了，再根据不同的科目成绩范围来给出更具体的评价 (内层 if)。if 语句的嵌套总是遵从最先开始的 if 最后结束，最后开始的 if 最先结束，形成完全嵌套关系，不允许出现交叉。

if 语句的基本形式是：

if (表达式) 语句 1; else　语句 2;

其中“语句 1”和“语句 2”都可以嵌套另一个 if 语句，在缺省 else 部分的 if 语句 (即前面所说的单分支 if 语句) 中的“语句”也可以嵌套另一个 if 语句。因此，具体嵌套形式可以有很多种，如下所示。

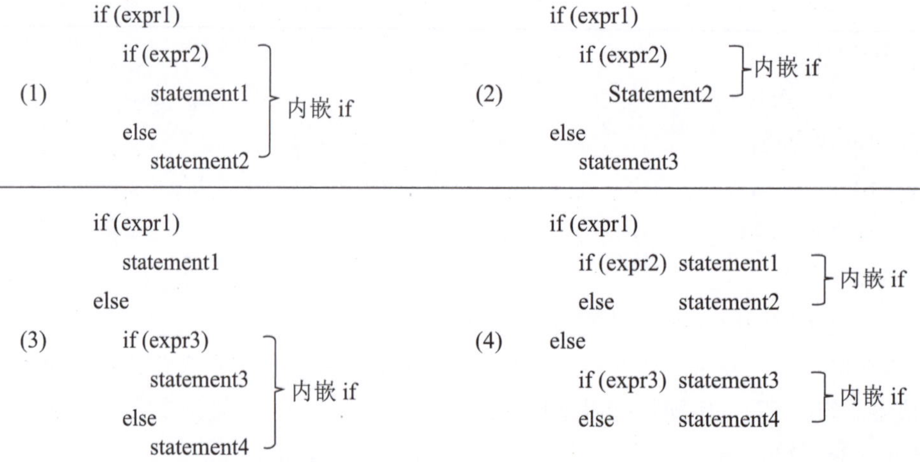

【例 5-4】输入两数并判断其大小关系。

【问题分析】

在本题中，我们采用 if 语句嵌套结构来解决问题。假设输入两数用 x，y 来表示，首先用 if 语句判断“x==y”关系是否成立，如果成立，则输出“x=y”；否则用 if 语句判断“x>y”关系是否成立，如果成立则输出“x>y”，否则输出“x<y”。

【算法设计】

根据问题分析情况，设计相应算法。算法的 N-S 图如图 5.4 所示。

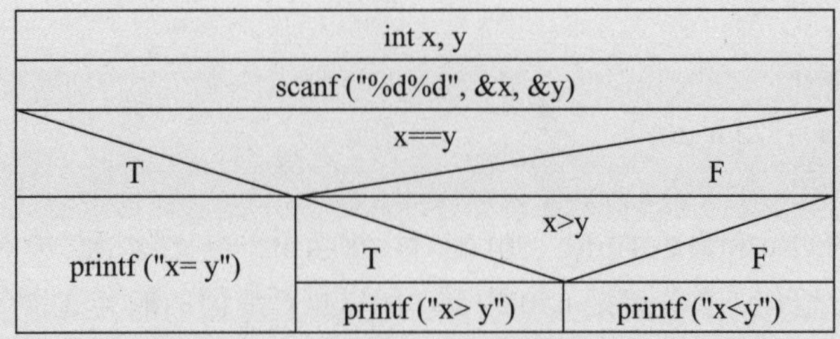

图 5.4　比较大小算法的 N-S 图

【编程实现】

```
#include <stdio.h>
int main ( )
{
   int x, y;
   printf ("Enter integer x, y: ");
   scanf ("%d, %d", &x, &y);
   if (x == y)
       printf ("x == y\n");
   else
       if (x > y)     printf ("X > Y\n");
       else           printf ("X < Y\n");
   return 0;
}
```

【运行结果】

12, 23↙

x<y

上述 if 语句书写时采用了缩进格式，这样能使程序结构更清晰、易读；虽然不采用缩进格式编译系统也不会报错，但这样可以清楚的看出，程序在双分支 if 语句 2 中嵌套了一个双分支的 if 语句。

在 if 语句嵌套的结构中，一定要注意 if 和 else 之间的对应关系。C 语言规定，在缺省“{ }”时，else 总是和它上面离它最近的未配对的 if 配对。例如：

```
#include <stdio.h>
int main ( )
{
   int a = 1, b = -1;
   if  (a > 0)
       if  (b > 0)
               a++;
```

```
        else
                a--;
        printf ("a = %d\n",a);
    }
```

上述语句中的 else 和最近的 if(b > 0) 配对，相当于单分支 if 语句中的“语句”嵌套了一个双分支 if-else 语句，首先判断 a>0 为真，所以执行后面的嵌套 if 语句；接着判断 b>0 为假，故执行 else 后面的 a--，因此最后输出的结果为“a=0”。如果将上述程序修改如下：

```
#include <stdio.h>
int main ( )
{
    int a = 1, b = -1;
    if  (a > 0)
    {
        if  (b > 0)
            a++;
    }
    else
            a--;
    printf ("a = %d\n",a);
}
```

这时的“{ }”限定了内嵌 if 语句的范围，相当于在双分支 if 的语句 1 中嵌套了一个单分支的 if 语句。因此 else 与第一个 if 配对，首先判断 a>0 为真，接着执行“{}”中的语句，else 后面的语句不会再执行。接着再判断 b>0 为假，故“a++”也不会执行，因此最后输出的结果为“a=1”。

【例 5-5】考虑下面程序的输出结果。

【编程实现】

```
#include <stdio.h>
int main( )
 {
   int x = 100, a = 10, b = 20;
   int v1 = 5, v2 = 0;
   if (a < b)
       if (b != 15)
           if (!v1)
               x=1;
           else
```

```
            if (v2)  x = 10;
                x = -1;
        printf ("%d", x);
    }
```

【运行结果】

-1

【程序分析】

在程序中，首先判断第一个 if 后的表达式 a<b(10<20) 成立，接着执行 if 语句中嵌套的 if 语句，即再继续判断"b != 15"是否成立，从而决定是否执行后续嵌套的 if 语句。剩下的内容请读者自己分析。其实不管是否往下继续判断执行，因为"x=-1"不属于任何 if 语句，最后都会执行，所以最后输出 x 的值为"-1"。

5.2 switch 语句

多分支结构 if 语句和 if 语句嵌套可以解决现实生活中多分支的选择问题，但是如果分支选择较多，就会使得 if 语句烦琐；随着嵌套层数增多，程序可读性降低。为了更好地解决这类问题，C 语言中还提供了 switch 语句，用于直接处理多分支选择的情况。

5.2.1 switch 语句的基本结构

switch 语句是专门用于解决多路选择问题的语句，结构非常清晰。switch 语句基本结构如下所示：

```
switch ( 表达式 )
{   case    E1:
                语句组 1;
                break;
    case    E2:
                语句组 2;
                break;
    ….
    case    En:
                语句组 n;
                break;
    [default:
                语句组 ;
                break;]
}
```

其执行流程N-S图如图5.5所示，执行过程为：首先计算switch后括号中“表达式”的值，然后将此值从上到下按顺序与各个case后面的常量表达式E1、E2、…、En的值进行比较；若与某个常量表达式的值相等，则执行该常量表达式后面的语句组，遇到break则语句跳出整个switch语句。如果表达式的值与任何一个常量表达式的值都不相等，则执行default后面的语句组。

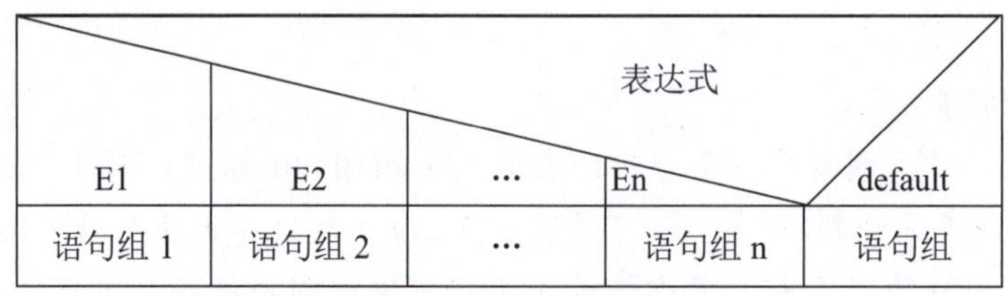

图 5.5　switch 语句的执行流程 N-S 图

5.2.2 switch 语句举例说明

(1) switch后面的“表达式”，可以是int、char和枚举型中的一种，但不可为浮点型。例如，下列的程序段代码中，switch后的表达式为浮点型变量a，这是错误的：

```
float  a, b = 4.0;
scanf ("%f", &a);
switch ( a )
{
  case 1:  b = b + 1;  break;
  case 2:  b = b - 1;   break;
}
printf ("b = %f\n", b);
```

(2) case后面的语句(组)可加“{ }”，也可以不加“{ }”，但一般不加“{ }”。例如：

```
int  a, b = 4;
  scanf ("%d", &a);
  switch (a)
  {
         case 1:  {b = b + 2;  break;}
         case 2:   b = b * 2;  break;
         case 3:  { b = b / 2;  break; }
  }
```

(3) 每个case后面“常量表达式”的值，必须互不相同，否则会出现相互矛盾的现象。同时，每个case后面必须是“常量表达式”，表达式中不能包含变量。例如：

```
int  a, b = 4;
scanf ("%d", &a);
switch (a)
{
    case 1:  b = b + 2;  break;
    case 2:  b = b * 2;  break;
    case 1:  b = b + 2;  break;
    case a<0 : printf ("error");  break;
}
```

程序中的第二个 case 1 在前面已使用，case a<0 中都包含了变量 a，这些都是初学者容易出现的错误，注意须避免出现类似的情况。

(4) 多个 case 子句，可共用同一语句 (组)。例如，以下代码实现当 a 的值是 1、2、3 时，将 b 的值加 2；当 a 的值是 4、5、6 时，将 b 的值减 2；其他情况，将 b 的值乘以 2：

```
int  a, b = 4;
scanf ("%d", &a);
switch (a)
{
    case 1:
    case 2:
    case 3:   b += 2;   break;
    case 4:
    case 5:
    case 6:   b -= 2;    break;
    default:  b *= 2;   break;
}
printf ("b = %d\n", b);
```

(5) case 后面的“常量表达式”仅起语句标号作用，并不进行条件判断。系统一旦找到入口标号，就从此标号开始执行，不再进行标号判断，直到遇到 break 语句结束。case 子句和 default 子句如果都带有 break 子句，那么它们之间的顺序变化不会影响 switch 语句的功能。如果 case 子句和 default 子句中有的带有 break 子句，有的没有带 break 子句，那么它们之间的顺序变化可能会影响输出的结果。

【例 5-6】分析以下两段程序代码的结果。

【编程实现 1】

```
#include <stdio.h>
#include <conio.h>
int main ( )
```

```
{
 char  ch;
 ch = getch ( );
 switch ( ch )
 {
   case 'Y' :  printf ("Yes\n");
               break;
   case 'N' :  printf ("No\n");
               break;
   case 'A' :  printf ("All\n");
               break;
   default :   printf ("Yes,No or All\n");
 }
}
```

【编程实现 2】

```
#include <stdio.h>
#include <conio.h>
int main ( )
{
 char  ch;
 ch = getch ( );
 switch ( ch )
 {
   case 'Y' :  printf ("Yes\n");
               break;
   default :   printf ("Yes,No or All\n");
   case 'N' :  printf ("No\n");
               break;
   case 'A' :  printf ("All\n");
               break;
 }
}
```

【运行结果】

假设用户通过键盘输入字符“c”，【编程实现 1】的运行结果输出为：

Yes,No or All

而【编程实现 2】的运行结果会输出：

Yes,No or All

No

【程序分析】

在【编程实现 2】，default 子句没有加 break 子句，所以不会直接跳出正在执行的 switch 语句，反而会继续执行后面的所有语句，所以会在换行后继续输出 No，遇到 break 子句再跳过后面所有语句，结束整个 switch 语句。

(6) switch 语句可以嵌套使用。例如，以下程序段的 case 1 子句中嵌套了 switch 语句：

```
main ( )
 {
  int x = 1, y = 0, a = 0, b = 0;
  switch ( x )
  {
   case  1:  switch ( y )
             {
              case 0:  a++;  break;
              case 1:  b++;  break;
             }
   case  2:  a++;  b++;  break;
   case  3:  a++;  b++;
  }
  printf ("\na = %d, b = %d", a, b);
 }
```

其运行结果为：

a = 2，b = 1。

如果在 case 1 对应的语句组 1，即嵌套的整个 switch 语句后面 (case 2 前面) 加 break 子句，请问程序运行的结果会有什么变化？读者可以在计算机上进行测试。

5.3 项目实战

问题：振兴合作社招聘人员采摘水果，论采摘量按天计算薪资：将员工当天采摘量 K(整数) 设置为 5 个等级，每个等级的提薪单价 R 有所不同，具体的单价如表 5.2 所示。尝试设计一款智能磅秤，要求读入员工采摘量后，能显示员工的当天薪资。请你为其设计相关程序。

表 5.2　各等级的提薪单价表

等级	采摘量 K(斤)	提薪单价 R(元 / 斤)
A	K ≤ 1000	0.10
B	1000<K ≤ 2000	0.12
C	2000<K ≤ 3000	0.15
D	3000<K ≤ 4000	0.20
E	4000<K	0.25

5.3.1 项目问题分析

本项目主要是根据员工的采摘量按天计算其所得薪资，采摘量被设置 5 个等级，每个等级的提薪单价有所不同。这是一个典型的多分支选择结构，可以采用多分支 if 语句或 switch 语句来解决问题。首先定义一个变量 K，用来存放员工一天的采摘量，并调用 scanf( ) 函数接收用户输入员工采摘量；然后根据员工采摘量，依照上表的对应关系，确定员工当天的提薪价格 R。最后计算该员工当天的薪水 salary(salary=K×R)，并输出结果。

5.3.2 数据模型的构建

对员工的一天采摘量、提薪单价、当天的薪水等信息进行数据结构分析，构建正确的数据模型，具体如下：

```
int K;                //K 为采摘量
float R , salary;     //R 为提薪单价 , salary 为当天薪水
```

5.3.3 算法的设计

根据项目问题的分析，设计了相应算法，具体描述如图 5.6 所示。

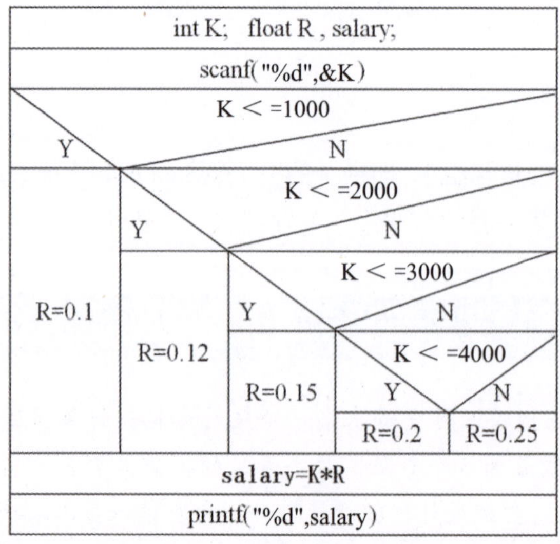

图 5.6　项目的 N-S 图

5.3.4 项目实现

根据上述分析与设计，接下来我们将分别使用 if-else if 语句、简单 if 语句、switch 语句来实现功能，3 种方法的源代码参考如下。

方法一：使用 if-else if 语句

【源代码】

```
#include <stdio.h>
int main ( )
{
  int   K;                      // 日采摘量
  float   R;                    // 提薪单价
  float  salary ;               // 日薪水
  printf ("Input Yield: ");     // 提示输入采摘量
  scanf ("%d", &K);             // 输入采摘量

  // 计算提薪单价
  if (K <= 1000)
     R = (float)0.1;
  else if (K <= 2000)
     R= (float)0.12;
  else if (K <= 3000)
     R= (float)0.15;
  else if (K <= 4000)
     R = (float)0.20;
  else  R= (float)0.25;
  salary = K * R;                       // 计算当日薪水
  printf ("salary = %.2f\n", salary); // 输出结果
  return 0;
}
```

【运行结果】

```
Input Yield:2000↙
salary = 240.00
```

注意代码中的 0.1、0.12 等数字默认为 double 型，而提薪价格 R 为 float 型。如果不进行强制类型转换，将产生警告信息。

方法二：使用并列多条 if 语句

【源代码】

```
#include <stdio.h>
int main ( )
{
  int   K;                     // 日采摘量
  float  R;                    // 提薪单价
  float   salary = 3000;       // 日薪水
  printf ("Input Yield: ");    // 提示输入日采摘量
  scanf ("%d", &K);            // 输入日采摘量
  // 计算提薪价格
  if (K <= 1000)
     R = 0.1;
  if (1000 < K && K <= 2000)
     R = (float)0.12;
  if (2000 < K && K<= 3000)
     R = (float)0.15;
  if (3000 < K && K <= 4000)
     R = (float)0.20;
  if (4000 < K)
     R = (float)0.25;
  salary = K* R;                        // 计算当日薪水
  printf ("salary = %.2f\n", salary);  // 输出结果
  return 0;
}
```

【运行结果】

Input Yield:5000↙

salary = 1250.00

注意，计算提薪单价处 if 语句中的条件表示与方法 1 中的不同。

方法三：使用 switch 语句

如果我们还想用 switch 语句来实现上述功能，必须先将日采摘量转换成某些整数级别。通过仔细观察日采摘量数据可知，日采摘量 K 的变化点都是 1000 的整数倍 (1000、2000、3000、…)，如果将 K 整除 1000，则当：

- K ≤ 1000：对应 0、1。
- 1000 <K ≤ 2000：对应 1、2。
- 2000 < K ≤ 3000：对应 2、3。

- 3000 <K ≤ 4000：对应 3、4。
- 4000<profit：对应 4、5、6、……。

为解决相邻两个区间的重叠问题，最简单的方法就是用日采摘量 K 先减 1(最小增量)，然后再整除 1000 即可，即：

- K ≤ 1000：对应 0。
- 1000 < K ≤ 2000：对应 1。
- 2000 < K ≤ 3000：对应 2。
- 3000 < K ≤ 4000：对应 3。
- 4000<K：对应 4、5、6、……。

这样 case 后的常量表达式的值就可以确定下来了，可用 0、1、2、3…来表示，据此写出程序代码如下。

【源代码】

```
#include <stdio.h>
int main ( )
{
  int   grade;          // 整数级别
  int   K;              // 日采摘量
  float  R;             // 提薪单价
  float   salary ;                // 日薪水
  printf ("Input Yield: ");       // 提示输入日采摘量
  scanf ("%d", &K);               // 输入日采摘量
// 将 (K-1)/1000，转化成整数级别作为 case 标号
 grade = (K - 1) / 1000;
 switch ( grade )                 // 计算提成比率
 {
  case  0:  R= 0.1;  break;                    // K ≤ 1000
  case  1:  R = (float)0.12;  break;           // 1000 < K ≤ 2000
  case  2:  R= (float)0.15;  break;            // 2000 < K ≤ 3000
  case  3:  R = (float)0.20;  break;           // 3000 < K ≤ 4000
  default:  R = (float)0.25;                   // 4000 < K
 }
 salary = K* R;                                // 计算当日薪水
 printf ("salary = %.2f\n", salary);           // 输出结果
 return 0;
}
```

【运行结果】

Input Yield:4000 ↙

salary = 800.00

总结拓展

【本章小结】

本章主要探讨了选择结构程序设计的有关方法。选择结构是程序设计中实现条件判断和分支逻辑的核心工具，合理使用选择结构，可以使代码逻辑清晰，易于理解和维护。主要介绍了 C 语言选择结构语句：if 语句、switch 语句等，具体包括以下几个方面内容。

(1) if 语句三种主要形式：单分支结构 (if)、双分支结构 (if-else)、多分支结构 (if-else if)。

(2) if 语句的嵌套运用，注意 if 与 else 配套问题。

(3) switch 语句的基本结构和运用规则。

通过本章的知识学习和项目实战，希望读者能在实际开发中合理运用选择结构来解决各种复杂问题，这是编写高质量程序的关键。掌握选择结构的使用方法，读者可以设计出更加智能、灵活和高效的程序。

【思政故事】

IT 男成功创业故事

潘卫国，2011 年毕业于江苏科技大学计算机科学与技术专业。短短 3 年，他完成从给别人打工到开公司创业的转型。目前，虽然他还是手机游戏界新秀，但凭借自己所持的公司股份，他已从刚毕业时的“一穷二白”陡升至千万身家。

选择创业，物色伙伴

2007 年，潘卫国考入江科大计算机专业。大二第一学期，他与同伴陆宏明共同组建了江科大校内第一个工作室——明宇软件工作室，零零散散地做一些外包小项目。大三时，团队拓展到 8 个人，包括 3 个研究生和 5 个本科生，都是来自校内计算机专业和通信专业的。

作为技术男，潘卫国并不木讷。他一进大学就在思考是考研还是创业。两个月后，他选择创业。大一下学期，他接手第一个项目——江科大西校区管委会网站，赚取了人生第一桶金 2000 元。之后，校内外各种类型的项目，只要是赚钱的，他都接。

临近毕业，潘卫国回顾做的各种项目，看似经验丰富，实则方向不明。最终，8 人团队忍痛解散。

2011 年 3 月份，距离毕业尚有 3 个月时，潘卫国希望未来继续创业。因此，他开始招聘人员，给来报名的 200 多学弟学妹专门开讲座，并从中物色创业合作伙伴。毕业季，大多数毕业生奔波于各大招聘会时，他却坚持每周六给小伙伴们上课，并大浪淘沙般筛选出8个人，这8个人最终也成为小西网络前身公司的创始团队成员。

困境下的坚持，想让更多员工成“土豪”

2012年，曾被称为江科大“三剑客”的理工高手陈嘉生、陈嘉昊、龙天宏，在潘卫国的指引下开发出物理引擎类休闲游戏《糖果恶霸》，以高分拿下“第二届移动MM百万青年创业计划”特等奖，更荣登大赛全部作品分会榜首，成为名副其实的一匹“黑马”。

2012年，手游市场发展迅速，本打算3年后创业的潘卫国辞职提前创业。7月份，在南京江宁一幢财务大厦，潘卫国租下一间50多平方米的房子。全公司只有他一个人是全职，同时大三、大四的学生不定期来实习。

最糟糕的不是艰苦的工作，而是暗淡的前景。因为发不出工资，除了江科大最初的一拨人，对外招聘的人员全部陆续离开。2013年6月，江科大的学生回校做毕业设计，整个公司就剩下潘卫国一个人坚守。他自嘲地说：“终于不需要任何开支了。”就这样，潘卫国的第一次创业算是失败了。

2013年底，潘卫国着手成立新公司，全面放弃维护已经上线的十几款2D游戏，转而集中人力和精力研发精品3D游戏。2014年3月，小西网络公司成立；6月，首款3D游戏研发成功；8月，一款摩托车竞技游戏上线，并产生数百万元月流水收入。同时，小西网络获得数百万元资本投资。目前，小西网络正在研发的一款策略型角色扮演类游戏，得到市场和同类行业公司高度认可；保守估计，上线后该游戏月流水数达千万元左右。潘卫国占有公司60%的股份，据估计，他的身家已涨至“千万”。在大学时就跟着潘卫国创业的同学，一毕业就成了半个老板，身家也都不菲。

潘卫国再次回到母校招聘人才。潘卫国说，毕业学校不重要，他只看重持之以恒的学习精神和对自己未来负责的态度。谈到这些刚刚毕业的年轻人的工资收入，潘卫国自豪地说，你应该关心他们的身家是多少。“公司会继续发展，我想做的是和一些靠谱的人至少做成功一件事，也希望小西公司的盈利分成制度在未来能创造更多的土豪员工。”

人生之路我们也会面临众多选择，同学们要清晰辨别问题的本质，面对不同问题要选择恰当的方式来解决，要坚持运用科学辩证的观点面对现实生活中的问题。在面对人生中的各种选择时，要思维清晰，懂得取舍，特别当某一时刻面临个人利益与集体利益乃至国家利益相冲突时，要勇于挑战自我，战胜自我，以集体利益、国家利益为重，国家利益至上是每个中国公民的义务。即使面对困境，也不要马上放弃，请用智慧和勇气去做出正确的选择，只有这样，我们才能走出困境，迎来新的春天。

【课后练习】

一、选择题

1. 对if语句中表达式的类型，下面正确的描述是(　　)。

A. 必须是关系表达式

B. 必须是关系表达式或逻辑表达式

C. 必须是关系表达式或算术表达式

D. 可以是任意表达式

2. 多重 if-else 语句嵌套使用时，寻找与 else 配对的 if 的方法是 (　　)。

A. 缩排位置相同的 if

B. 其上最近的 if

C. 下面最近的 if

D. 其上最近的未配对的 if

3. 以下错误的 if 语句是 (　　)。

A. if (x > y) z = x;

B. if (x==y) z = 0;

C. if (x != y) printf("%d", x) else printf("%d", y);

D. if (x < y) { x++; y--; }

4. 已知 int x=10,y=20,z=30; 以下语句执行后，x,y,z 的值是 (　　)。

if(x>y) z=x; x=y; y=z;

A. x=10, y=20, z=30

B. x=20, y=30, z=30

C. x=20, y=30, z=10

D. x=20, y=30, z=20

5. 若有如下程序 , 该程序的输出结果是 (　　)。

```
#include <stdio.h>
int main ( )
{
float x = 2.0, y;
if (x < 0.0) y = 0.0;
else if (x < 10.0) y = 1.0 / x;
else y = 1.0;
printf ("%f\n", y);
}
```

A. 0.000000　　B. 0.250000　　C. 0.500000　　D. 1.000000

6. 若有如下程序 , 该程序的输出结果是 (　　)。

```
#include <stdio.h>
int main ( ) {
    int x = 1, a = 0, b = 0;
    switch ( x ) {
        case 0:
```

```
                b++;
            case 1:
                a++;
            case 2:
                a++;
                b++;
        }
        printf ("a = %d, b = %d\n", a, b);
    }
```

A. a = 2, b = 1

B. a = 1, b = 1

C. a = 1, b = 0

D. a = 2, b = 2

二、填空题

1. C 语言中 ____ 关键字用于实现选择结构。

2. 在 switch 语句中，每个 case 分支后面需要使用 ____ 来跳出 switch 语句。

3. 以下程序段的运行结果是 ____。

```
int m=5;
    if(m++>5)
        printf("%d\n",m);
    else;
        printf("%d\n",m--);
```

三、程序分析题

1. 以下程序的功能是判断输入的年份是否是闰年。闰年的条件是：能被 4 整除、但不能被 100 整除，或者能被 400 整除。请填空。

```
#include <stdio.h>
int main ( )
{
  int y, f;
  scanf("%d", &y);
  if (y%400==0) f=1;
  else if ( _____) f=1;
   else _____;
  if (!f) printf("%d is not ", y);
  printf("a leap year\n");
}
```

2. 某服装店既经营套服，也出售单件。若买的服装不少于 50 套，每套 80 元；若不足 50 套，每套 90 元；只买上衣每件 60 元；只买裤子每条 45 元。以下程序的功能是读入所买上衣 c 和裤子 t 的件数，计算应付款 m。请填空。

```
#include <stdio.h>
int main ( )
{
 int c, t, m;
 printf("input the number of coat and trousers your want buy: \n")
 scanf("%d%d", &c, &t);
 if (______)
   if (c>=50)  m=c*80;
   else  m=c*90;
 else
   if(______)
     if (t>=50)  m=t*80+(c-t)*60;
     else  m=t*90+(c-t)*60;
   else
     if(______)  m=c*80+(t-c)*45;
     else  m=c*90+(t-c)*45;
 printf("%d\n", m);
}
```

四、程序设计题

1. 编写一个 C 程序，实现从键盘输入任意两个数和一个运算符 (+：加，-：减，*：乘，/：除)，计算其运算的结果并输出。

2. 编写一个 C 程序，实现从键盘输入年份和月份，求该月有多少天。要考虑大月有 31 天，小月有 30 天，闰年的二月有 29 天以及非闰年的二月有 28 天这几种情况。

3. 企业发放的奖金是根据利润提成的。利润 I 低于或等于 100 000 元的，奖金可提成 10%；利润高于 100 000 元，低于 200 000 元 (100 000 ≤ I ≤ 200 000) 时，低于 100 000 元的部分按 10% 提成，高于 100 000 的部分可提成 7.5%；200 000 ＜ I ≤ 400 000 时，低于 200 000 元的部分仍按上述办法提成 (下同)，高于 200 000 元的部分按 5% 提成；400 000 ＜ I ≤ 600 000 元时，高于 400 000 元的部分按 3% 提成；600 000 ＜ I ≤ 1 000 000 时，高于 600 000 元的部分按 1.5% 提成；I ＞ 1 000 000 时，超过 1 000 000 元的部分按 1% 提成。从键盘输入当月利润 I，求应发奖金总数，结果保留两位小数。

第 6 章 循环结构程序设计

四运循环转，寒暑自相承[①]。

——陆机《梁甫吟》

【项目案例】

我国古代数学家张丘建在《算经》一书中提出的数学问题：鸡翁一值钱五，鸡母一值钱三，鸡雏三值钱一。百钱买百鸡，问鸡翁、鸡母、鸡雏各几何？

【问题驱动】

(1) 什么情况下使用循环结构？

(2) C 语言中循环结构有哪些语句？

(3) 如何利用循环结构解决问题？

【章节导读】

在我们在生活中，一日三餐，上班、上学，甚至是一些回复都是循环的过程。循环是指事物周而复始地运动或变化，意思是周而复始，有规律性，重复的内容。反复地连续做某事，相应的操作在计算机程序中就体现为某些语句的重复执行，这就是循环。循环结构是程序设计中用于重复执行某段代码的重要控制结构。通过循环，程序可以高效地处理重复性任务，减少代码冗余，提高程序的可读性和可维护性。在学习过程中，我们要能正确分析问题，把握什么情况下使用怎样的循环结构；熟练掌握 C 语言中常用的 while、do-while 和 for 循环结构语句；能运用循环结构解决实际问题，树立算法优化思想。

---

① 这句话强调了四季在循环运转，寒暑相互接替，体现了季节轮回和自然之力的循环变化之美。我们在学习程序设计的过程中，存在一个反复学习的过程，需要循环地复习，使知识融会贯通，感受循环之美。

6.1 什么是循环结构

6.1.1 循环结构的定义

循环结构是一种程序结构，它可以重复执行一段代码，直到满足特定条件为止。这一结构能够减少代码的重复编写，提高代码的复用性和可维护性，并且在处理大量数据、控制程序流程方面有很大作用，例如通过设置循环条件，可以快速完成批量数据的处理和计算，还能实现复杂的逻辑控制。

6.1.2 循环结构的要素

1. 循环变量

指整个循环过程中所反复改变的那个数。在循环过程中，循环变量在每次循环时按照一定规律改变其值，直到达到指定条件为止。

2. 循环体

循环体是被循环执行的一段代码，它在循环过程中会被多次执行。

3. 循环终止条件

用于判断循环是否继续执行的条件。当条件表达式为真时，循环体会被执行；一旦条件表达式为假，循环就会停止，跳出循环体，继续执行后续语句。

6.1.3 循环结构的分类

1. 计数型循环

根据设定的计数器变量和条件表达式，重复执行一段代码直到计数器达到指定值。例如 for 循环就常被用于计数型循环。

2. 条件型循环

依据条件表达式的真假结果，重复执行一段代码，直到条件不再满足。条件型循环分为当型循环和直达型循环。当型循环是当条件为真时会一直执行循环体，例如 while 循环就属于这种类型。直达型循环是直到条件为假时才会跳出循环体，例如 do-while 循环就属于这种类型。

3. 无限循环

当条件表达式永远为真时，程序会一直重复执行一段代码，直到被外部强制中止，例如 while (!0) 就构成了一个无限循环。这种循环可能会在一些特定场景下使用，如在无限循环中加入某个条件和特殊语句来实现根据需要退出循环的逻辑，这就像让用户输入特定值才能结束循环。

6.2 常见的循环结构语句

在 C 语言中，常见的循环语句有 3 种：while 语句、do-while 语句和 for 语句。

6.2.1 while 语句

1. while 语句一般形式

while 语句的一般形式为：

while(表达式)

循环体语句；

其中 while 为关键字；while 后面的括号 ( ) 不能省，括号中的“表达式”可以是任意类型的表达式，但一般是条件表达式或逻辑表达式，表达式的值是循环的控制条件；“循环体语句”部分称为循环体，当需要执行多条语句时，应使用“{}”括起复合语句。

while 语句的执行流程是：先计算“表达式”的值，如果该值是逻辑真，就执行“循环体语句”，再计算“表达式”的值进行判断；否则跳过“循环体语句”，结束 while 语句，执行后续语句。while 语句的执行具体流程如图 6.1 所示。

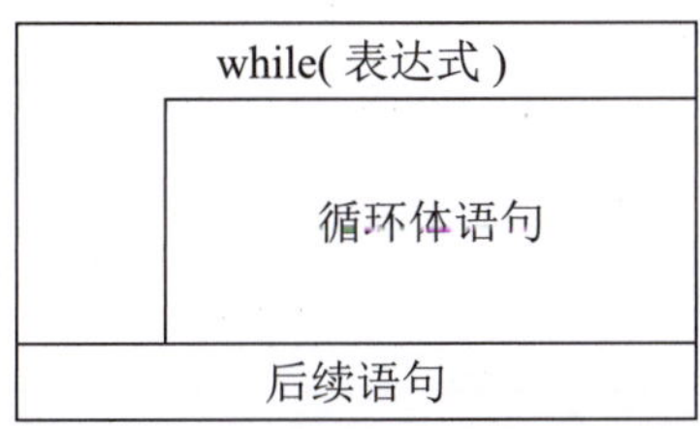

图 6.1 while 语句的 N-S 图

2. while 语句举例

【例 6-1】 用 while 语句求 1 ～ 100 的累计和。

【问题分析】

变量 sum 初始化为 0，用于存储累计的和。变量 i 初始化为 1，并在每次循环中递增 1，直至达到 100。每次循环时，当前的 i 值被加到 sum 中，然后 i 递增。循环结束后，打印出 sum 变量的值。

【算法设计】

根据问题分析情况，设计相应算法。算法的 N-S 图如图 6.2 所示。

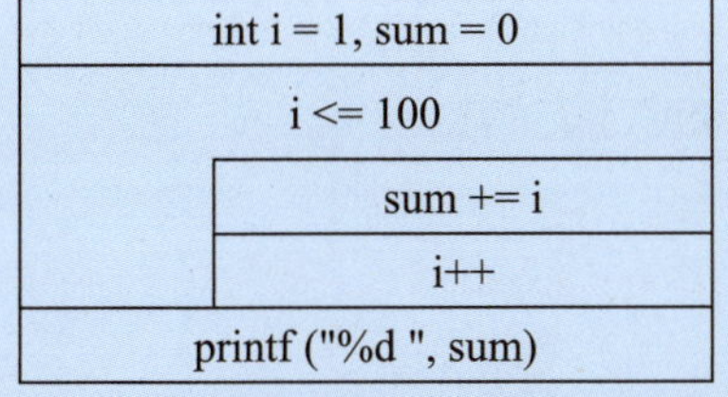

图 6.2 1 ～ 100 累计和算法的 N-S 图

【编程实现】

```
#include <stdio.h>
void main ( )
{
  int i = 1, sum = 0;
while ( i <= 100 )
  {
    sum += i;
    i++;
  }
  printf ("sum = %d\n", sum);
}
```

【运行结果】

```
sum = 5050
```

【例 6-2】显示 1 ～ 10 的平方。

【问题分析】

变量 i 初始化为 1，并在每次循环中递增 1，直至达到 10。每次循环时，显示 i*i 的值。

【算法设计】

根据问题分析情况，设计相应算法，算法的 N-S 图如图 6.3 所示。

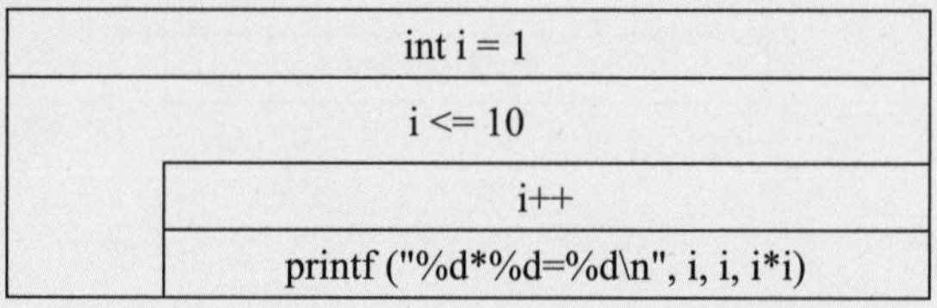

int i = 1

i <= 10

i++

printf ("%d*%d=%d\n", i, i, i*i)

图 6.3　1 ～ 10 平方算法的 N-S 图

【编程实现】

```
#include <stdio.h>
  void main ( )
 {
   int i = 1;
   while ( i <= 10 )
   {
     printf ("%d*%d=%d\n", i, i, i*i);
     i++;
   }
 }
```

【运行结果】

```
1*1=1
2*2=4
3*3=9
4*4=16
5*5=25
6*6=36
7*7=49
8*8=64
9*9=81
10*10=100
```

【例 6-3】求两个正整数的最大公因子。

【问题分析】

采用 Euclid(欧几里德)算法来求最大公因数时，其算法如下。

(1) 输入两个正整数 m 和 n。

(2) 用 m 除以 n，余数为 r。如果 r 等于 0，则 n 是最大公因子，算法结束，否则转到步骤 (3)。

(3) 把 n 赋给 m，把 r 赋给 n，转到步骤 (2)。

【算法设计】

根据问题分析情况，设计相应算法。算法的 N-S 图如图 6.4 所示。

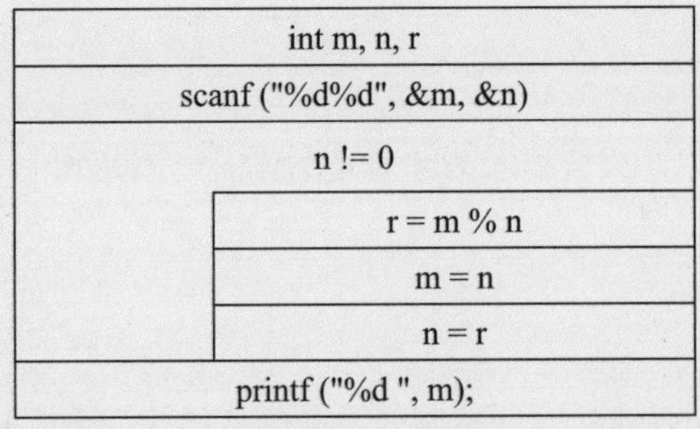

图 6.4 最大公因子算法的 N-S 图

【编程实现】

```c
#include <stdio.h>
void main ( )
{
 int m, n, r;
 printf ("Please input two positive integer: ");
 scanf ("%d%d", &m, &n);
```

```
    while (n != 0)
    {
     r = m % n;  // 求余数
     m = n;
     n = r;
    }
    printf ("Their greatest common divisor is %d\n", m);
  }
```

【运行结果】

```
Please input two positive integer: 24 56 ↙
Their greatest common divisor is 8
```

3. while 语句注意事项

(1) 如果 while 后“表达式”的值一开始就为假，循环体将一次也不执行。例如：

```
int a = 0, b = 0;
while (a > 0)    //a > 0 为假，b++ 不可能执行
b++;
```

(2) 循环体中的语句可为任意类型的 C 语句，遇到下列情况，退出 while 循环：一是表达式为假 (为 0)；二是循环体内遇到 break、return 或 goto 语句 (语句将在随后介绍)。例如：

```
int num = 0; // 字符计数
while ( 1 )
{
  if (getche ( ) == '\n')   // 如果输入的字符是回车符，则返回
    return;
  num++;
}
```

(3) 在执行 while 语句之前，循环控制变量必须初始化，否则执行的结果将是不可预知的。读者可以在计算机上测试下列程序，看看运行结果。例如，计算 10!，程序如下：

```
#include <stdio.h>
void main ( )
   {
  int i;          // i 应赋初始值 10
  long s = 1;
   while (i >= 1)
     s *= i--;
```

```
    printf ("10! = %ld\n", s);
    }
```

(4) 要求在 while 语句的某处 (表达式或循环体内) 改变循环控制变量，否则易构成死循环。例如：

```
int sum=0;
int i = 1;
while (i < 100)  // 死循环，因为 i 的值没变化，永远小于 100
  sum += i;
printf ("sum = %d\n", sum);
```

6.2.2 do-while 语句

1. do-while 语句一般形式

do-while 语句的一般形式为：

```
do
循环体语句;
while( 表达式 );
```

其中 do、while 是关键字；while 后面的括号和分号都不能省略；while 后面的“表达式”可以是任意类型的表达式，但一般是条件表达式或逻辑表达式，表达式的值是循环的控制条件；“循环体语句”部分称为循环体，当需要执行多条语句时，应使用“{}”括起的复合语句。

do-while 语句的执行流程是先执行“循环体语句”，再计算“表达式”的值来判定条件，如果该值是逻辑真，就继续执行“循环体语句”，直到“表达式”为假，则跳出循环，结束 do-while 语句，执行后续语句。do-while 语句的执行具体流程如图 6.5 所示。

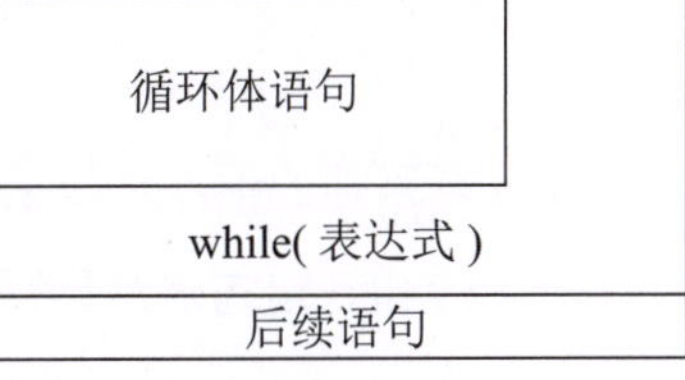

图 6.5 while 语句的 N-S 图

do-while 语句和 while 语句的区别是：do-while 语句的循环体至少被执行一次，而 while 语句有可能一次都不执行。

2. do-while 语句举例

【例 6-4】用 do-while 语句求 1 ～ 100 的累计和。

【问题分析】

变量 sum 初始化为 0，用于存储累计的和。变量 i 初始化为 1，并在每次循环中递增 1，直至达到 100。每次循环时，当前的 i 值被加到 sum 中，然后 i 递增。循环结束后，打印出 sum 变量的值。

【算法设计】

根据问题分析情况，设计相应算法。算法的 N-S 图如图 6.6 所示。

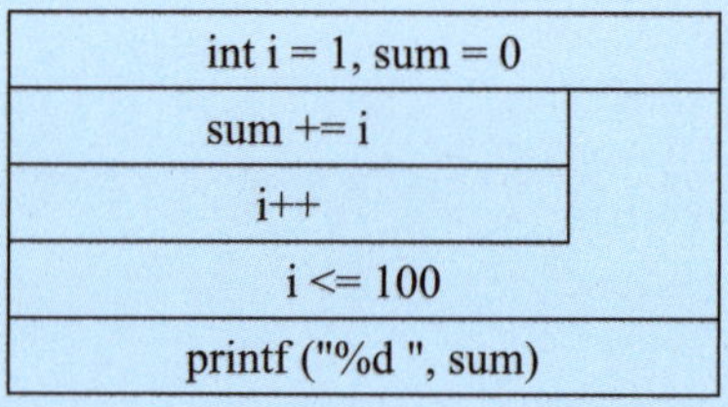

int i = 1, sum = 0
sum += i
i++
i <= 100
printf ("%d ", sum)

图 6.6　1 ～ 100 和算法的 N-S 图

【编程实现】

```
#include <stdio.h>
void main ( )
{
 int i = 1, sum = 0;

 do
 {
  sum += i;
  i++;
 } while ( i <= 100 );
 printf ("sum = %d\n", sum);
}
```

【运行结果】

```
sum = 5050
```

读者有兴趣的话，可以动手尝试将【例 6-2】和【例 6-3】用 do-while 语句实现。

3. do-while 语句注意事项

(1) 如果 do-while 后“表达式”的值一开始就为假，循环体还是要执行一次。例如：

```
int a = 0, b = 0;
do
   b++;
while (a > 0) ;
```

(2) 在 if 语句、while 语句中，表达式后面都不能加分号，而在 do-while 语句的表达式后面则必须加分号，否则将产生语法错误。

(3) 循环体中的语句可为任意类型的 C 语句。

(4) 和 while 语句一样，在使用 do-while 语句时，不要忘记初始化循环控制变量，否则执行的结果将是不可预知的。

(5) 要求在 do-while 语句的某处 (表达式或循环体内) 改变循环控制变量的值，否则极易构成死循环。

6.2.3 for 语句

1. for 语句一般形式

for 语句的一般形式为：

for (表达式 1; 表达式 2; 表达式 3)

  循环体语句 ;

其中 for 为关键字，for 后面的括号不能省略。“表达式 1”一般为赋值表达式，用于为控制变量赋初值；“表达式 2”为关系表达式或逻辑表达式，是循环控制条件；“表达式 3”一般为赋值表达式，用于为控制变量增量或减量；表达式之间用分号分隔。“循环体语句”称为循环体，当需要执行多条语句时，应使用“{}”括起来的复合语句。

for 语句的执行流程是：先计算“表达式 1”，完成必要的初始化工作；再判断“表达式 2”的值，若其值为逻辑真，则执行“循环体语句”，然后计算“表达式 3”，再判断循环条件是否进行循环；直到“表达式 2”的值为逻辑假，跳出循环体，结束 for 语句，执行后续语句。for 语句的具体执行流程如图 6.7 所示。

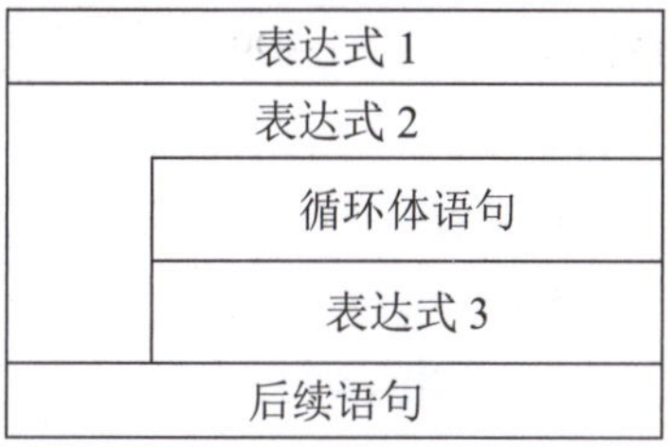

表达式 1
表达式 2
循环体语句
表达式 3
后续语句

图 6.7　for 语句的 N-S 图

2. for 语句举例

【例 6-5】用 for 语句求 1 ～ 100 的累计和。

【问题分析】

变量 sum 初始化为 0，用于存储累计的和。变量 i 初始化为 1，并在每次循环中递增 1，直至达到 100。每次循环时，当前的 i 值被加到 sum 中，然后 i 递增。循环结束后，打印出 sum 变量的值。

【算法设计】

根据问题分析情况，设计相应算法。算法的 N-S 图如图 6.8 所示。

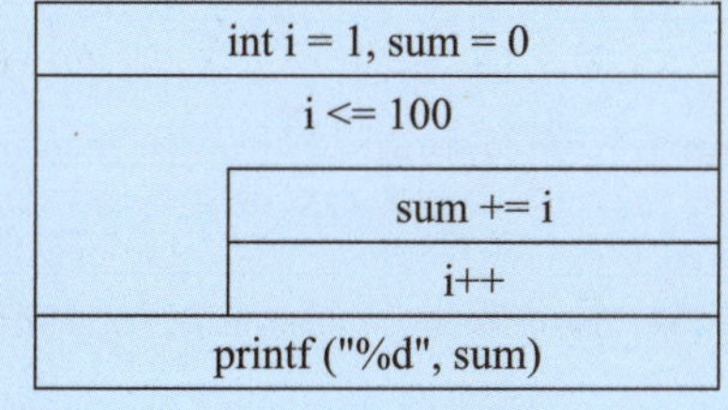

图 6.8　1 ～ 100 和算法的 N-S 图

【编程实现】

```
#include <stdio.h>
void main ( )
{
 int i , sum = 0;
 for (i = 1; i <= 100; i++)
```

```
        sum += i;
    printf ("sum = %d\n", sum);
  }
```

【运行结果】

```
sum = 5050
```

读者有兴趣的话，可以动手尝试将【例 6-2】和【例 6-3】用 for 语句实现。

3. for 语句注意事项

(1)“表达式 1”“表达式 2”和“表达式 3”可以是任何类型的表达式。比方说，这 3 个表达式都可以是逗号表达式，即每个表达式都可由多个表达式组成。例如，计算 1*2+3*4+5*6+⋯+99*100，程序如下：

```
int i, j;
long sum = 0;
for ( i =1, j = 2; i <= 99; i = i + 2, j = j + 2 )
   sum += i *j;
printf ("sum = %ld\n", sum);
```

(2) 3 个表达式都是任选项，可以省略，但其中用于间隔的分号一个也不能省。如果表达式 2 为空，则相当于表达式 2 的值是真。

① 省掉表达式 1，示例如下：

```
#include <stdio.h>
void main ( )
{
  int i, sum = 0;
  i = 1;
  for ( ; i <= 100; i++)    // 省掉表达式 1
    sum += i;
      printf("sum = %d\n", sum);
}
```

② 省掉表达式 1、表达式 3，示例如下：

```
#include <stdio.h>
void main ( )
{
int i, sum = 0;
i = 1;
  for ( ; i <= 100; )  // 省掉表达式 1 和表达式 3
    sum += i++;
```

```
 printf("sum = %d\n", sum);
}
```

③ 省掉表达式 1、表达式 2、表达式 3，示例如下：

```
#include <stdio.h>
void main ( )
{
int i, sum = 0;
 i = 1;
 for ( ; ; )     // 省掉表达式 1，表达式 2，表达式 3
  {
   if (i > 100)  break;
          sum += i++;
  }
 printf("sum = %d\n", sum);
}
```

(3) 循环体中的语句可以是任意类型的 C 语句，循环体可以是空语句。例如，计算用户输入的字符数 (当输入是回车符时统计结束)，程序如下：

```
#include <stdio.h>
void main ( )
{
 int n = 0;
 printf ("input a string:\n");
 for ( ; getchar( ) != '\n'; n++) ;  // 表示循环体为空语句，并非表示 for 语句结束
 printf ("%d",n);
}
```

6.3 循环嵌套与跳出语句

6.3.1 循环嵌套

若一个循环结构的循环体中又包含另外的循环结构，则构成了循环嵌套，又称为多重循环。循环嵌套总是遵从先开始后结束，最后开始的最先结束原则，绝不允许相互交叉。

1. 循环嵌套一般形式

前面介绍三种循环结构可以相互嵌套，也可以自行嵌套，组合非常灵活，层数不限。需要注意的是：外循环执行一次，内循环要完整执行直到循环条件为假。外层循环可以包含两个以上内循环，但也不能相互交叉。

嵌套组合形式多样，例如：

```
(1)
while()
{   …
    while()
    {  …
    }
    …
}
```

```
(2)
do
{   …
    do
    {  …
    }while( );
    …
}while( );
```

```
(3)
while()
{   …
    do
    {  …
    }while( );
    …
}
```

```
(4)
for( ; ;)
{   …
    do
    {  …
    }while();
    …
    while()
    {  …
    }
    …
}
```

C 语言中的循环嵌套可以嵌套多层，但是对于不同的计算机而言，可以嵌套的层数是不同的。在大多数情况下，循环嵌套的层数应该尽量少，否则容易导致程序运行缓慢或无法正常运行。如果程序需要多层循环，可以考虑使用其他方式实现。

2. 举例说明

【例 6-6】循环嵌套，输出九九乘法表。

【问题分析】

输出九九乘法表可以通过嵌套循环实现，其中外层循环用变量 i 控制行数，内层循环用变量 j 控制每行的列数。具体方法是变量 i 从 1 到 9，控制行数；变量 j 从 1 到 9，控制每行的列数；要注意的是，每行的列数是不同的，第 1 行就 1 列，第 2 行就 2 列，……，形成上三角形式，所以可以考虑用 j<=i 来控制列数。

【算法设计】

根据问题分析情况，设计相应算法。算法的 N-S 图如图 6.9 所示。

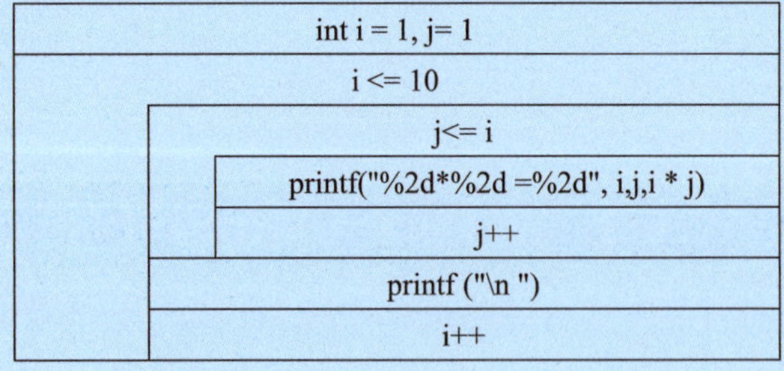

图 6.9　九九乘法表算法的 N-S 图

【编程实现】

```
#include <stdio.h>
int main ( )
{
  int i, j;
  for (i = 1; i < 10; i++)
```

```
    {
    for (j = 1; j <=i; j++)
        printf("%2d*%2d =%2d", i,j,i * j);
    printf("\n");
    }
    return 0;
    }
```

【运行结果】

```
1* 1 = 1
2* 1 = 2 2* 2 = 4
3* 1 = 3 3* 2 = 6 3* 3 = 9
4* 1 = 4 4* 2 = 8 4* 3 =12 4* 4 =16
5* 1 = 5 5* 2 =10 5* 3 =15 5* 4 =20 5* 5 =25
6* 1 = 6 6* 2 =12 6* 3 =18 6* 4 =24 6* 5 =30 6* 6 =36
7* 1 = 7 7* 2 =14 7* 3 =21 7* 4 =28 7* 5 =35 7* 6 =42 7* 7 =49
8* 1 = 8 8* 2 =16 8* 3 =24 8* 4 =32 8* 5 =40 8* 6 =48 8* 7 =56 8* 8 =64
9* 1 = 9 9* 2 =18 9* 3 =27 9* 4 =36 9* 5 =45 9* 6 =54 9* 7 =63 9* 8 =72 9* 9 =81
```

上述循环结构也可以用 while 语句和 do-while 语句完成。在进行循环嵌套时，应该尽量优化其性能，以提高程序的效率。尽量减少内层循环的次数，如果内层循环次数可以通过提前计算得到，可以将计算结果缓存，从而减少内层循环次数。尽量避免嵌套层数过多的循环，否则易导致程序运行缓慢或无法正常运行。

因此，在使用循环嵌套时，需要注意变量作用域、避免死循环、考虑循环顺序、限制嵌套层数，并进行性能优化。

6.3.2 跳出语句

循环跳出语句是编程中不可或缺的一部分，使用它可以更灵活地处理循环结构。C 语言中有 break、continue、goto 三个关键字和 exit 函数用于跳出循环，但它们跳出循环的情况却有所不同。

1. break 语句

break 语句的一般形式为：

break;

其功能是在循环语句和 switch 语句中，中止并跳出循环体或开关体。使用 break 语句需注意两点：一是 break 不能用于循环语句和 switch 语句之外的任何其他语句之中；二是当 break 语句出现在一个循环结构中时，执行到 break 语句，循环会立即中止，且程序将继续执行紧接着本循环结构的后一条语句，嵌套循环的情况下也只能跳出本层循环。例如：

```
int i;
for(i=1;i<10;i++)
{
    if(i % 2==0) break;          // 当 i 为偶数时，终止循环
printf("%4d",i);
} //break 跳到这
```

又例如：

```
int i,j;
for(i=1;i<10;i++)
{
 for(j=1;j<10;j++)
{
            printf("%4d",i*j);
            if(j>=i) break;  // 仅跳出本层循环
    } //break 跳到这
    printf("\n");
}
```

2. continue 语句

continue 语句的一般形式为：

continue;

其功能是在循环结构中结束本次循环，跳过循环体中尚未执行的语句，进行下一次是否执行循环体的判断。使用 continue 语句需注意两点：一是 continue 语句仅用于循环语句中；二是在嵌套循环的情况下，continue 语句只对包含它的最内层的循环体语句起作用。例如，输出 1~10 中的奇数，程序如下：

```
int i;
for(i=1;i<10;i++)
{
    if(i % 2==0) continue;          // 当 i 为偶数时，跳过本次循环
    printf("%4d",i);
}
```

3. goto 语句

goto 语句也称为无条件转移语句，一般形式为：

```
goto 语句标号 ;
…
语句标号 :…
```

或

语句标号 : …

…

goto 语句标号 ;

其功能是在不需要任何条件的情况下直接使程序跳转到该“语句标号”所标识的语句去执行。其中“语句标号”是按标识符规定书写的符号，放在某一语句行的前面，标号后加冒号 (:)。“语句标号”起标识语句的作用，与 goto 语句配合使用。goto 语句可与条件语句配合使用来实现条件转移，构成循环。在嵌套循环的情况下，利用 goto 语句可以直接从最内层的循环体跳出最外层的循环体。例如，求 1 ～ 100 的累计和，程序如下：

```
#include <stdio.h>
void main ( )
{
  int i = 1, sum = 0;
  loop:  sum += i++;
  if (i <= 100)
    goto loop;
  printf ("sum = %d\n", sum);
}
```

在结构化程序设计中，一般不主张使用 goto 语句，以免造成程序流程的混乱，使理解和调试程序都变得困难。

4. exit 函数

exit 函数的功能是终止整个程序的执行，强制返回操作系统，它在头文件 stdlib.h 中声明。其调用形式为：

```
void  exit( int  status );
```

其中参数 status 为 int 型，status 的值传给调用进程 (一般为操作系统)。按照惯例，当 status 的值为 0 或为宏常量 EXIT_SUCCESS 时，表示程序正常退出；当 status 的值为非 0 或为宏常量 EXIT_FAILURE 时，表示程序出现某种错误后退出。

5. 举例说明

【例 6-7】求输入的 10 个整数中正数的个数及其平均值。

【问题分析】

通过循环语句从键盘上输入十个整数，每次用变量 a 接收，用变量 num 统计正数个数，用变量 sum 统计正数之和。如果 a 是正数，变量 num=num+1，变量 sum=sum+a，否则便略过。最后将 num 值和 sum/num 值输出。

【算法设计】

根据问题分析情况，设计相应算法。算法的 N-S 图如图 6.10 所示。

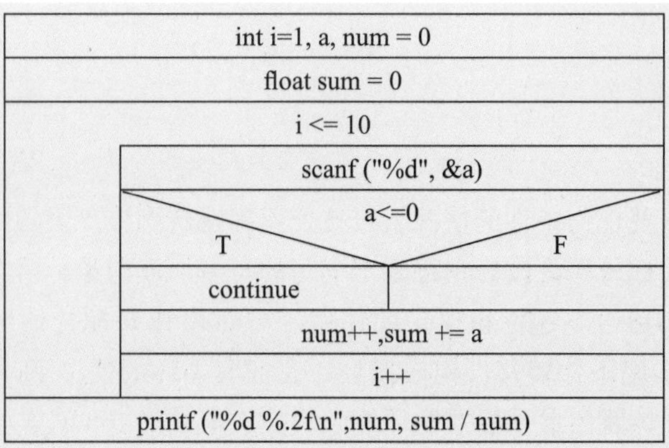

图 6.10 算法的 N-S 图

【编程实现】

```
#include <stdio.h>
int main ( )
{
 int i, a, num = 0;
 float sum = 0;
 for (i = 0; i < 10; i++)
 {
  scanf ("%d", &a);          // 输入一整数
  if (a <= 0)  continue;     // 如果为负，则输入下一个整数
  num++;                     // 正数个数增 1
  sum += a;                  // 正数和累加
 }
 printf ("%d plus integer's sum: %.0f\n", num, sum);
 printf ("average value: %.2f\n", sum / num);
 return 0;
}
```

【运行结果】

```
1 2 3 -4 5 -6 7 8 9 10↙
8 plus integer's sum: 45
average value: 5.63
```

【例 6-8】验证哥德巴赫猜想：任一充分大的偶数，可以用两个素数之和表示，例如 4 = 2 + 2，6 = 3 + 3，98 = 19 + 79。

【问题分析】

读入一个大于 3 的偶数 n，将它分成 p 和 q，使 n = p + q。怎样分呢？可以令 p 从 2 开始，每次加 1，并令 q = n - p；如果 p、q 均为素数，则正为所求解，否则令 p = p + 1 再试。

素数是指除了能被 1 和它本身整除外，不能被其他任何整数整除的数。根据素数的这个定义，可得到判断素数的方法：把 m 作为被除数，把 i = 2 ～ (m-1) 依次作为除数，判断被除数 m 与除数 i 相除的结果，若都除不尽，即余数都不为 0，则说明 m 是素数，反之，只要有一次能除尽 (余数为 0)，则说明 m 存在一个 1 和它本身以外的另一个因子，不是素数。事实上，根本用不着除那么多次，用数学的方法可以证明：只需用 2 ～ $\sqrt{m}$ 之间的数 (取整数) 去除 m，即可得到正确的判定结果。

【算法设计】

根据问题分析情况，设计两个标识变量 flagp、flagq，其中 flagp=0 代表 p 不是素数，flagp=1 代表 p 是素数；flagq=0 代表 q 不是素数，flagq=1 代表 q 是素数；那么 n = p + q 的合法条件就为 flagp*flagq!=0。具体算法的 N-S 图如图 6.11 所示。

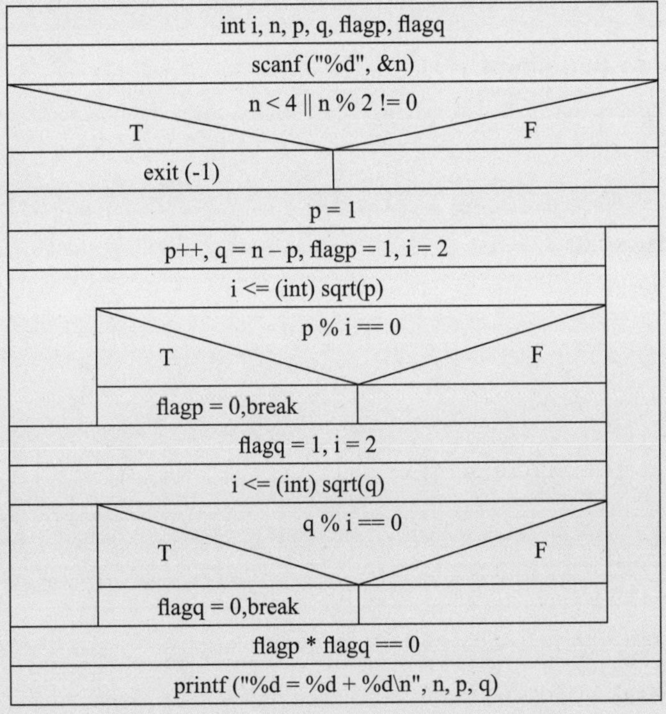

图 6.11 哥德巴赫猜想算法的 N-S 图

【编程实现】

```
#include <stdio.h>
#include <stdlib.h>
#include <math.h>
int main ( )
{
int i, n, p, q, flagp, flagq;
printf ("please input n: ");
scanf ("%d", &n);          // 输入一偶数
```

```
    if (n < 4 || n % 2 != 0)    // 如果该数不是偶数
    {
      printf ("input data error!\n");
      exit (-1); // 程序结束
    }
    p = 1;
  do
    {
      p++;
     q = n - p;
     flagp = 1;
     for (i = 2; i <= (int) sqrt(p); i++)
      {
        if (p % i == 0)
         {
                 flagp = 0;
                 break;
                }
       }
     flagq = 1;
     for (i = 2; i <= (int)sqrt (q); i++)
      {
        if (q % i == 0)
         {
           flagq = 0;
                 break ;
                }
       }
    } while (flagp * flagq == 0);
    printf ("%d = %d + %d\n", n, p, q);
  }
```

【运行结果】

```
please input n: 98↙
98 = 19 + 79
please input n: 9↙
input data error!
```

6.4 项目实战

问题：我国古代数学家张丘建在《算经》一书中曾提出过著名的“百钱买百鸡”问题，该问题意思是公鸡一只五块钱，母鸡一只三块钱，小鸡三只一块钱，现在要用一百块钱买一百只鸡，问公鸡、母鸡、小鸡各多少只？

6.4.1 项目问题分析

对于百钱买百鸡问题，可将关系抽象成方程式组。设公鸡 x 只，母鸡 y 只，小鸡 z 只，其中 0 ≤ x 、y、z ≤ 100，得到以下方程式组：

$$\begin{cases} 5x+3y+1/3z = 100 \\ x+y+z = 100 \end{cases}$$

如果用解方程的方式解这道题，需要进行多次求解。计算机的计算速度快，我们可以用穷举法解题，即 x、y、z 分别从 0 ～ 100 中取值，满足上述方程组成立的为满意解。

6.4.2 数据模型的构建

本项目数据结构比较简单，构建的数据模型具体如下：

int x, y, z； // x 表示公鸡，y 表示母鸡，z 表示小鸡

6.4.3 算法的设计

1. 普通算法

由 x+y+z=100 和 5x+3y+1/3*z=100 这两个关系式，估计 x、y、z 的取值范围为 0 ≤ x ≤ 20，0 ≤ y ≤ 33，0 ≤ z ≤ 100。利用 3 重循环在取值范围内尝试，大概计算 66 000 次，具体算法 N-S 图如图 6.12 所示。

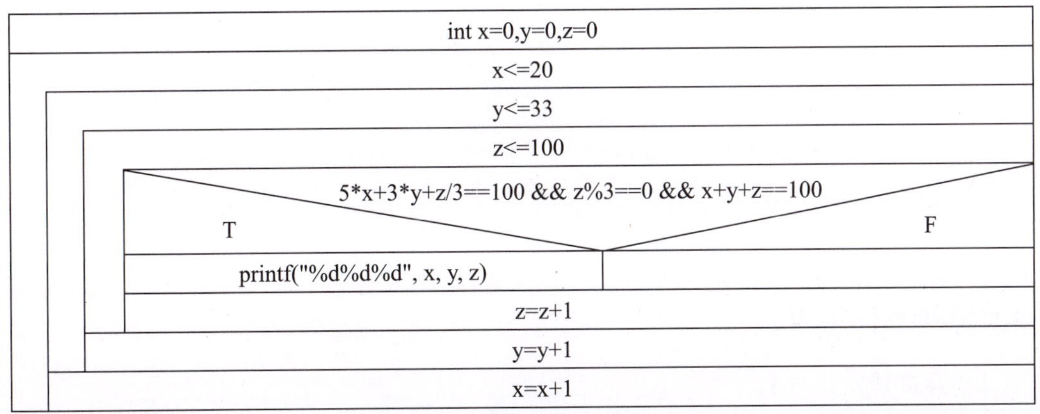

图 6.12 普通解法 N-S 图

2. 优化算法

由 x+y+z=100 和 5x+3y+1/3*z=100 这两个关系式，估计 x、y、z 的取值范围为

0 ≤ x ≤ 20，0 ≤ y ≤ 33，z=100-x-y。利用 2 重循环在取值范围内尝试，大概计算 660 次。具体算法 N-S 图如图 6.13 所示。

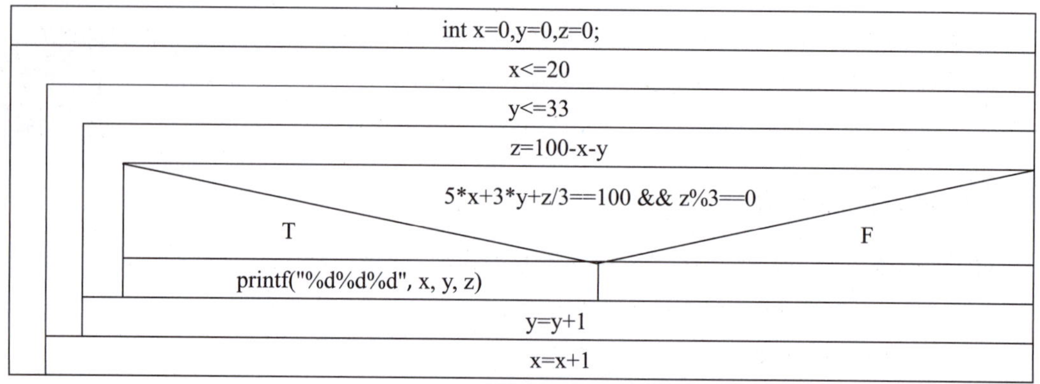

图 6.13　优化解法 N-S 图

3. 最优算法

(1) 由 x+y+z=100(式 a) 和 5x+3y+1/3*z=100(式 b) 这两个关系式，估计 x、y、z 的取值范围为 0 ≤ x ≤ 20，0 ≤ y ≤ 33，根据数量关系式得 47 ≤ z ≤ 100。

(2) 用 3*(b)-(a) 化简得：y=25- 7/4*x，由于鸡的数量都是大于等于 0 的整数，所以 x 必须是 4 的倍数。假如 num 是一个大于等于 0 的整数，则 x 可表示为 4*num，y 可表示为 25-7*num，z 可表示为 75+3*num。

(3) 根据 0 ≤ x ≤ 20，得到 num 得范围为 0 ≤ num ≤ 5；根据 0 < y ≤ 33，得到 num 的范围为 0 ≤ num ≤ 3；根据 47 ≤ z ≤ 100，得到 num 的范围为 0 ≤ num ≤ 8；因此 num 的最终范围为三者的交集，即 0 ≤ num ≤ 3。利用 1 重循环在取值范围内尝试，大概计算 4 次，具体算法 N-S 图如图 6.14 所示。

int x=0,y=0,z=0,num=0;	
num<=3	
	x=4*num;
	y=25-7*num;
	z=75+3*num
	printf("%d%d%d", x, y, z)
	num=num+1

图 6.14　最优解法 N-S 图

6.4.4 项目的实现

【普通算法源代码】

```
#include <stdio.h>
int main()
{
```

```
    int x, y, z;
    printf(" 百元买百鸡的问题所有可能的解如下：\n");
    for( x=0; x <= 20; x++ )
    for( y=0; y <= 33; y++ )
                for( z=0; z<= 100; z++ )
                if( 5*x+3*y+z/3==100 && z%3==0 && x+y+z==100 )
                printf(" 公鸡 %2d 只，母鸡 %2d 只，小鸡 %2d 只 \n", x, y, z);
    return 0;
}
```

【优化算法源代码】

```
#include <stdio.h>
int main()
{
    int x, y, z;
    printf(" 百元买百鸡的问题所有可能的解如下：\n");
    for( x=0; x <= 20; x++ )
    for( y=0; y <= 33; y++ )
          {
           z=100-x-y;
           if( 5*x+3*y+z/3==100 && z%3==0)
                printf(" 公鸡 %2d 只，母鸡 %2d 只，小鸡 %2d 只 \n", x, y, z);
          }
    return 0;
}
```

【最优算法源代码】

```
#include <stdio.h>
int main()
{
    int x, y, z,num;
printf(" 百元买百鸡的问题所有可能的解如下：\n");
    for( num=0; num<= 3; num++ )
   {
          x=4*num;
          y=25-7*num;
          z=75+3*num;
          printf(" 公鸡 %2d 只，母鸡 %2d 只，小鸡 %2d 只 \n", x, y, z);
```

```
    };
    return 0;
}
```

【运行结果】

```
百元买百鸡的问题所有可能的解如下:
公鸡 0 只,母鸡 25 只,小鸡 75 只
公鸡 4 只,母鸡 18 只,小鸡 78 只
公鸡 8 只,母鸡 11 只,小鸡 81 只
公鸡 12 只,母鸡 4 只,小鸡 84 只
```

在大多数情况下，循环嵌套的层数和循环次数应该尽量少，树立算法优化思想，提升程序的运行效率。

总结拓展

【本章小结】

本章主要探讨了循环结构程序设计的有关方法。循环结构是程序设计中不可缺少的工具，合理使用循环可以大幅提高代码效率。其中介绍了 C 语言中的 3 种循环控制结构：while 语句、do-while 语句及 for 语句等，主要包括以下几个方面内容。

(1) for 语句主要适用于循环次数确定的循环结构，循环次数及控制条件要在循环过程中才能确定的循环可用 while 或 do-while 语句。3 种循环结构可以相互转换，可以相互嵌套组成多重循环。

(2) break、continue 和 goto 语句都可用于流程控制。其中，break 语句用于退出 switch 或一层循环结构；continue 语句用于结束本次循环，继续执行下一次循环；goto 语句无条件转移到标号所标识的语句处去执行。当需要结束程序运行时，可以调用 exit 函数实现。

通过本章知识的学习和项目实战，希望读者能根据具体需求选择合适的循环类型，设计循环控制和边界条件。灵活运用循环结构，可以高效地处理重复性任务，减少代码冗余，提高程序的可读性和可维护性，为编写复杂程序打下坚实基础。

【思政故事】

“重复”与“坚持”

“重复”和“坚持”是成功的两大基石。无论是学习、工作还是生活，只有通过不断的重复和坚持，才能最终实现目标。下面分享两则故事与大家共勉。

科比·布莱恩特的“凌晨四点”

科比·布莱恩特 (Kobe Bryant) 是 NBA 历史上最伟大的篮球运动员之一。他的成功并

非天赋使然，而是源于他对“重复”和“坚持”的极致追求。

科比以他的训练态度而闻名。他每天凌晨四点起床，开始一天的训练。当其他球员还在睡梦中时，科比已经在球场上练习投篮、运球和体能训练。

科比每天要投进1000个球。即使手感不好，他也会坚持完成这个目标。他会反复练习同一个动作，直到完美无缺。他的后仰跳投被认为是NBA历史上最难以防守的技术之一。科比的训练不仅仅是一天或一个月，而是持续了整整20年。即使在休赛期，他也不会放松训练。他说：“如果你想要成为最好的球员，就必须付出比别人更多的努力。”

科比在职业生涯中多次受伤，但他从未放弃。即使手指骨折，他也会绑上绷带继续比赛。退役后，科比依然保持着高强度的训练习惯，并将这种精神带到了他的商业和创作事业中。

科比的坚持和重复最终换来了巨大的成功。科比带领洛杉矶湖人队五次夺得NBA总冠军。他18次入选NBA全明星阵容，成为球迷心中的传奇。科比创造的“曼巴精神”(Mamba Mentality)激励了无数人，成为坚持和努力的代名词。

木屑纷飞的日子

鲁班蹲在工坊的角落里，手中的凿子又一次偏离了方向。木屑纷纷扬扬地落在他的衣襟上，那块本应该完美契合的榫卯接口处，依然留着一道刺眼的缝隙。

这是他第三十六次尝试制作这个机关锁。工坊里堆满了失败的木块，每一块都记录着他的努力与挫败。窗外的梧桐树沙沙作响，月光透过窗棂洒在地上，映出他专注的侧影。

“又失败了。”鲁班叹了口气，揉了揉酸痛的手腕。他的手指上布满了细小的伤口，那是被木刺划破的痕迹。但他知道，这些伤口终将变成老茧，就像他父亲手上的那些一样。

他拿起一块新的木料，端详着纹理。这一次，他决定改变方法。月光下，他注意到蜘蛛在墙角织网，那精巧的结构让他眼前一亮。他小心翼翼地观察着，连呼吸都放轻了，生怕惊扰了这个小工匠。

“原来如此！”鲁班突然站起身，差点撞翻了油灯。他抓起工具，开始按照新的思路制作。凿子与木料相击的声音在寂静的夜里格外清晰，木屑像雪花一样飘落。

天边泛起鱼肚白时，鲁班终于完成了最后一道工序。他颤抖着手将两块木料拼接在一起——严丝合缝，完美无缺。晨光中，这个精巧的机关锁泛着温润的光泽。

工坊的门被推开，父亲走了进来。看到儿子手中的作品，他的眼中闪过一丝惊讶，随即露出了欣慰的笑容。鲁班知道，这只是开始。在未来的日子里，他还将重复无数次这样的尝试，但每一次重复都会让他离心中的完美更近一步。

多年后，当鲁班成为一代匠师时，他总会想起那个木屑纷飞的夜晚。正是无数次的重复与坚持，让他明白了工匠精神的真谛：在重复中追求极致，在坚持中创造奇迹。

无论是科比的“凌晨四点”，还是鲁班“木屑纷飞”，都体现了“重复”和“坚持”的力量。这种精神告诉我们，只要不断重复、坚持不懈，就一定能够克服困难，实现目标。

在学习C语言编程或其他技术时，我们也需要这种精神。每天积累一点知识，每天解决一个问题，最终一定能够掌握编程技能，成为一名优秀的程序员。希望每一位学生都能从这些故事中汲取力量，坚持不懈，追求卓越！

【课后练习】

一、选择题

1. 语句 while(!E); 中的表达式“!E”等价于 (   )。

A. E==0

B. E!=1

C. E!=0

D. E==1

2. 若有如下语句：

```
int x=3;
do{
   printf("%d\n",x-=2);
} while(!(--x));
```

则上面程序段 (   )。

A. 输出的是 1　　B. 输出的是 1 和 -2

C. 输出的是 3 和 0　　D. 是死循环

3. 执行语句 for(i=1;i++<4;); 后，变量 i 的值是 (   )。

A. 3　　B. 4

C. 5　　D. 不定

4. 以下正确的描述是 (   )。

A. continue 语句的作用是结束整个循环的执行

B. 只能在循环体内和 switch 语句体内使用 break 语句

C. 在循环体内使用 break 语句或 continue 语句的作用相同

D. 从多层循环嵌套中退出时，只能使用 goto 语句

5. 以下叙述正确的是 (   )。

A. 由于 do-while 循环中循环体语句只能是一条可执行语句，所以循环体内不能使用复合语句。

B. do-while 循环由 do 开始，用 while 结束，在 while(表达式) 后面不能写分号。

C. 在 do-while 循环体中，一定要有能使 while 后面表达式的值变为零 (“假”) 的操作。

D. do-while 循环中，根据情况可以省略 while。

6. 下面程序的运行结果是 (   )。

```
#include <stdio.h>
int main()
{
     int y = 10;
     do {
```

```
        y--;
    } while (-- y );
    printf("%d\n", y--);
}
```

A. -1　　B. 1

C. 8　　D. 0

7. 若运行以下程序时，从键盘输入“ADescriptor ↙”（↙表示回车），则下面程序的运行结果是（　　）。

```
#include <stdio.h>
int main()
{
    char c;
    int v0 = 0, v1 = 0, v2 = 0;
    do {
        switch (c = getchar()) {
                case 'a':
                case 'A':
                case 'e':
                case 'E':
                case 'i':
                case 'I':
                case 'o':
                case 'O':
                case 'u':
                case 'U':
                        v1 += 1;
                default:
                        v0 += 1;
                        v2 += 1;
        } ADescriptor
    } while ( c != '\n');
    printf("v0 = %d, v1 = %d, v2 = %d\n", v0, v1, v2);
}
```

A. v0 = 7, v1 = 4, v2 = 7　　B. v0 = 8, v1 = 4, v2 = 8

C. v0 = 11, v1 = 4, v2 = 11　　D. v0 = 12, v1 = 4, v2 = 12

8. 下面程序的运行结果是 (　　)。

```
#include <stdio.h>
int main()
{
    int a = 1, b = 10;
    do {
        b -= a;
        a++;
    } while ( b --< 0 );
    printf("a = %d, b = %d\n", a, b);
}
```

A. a = 3, b = 11　　B. a = 2, b = 8

C. a = 1, b = -1　　D. a = 4, b = 9

9. 假设有以下程序段，则 (　　)。

```
int x = 0, s = 0;
while (!x != 0) s += ++x;
printf ("%d", s);
```

A. 运行程序段后输出 0

B. 运行程序段后输出 1

C. 程序段中的控制表达式是非法的

D. 程序段执行无限次

10. 下面程序的功能是把316表示为两个加数的和，使两个加数分别能被13和11整除。请选择填空，正确代码是 (　　)。

```
#include <stdio.h>
int main()
{
int i = 0, j, k;
do {
i++;
k = 316 - 13 * i;
} while ( __________ );
j = k / 11;
printf("316 = 13 * %d + 11 * %d", i, j);
}
```

A. k / 11　　B. k % 11

C. k / 11 == 0　　D. k % 11 == 0

二、填空题

1. C 语言中实现循环结构的控制语句有____语句、____语句和____语句。

2. 当循环体内遇到____、____或____语句时，将退出循环。

3. do-while 语句和 while 语句的区别在于________。

4. break 语句在循环体中的作用是____，continue 语句在循环体中的作用是____。

5. goto 语句可与____语句配合使用，构成循环。

6. 如果循环次数在执行循环体之前就已确定，一般用____循环；如果循环次数是由循环体的执行情况确定的，一般用____循环或者____循环。当循环体至少执行一次时，用____循环；反之，如果循环体可能一次也不执行，选用____循环。

7. 若 for 循环用以下形式表示：for(表达式 1; 表达式 2; 表达式 3) 循环体语句；

则执行语句“for(i=0; i<3; i++) printf("*");”时，表达式 1 执行____次 , 表达式 3 执行____次。

三、程序分析题

1. 下面程序的功能是从键盘输入的字符中统计数字字符的个数，用换行符结束循环。请填空。

```
#include <stdio.h>
int main()
{
    int n = 0,c;
    c = getchar();
    while (__(1)__) {
    if (__(2)__) n++;
   c = getchar();
    }
    printf("%d",n);
}
```

2. 下面程序的功能是：输出 100 以内能被 3 整除且个位数为 6 的所有整数，请填空。

```
#include <stdio.h>
void main() {
   int i,j;
   for (i = 0; __(1)__; i++) {
      j = i * 10 + 6;
      if (__(2)__) continue;
      printf("%4d", j);
   }
}
```

四、程序设计题

1. 求 1+3+5+⋯+(2n+1) 的累加和，n(n>0) 由用户输入。编写程序，给出编译运行结果。

2. 求数列前 20 项之和：2/1，3/2，5/3，8/5，13/8 ⋯。

3. 编写程序，输入一组整数，统计其中奇数和偶数的个数，直到遇到 -1 为止。

4. 一个数如果恰好等于它的因子之和，这个数就称为“完数”。例如，6 的因子为 1，2，3，且 6=1+2+3，因此 6 是“完数”。编程找出 1000 之内的所有完数，按如下格式输出其因子：

6 its factors are 1 2 3

5. 猴子吃桃问题：猴子第 1 天摘下若干个桃子，当即吃了一半，还不过瘾，又多吃了一个。第 2 天早上又将剩下的桃子吃掉一半，又多吃了一个。以后每天早上都吃了前一天剩下的一半零一个。到第 10 天早上再吃时，就只剩一个桃子了。求第 1 天一共摘了多少个桃子。

6. 韩信点兵问题：韩信有一队兵，他想知道有多少人，便让士兵排队报数：按从 1 至 5 报数，最末一个士兵报的数为 1；按从 1 至 6 报数，最末一个士兵报的数为 5；按从 1 至 7 报数，最末一个士兵报的数为 4；最后再按从 1 至 11 报数，最末一个士兵报的数为 10。编程求韩信至少有多少兵。

第 7 章 数组与字符串

物以类聚，人以群分①。

——《战国策·齐策三》

【项目案例】

如何构建奇数幻方。幻方是一种古老的数字游戏，n 阶幻方就是把整数 $1 \sim n^2$ 排成 n×n 的方阵 (n 为奇数)，使得每行中的各元素之和，每列中各元素之和，以及两条对角线上的元素之和都是同一个数 S，S 称为幻方的幻和。

【问题驱动】

(1) 什么是数组，同类对象集合如何存储？

(2) C 语言中如何定义和使用数组？

(3) 如何运用数组解决一些实际问题？

【章节导读】

通过前面的学习，我们基本掌握了如何用变量解决一些存储问题，即用一个变量存储一个对象。但现实生活中，同类对象很多，如学生的成绩、商品的价格等，如果用简单变量表示，那在程序中变量和使用定义就非常麻烦。数组主要解决多变量多数据的存储问题，可以存储一系列相同类型的元素，方便程序后期统一维护操作数据。通过这章的学习，要掌握 C 语言中数组的定义方法及作用，能正确地使用一维数组、二维数组和字符串，能运用数组解决实际问题，树立优化存储和组织数据的理念。

① 这话强调了事物往往根据其类别或属性自然地聚集在一起，而人也会因为共同的喜好、兴趣、习惯或职业而自然地分成不同的群体，说明相似性和共同点对于人际关系和社会组织非常重要。在程序设计中，数据对象因相同性质可以组合在一起，形成统一的数据结构。

7.1 数组

7.1.1 什么是数组

在项目案例中提出的幻方问题：n 阶幻方就有 n^2 个数据对象，如果 n=9，用简单变量来存储的话，就需 81 个不同变量名。这样定义和使用变量非常烦琐，而且各个变量相对独立，无法体现数据间的内在联系。那么有好的方法来处理同类型的批量数据吗？

当程序中变量很多，而且这些变量的数据类型相同时，我们就可以用一个容器对所有的数据进行管理。这类似于字符串，它是将若干个字符放在一起的容器，而数组也是个容器，是一系列空间大小相等且地址连续的一片存储空间。

数组的物理结构通常是一段连续的内存空间，数组的每个元素都被存储在内存中的连续位置上。根据元素的数据类型和数组的大小，系统会为数组分配一定的内存空间。数组的索引用于访问特定位置上的元素，这通过偏移量和基地址实现。

数组主要解决同类型数据集的存储问题，因此它是一个有序的元素序列，是同种类型数据的集合。数组可以分解为多个数组元素，并且可用标号 (索引) 找到元素。为了方便统一维护数据，必须保证数组数据的数据类型是一致的。

数组需要先定义后使用。定义时，通常要确定数据类型、名称、大小 (元素个数)。元素的初始化是可选的操作。在不同的编程语言中，数组的定义和操作方法会有所差异，但基本概念是相似的。在 C 语言中，数组的组织形式可以分为一维数组、二维数组和多维数组，数组的大小必须在定义时指定，并且数组的下标是从 0 开始的。因此，对于一个包含 n 个元素的数组，有效的下标范围是从 0 到 (n-1)。

7.1.2 数组的作用

数组是一种基本的数据结构，用于存储和组织批量数据。由于其结构化和有序的特性，数组在解决各种问题时非常有用。

1. 存储和组织数据

数组可以用来存储和组织同类型的数据，通过下标，可以方便地访问和修改这些数据。例如，可以使用一个整数数组来存储一批学生的年龄，或者使用一个字符串数组来存储一批产品的名称，或者用一个二维数组来存储每个人的成绩，这样可以高效地查找和维护相关数据。

2. 解决数学问题

在数学问题中，数组既可以用来解决递推问题，又可以用于循环和迭代操作。通过对数组的下标进行迭代，可以操作数组中的每个元素。例如，C 语言中的数组可以用来计算斐波那契数列和杨辉三角形，这些都是经典的递推问题。

3. 处理批量数据

在需要处理大量同类型数据的情况下，数组可以用来简化代码。数组常用于排序和搜索算法。通过对数组中的元素进行比较和移动，可以实现排序功能；而在已排序的数组中，使用二分查找等算法可以快速搜索特定元素。例如，在 C 语言中，数组可以用来处理批量数据，如使用冒泡法对一组数字进行排序。

4. 展示复杂数据

数组可以用来展示复杂的数据结构，可以表示矩阵、图像、立方体等多维数据结构。数组可以用于存储表格数据，可以进行各种统计分析。数组在实现其他数据结构和算法时起到基础作用，如栈、队列、堆、哈希表等数据结构都可以使用数组作为物理实现。

总之，数组作为一种基础且强大的数据结构，它的应用范围非常广泛。无论是存储和组织数据、解决数学问题、处理批量数据还是展示复杂数据，数组都能提供有效的解决方案。通过合理使用数组，可以提高代码的效率和可读性，从而更好地解决实际问题。

7.2 数组的组织形式

在 C 语言中，数组的组织形式可以分为一维数组、二维数组和多维数组。数组的大小必须在定义时指定，并且数组的下标是从 0 开始。

7.2.1 一维数组

一维数组实质上是一组相同类型数据的线性集合，如数学中的向量。当程序中需要处理一组数据，或者传递一组数据时，可以使用一维数组。

1. 一维数组的定义

一维数组的定义形式如下：

存储类型符 数据类型符 数组变量名 [整型常量表达式];

其中“存储类型符”是指数组中各元素的存储类别，我们将在后面章节中学习，在此略过。“数据类型符”为前面所学习的基本数据类型。“数组变量名”为合法的标识符，不能与其他变量名相同。“整型常量表达式”指定数组的大小 (元素个数)，数组大小必须是整型常量表达式，不能是变量或变量表达式。“整型常量表达式”必须用方括号包围，而不能用圆括号或其他类型的括号。

例如，合法的数组定义如下：

```
int a[8],b[6];    // 定义了一个有 8 个元素的整型数组 a 与一个有 6 个元素的整型数组
b char str[3*40];  // 定义了一个有 120 个元素的字符型数组
#define N 3
long nub[N+2]; // 定义了一个有 5 个元素的长整型数组 nub
```

又例如，不合法的数组定义如下：

```
int b; float b[10];  // 数组名不能与其他变量名相同
```

```
int m=5; int b[m]; //数组的大小不能是变量表达式
int b(10);         // 数组的大小不能用圆括号包围
int c[10.3];       // 数组的大小不能是浮点常量
```

定义数组后，系统将给其分配一定大小的内存单元，其所占内存单元的大小与数组元素的类型和数组的长度有关。

数组所占内存单元的字节数 = 数组大小 ×sizeof(数组元素类型)

例如 int a[8]，则数组 a 所占内存单元的大小为：

8×sizeof(int) = 8×4 = 32(字节)

数组中每个元素的类型均相同，它们占用内存中连续的存储单元，其中第一个数组元素的地址是整个数组所占内存块的低地址，也是数组所占内存块的首地址；而最后一个数组元素的地址是整个数组所占内存块的高地址 (末地址)。

2. 一维数组元素的引用

使用数组时，必须先对该数组进行定义。数组中的每一个数据都称为数组元素。在 C 语言中，数组名实质上是数组的首地址，是一个常量地址，不能对它进行赋值，因而不能利用数组名来整体引用一个数组，只能单个地使用数组元素。数组元素的引用是由数组名、方括号、下标组成，一般格式如下：

数组名 [下标];

其中“下标”必须用“[ ]”括号，指数组元素在整个数组中的顺序编号，数组下标从 0 开始顺序编号。“下标”可以使用整型表达式，也可使用字符表达式。“下标”的取值范围是从 0 到“数组元素个数”减 1。

在定义数组时，“[ ]”中的表达式表示数组元素的个数；在引用数组时，“[ ]”中的表达式表示数组元素的编号 (下标值)。如“int b[4];”表示数组 b 中共有 4 个元素，“b [0]+b [1]”表示数组 b 的第一个元素值与第二个元素值相加。

数组一旦定义，对数组元素的引用就如同普通变量一样，对普通变量的一切操作同样也适合于数组元素。数组元素也称为下标变量，可以通过改变下标值来引用不同的元素，但使用时要注意越界问题。

例如，合法的数组引用如下：

```
int b[5]
b[0] =1;
b[l] =b[0]+3;
scanf("%d",&b[2]);
b['D'-'A'] =3;     // 相当于 b[3] =3
b[l] =b[0] +b[2*2];
printf("%d",b[3]);
```

又例如，不合法的数组引用如下：

```
int x = a[1];  // 错误，应先定义数组 a，再引用
int a[10];
```

```
short x = a[10];  // 引用越界，只能引用 a[0] ～ a[9]
printf ("%d", a); // 数组不能整体引用
```

3. 一维数组的初始化

在 C 语言中，除了在定义数组变量时通过初值列表对其进行整体赋值外，后面引用过程无法再对数组进行整体赋值，只能通过 C 语言语句对数组中的数组元素逐一赋值。

C 语言允许在定义数组时对数组元素赋值，称为数组初始化。初始化是在编译阶段完成的，不占用运行时间。

数组初始化的一般形式如下：

数据类型 数组名 [常量表达式]={ 常量表达式列表 };

其中花括号“{}”里的各常量表达式是对应的数组元素初值，相互之间用逗号分隔。对数组初始化分为以下 3 种情形。

(1) 在定义数组时对所有数组元素赋初值。例如：

```
int b[5]={1,2,3,4,5};
char ch[5] ={'h' , 'e' , 'l', 'l' , 'o'};
```

数组初始化后，各元素的值分别为 b[0]=1、b[1]=2、b[2]=3、b[3]= 4、b[4]=5，ch[0]= 'h'、ch[1]= 'e'、ch[2]= 'l'、ch[3]= 'l'、ch[4]= 'o'。注意，字符型数组初始化时要用字符常量。

(2) 给数组部分元素赋初值。例如：

```
int b[5] ={7,6};
```

表明只给前两个元素赋初值，即 b[0] =7、b[1] =6，其他元素自动赋值为 0。

(3) 未定义长度的数组初始化。对全部元素赋初值时，可以不指定数组长度，C 编译系统会自动根据初值个数决定数组长度。例如：

```
int b[]={1,3,5,7,9};
```

它是将 b 定义为一个 5 元素数组，其等价于：

```
int b[5] ={1,3,5,7,9};
```

值得注意的是，如果初始化时提供的数据个数超过数组的长度，则系统报错。例如：

```
int b[5]={0,1,2,3,4,5,6};  //5 个元素 7 个初始值，系统提示出错信息
```

如果不对数组初始化，则其初始值为系统分配给数组各元素的内存单元中的原始值，这些值对编程者来说是不可预知的，因此在使用数组时要注意这点。当数组长度与初值个数不相等，在定义数组时必须指定数组长度。

4. 数组引用时赋值

在引用数组时，可以用赋值语句或输入语句给数组中的元素赋值，并保存在对应的各存储单元中。但赋值与输入语句要在运行时完成，占用运行时间。

例如，使用赋值语句对数组元素逐个赋值，程序如下：

```
int b[4];
b[0] = 1;
b[1] = 2;
```

```
b[2] = 3;
b[3] = 4;
char str[80];
str[0] = 'b'; str[1] = 'y'; str[2] = 'e'; str[3] = '\0'; // 将数组 str 赋值为一字符串 "bye"。
```

又例如，使用输入语句在程序运行过程中动态赋值，

```
for (j =0; j<5; j++)
scanf("% d", &b[j]);        /* 从键盘上把数据读入到数组 b 中 */
```

对数组元素的操作与对普通变量的操作相同。数组元素与普通变量的区别只在于：数组元素属于某一个有序数据中的一员，有其统一的命名方式和一些与其下标相关的操作规则，如整体定义、独立操作、下标从 0 开始、与循环结合使用等。

5. 使用函数对数组赋值

C 语言中提供有库函数，可以对一片连续的存储空间进行填充，也可以用它们给数组进行赋值操作。

(1) 使用 memset 函数来赋值。memset 函数原型为：

```
void *memset (void *s, char ch, unsigned n)
```

功能：就是将 s 为首地址的一片连续的 n 个字节内存单元都赋值为 ch。这种方法适合字符型数组的整体赋值，或对非字符型数组进行清 0。

例如，将数组 a 的每个数据单元赋值为 0(清 0)，程序如下：

```
int a[10];
memset (a, 0, 10*sizeof(int));
```

(2) 使用 memcpy 函数实现数组间的赋值。memcpy 函数原型为：

```
void *memcpy (void *d, void *s, unsigned n)
```

功能：将 s 为首地址的一片连续的 n 个字节内存单元的值复制到以 d 为首地址的一片连续的内存单元中。

例如，两个数组元素之间赋值，程序如下：

```
int a[5] = {1, 2, 3, 4, 5}, b[5];
memcpy (b, a, 5* sizeof(int));
```

注意：在使用 memset 和 memcpy 函数时，源程序中要包含头文件 string.h 或 memory.h。

6. 一维数组举例

【例 7-1】从键盘上输入 5 个整数，保存在数组中，并输出大于 0 的数。

【问题分析】

在本题中，我们可以用一维数组 b[5] 来接收键盘上输入的 5 个整数。根据数组元素本身具有的顺序性特点，使用 for 循环语句来进行输入 / 输出处理，利用循环控制变量 i 作为数组下标，从而可以以统一的方式来访问数组元素。在使用 for 循环处理数组时，要特别注意边界条件的判断。

【算法设计】

根据问题分析情况，设计相应算法。算法的 N-S 图如图 7.1 所示。

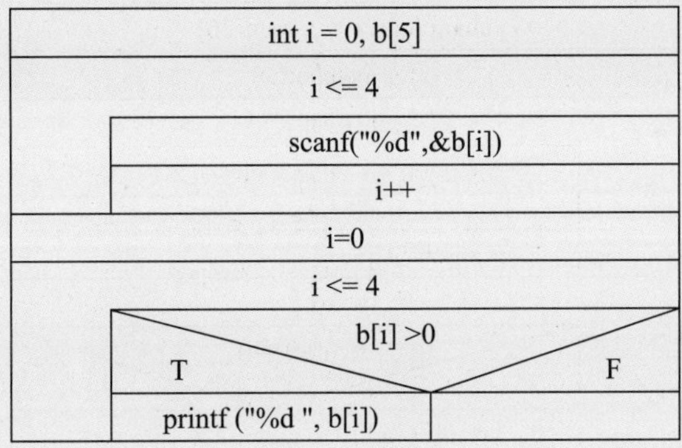

图 7.1 【例 7-1】算法的 N-S 图

【编程实现】

```
#include <stdio.h>
int main()
{
int i,b[5];
for (i =0;i<5;i++)
   scanf("%d",&b[i]);        /* 用循环控制变量 i 控制数组的下标 */
printf("\n");
for (i =0;i<5;i++)
   if (b[i] >0)
printf("%5d",b[i]);
return 0;
}
```

【运行结果】

```
1  12  -120  100  -20↙
1  12  100
```

【例 7-2】输入一行字符，统计其中各个大写字母出现的次数。

【问题分析】

在本题中，我们可以用一维数组 num[26] 来统计各个大写字母出现的次数，使用 ch 接收键盘上输入的字符。将 26 个字母与数组元素建立对应关系，通过“ch-'A'”找到对应数组元素下标，然后通过“num[ch-'A']++”统计该字母出现次数。然后使用 for 循环语句来进行数据输出，利用循环控制变量 i 作为数组下标将数组的值输出，每行输出 9 个值，并通过 'A'+i 将下标转化为对应字母。

【算法设计】

根据问题分析情况，设计相应算法，算法的N-S图如图7.2所示。

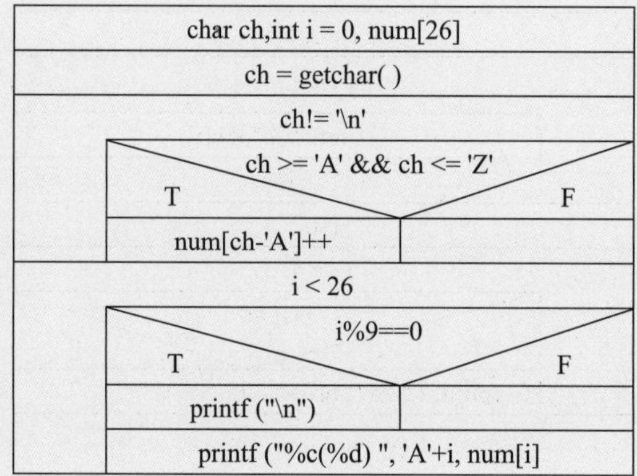

图7.2 【例7-2】算法的N-S图

【编程实现】

```
#include <stdio.h>
#include <memory.h>
int main ( void )
{
  char ch;
  int num[26], i;
  memset (num, 0, 26*sizeof(int));    // 初始化数组 num
  while ((ch = getchar( )) != '\n')     // 输入字符串，判断统计
    if (ch >= 'A' && ch <= 'Z')     // 是否为大写字母
      num[ch-'A']++;
  for (i = 0; i < 26; i++)  // 输出结果
   {
    if (i % 9 == 0)
      printf ("\n");
    printf ("%c(%d) ", 'A'+i, num[i]);
   }
  printf ("\n");
  return 0;
}
```

【运行结果】

```
AABBCCxyYzEEE↙
A(2) B(2) C(2) D(0) E(3) F(0) G(0) H(0) I(0)
```

J(0) K(0) L(0) M(0) N(0) O(0) P(0) Q(0) R(0)
S(0) T(0) U(0) V(0) W(0) X(0) Y(1) Z(0)

【例 7-3】用冒泡排序法将 10 个整数按照从小到大的顺序排序。

【问题分析】

在本题中，我们可以用一维数组 a[10] 来存储 10 个整数。首先比较第一个数与第二个数，若为逆序 a[0]>a[1]，则交换；然后比较第二个数与第三个数；依次类推，直至第 (n-1) 个数和第 n 个数比较为止——这是第一趟冒泡排序，结果是最大的数被安置在最后一个元素位置上。对前 (n-1) 个数进行第二趟冒泡排序，结果是次大的数被安置在第 (n-1) 个元素位置；重复上述过程，共经过 (n-1) 趟冒泡排序后，排序结束。使用两个 for 循环语句来进行数据排序，其中外循环控制排序趟数，内循环控制比较次数。

【算法设计】

根据问题分析情况，设计相应算法。算法的 N-S 图如图 7.3 所示。

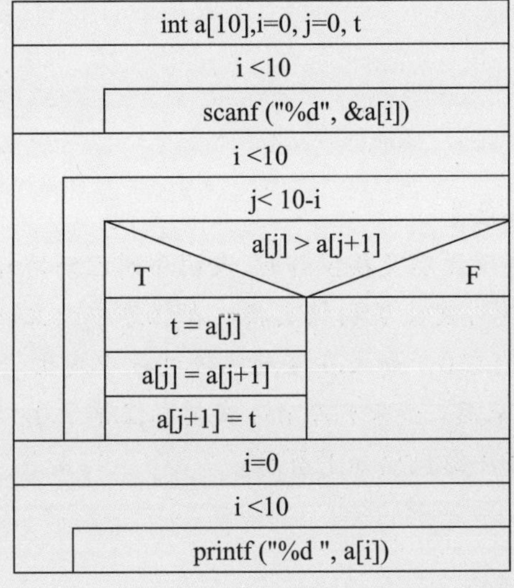

图 7.3 【例 7-3】算法的 N-S 图

【编程实现】

```
#include <stdio.h>
#define  NUM   10
int main ( )
{
 int a[NUM], i, j, t;
 printf ("input %d numbers: \n", NUM);
 for (i = 0; i < NUM; i++)       // 输入 NUM 个整数
    scanf ("%d", &a[i]);
 for (i = 1; i < NUM; i++)       // 趟数，共 (NUM-1) 趟
   for (j = 0; j < NUM - i; j++) // 实现一次冒泡操作
```

```
        if (a[j] > a[j+1])        // 交换 a[j] 和 a[j+1]
          {
            t = a[j];
            a[j] = a[j+1];
            a[j+1] = t;
          }
    // 输出排好序的数据
    printf ("the sorted numbers:\n");
    for (i = 0; i < NUM; i++)
      printf ("%d ", a[i]);
      return 0;
  }
```

【运行结果】

```
input 10 numbers:
10 1 2 7 6 8 9 3 4 5↙
the sorted numbers:
1 2 3 4 5 6 7 8 9 10
```

【改进后的冒泡排序法】

当一次冒泡过程中发现没有交换操作时，表明序列已经排好序了，便中止冒泡操作。为了标记在比较过程中是否发生了数据交换，在程序中设立一个标志变量flag。在每趟比较前，把flag变量置为0。如果在这趟比较过程中发生了交换，把变量flag的值置为1。在这一趟比较结束后，如果判断flag变量取值等于0，表示可以结束排序过程，否则进行下一趟比较。程序源代码如下所示。

```
# include <stdio.h>
#define  NUM  10
int main ( )
{
  int a[NUM], i, j, t, flag;
  printf ("input %d numbers: \n", NUM);
  for (i = 0; i < NUM; i++)       // 输入 NUM 个整数
    scanf ("%d", &a[i]);
  for (i = 1; i < NUM; i++)       // 趟次，共 (NUM-1) 趟
   {
    flag = 0;
    for (j = 0; j < NUM - i; j++) // 实现一次冒泡操作
     if (a[j] > a[j+1])        // 交换 a[j] 和 a[j+1]
       {  t = a[j];  a[j] = a[j+1];  a[j+1] = t;  flag = 1;  }
```

```
        if (flag == 0)  break;
    }
    printf ("the sorted numbers:\n"); // 输出排好序的数据
    for (i = 0; i < NUM; i++)
        printf ("%d", a[i]);
        return 0;
}
```

7.2.2 二维数组与多维数组

一维数组是线性数组，只有一个下标，可表示一个向量。二维数组用于描述类似矩阵的数据结构。具有多个下标的数组称为多维数组。

1. 二维数组定义

当一个一维数组的每个元素都是类型相同的一维数组时，便构成了二维数组。数组的类型相同是指数组大小和数组元素类型都相同。数组的维数是指数组的下标个数，一维数组元素只有一个下标，二维数组元素有两个下标，三维数组元素有三个下标，依此类推。

二维数组定义的基本形式如下所示：

类型标识符 数组名 [常量表达式 1][常量表达式 2];

其中，“常量表达式 1”表示数组的行数，“常量表达式 2”表示数组的列数，元素个数等于行数乘以列数。例如：

```
int a[2][3];
double b[4][5];
```

以上定义了一个 2×3 整型二维数组 a 和一个 4×5 浮点型二维数组 b。

二维数组元素的存放顺序和一维数组类似，也是用数组下标来表示数组各个元素在数组中的排列次序。在 C 语言中，二维数组按行序优先的顺序存放，列下标的变化先于行下标，多维数组最右下标变化最快。

例如，int c[3][4]; 对于数组 c，其元素排列顺序如表 7.1 所示。

表 7.1　数组 c 的元素排列顺序

c[0]	c[0][0]	c[0][1]	c[0][2]	c[0][3]
c[1]	c[1][0]	c[1][1]	c[1][2]	c[1][3]
c[2]	c[2][0]	c[2][1]	c[2][2]	c[2][3]

二维数组从形式上看与矩阵的表达形式类似，相当于日常生活中的二维表。所以可以将二维数组看成由一组数组组成的一个一维数组，如二维数组 c 可以看成是由 c[0]、c[1]、c[2] 三个元素组成一维数组，每个元素 c[i] 由包含 4 个元素的一维数组组成。

一般情况下，数组定义后，系统都会为数组在内存中分配一片连续的内存空间；同理，二维数组诸元素按行的顺序存储在所分配的内存区域，如二维数组 c 的内存分布情况如图 7.4 所示。

0	c[0][0]	c[0]
1	c[0][1]	
2	c[0][2]	
3	c[0][3]	
4	c[1][0]	c[1]
5	c[1][1]	
6	c[1][2]	
7	c[1][3]	
8	c[2][0]	c[2]
9	c[2][1]	
10	c[2][2]	
11	c[2][3]	

图 7.4　二维数组 c 内存分布情况

数组名 c 代表整个数组的首地址，即第 0 个元素地址 &c[0][0]；c[0] 表示数组第 0 行的首地址，也是第 0 个元素地址 &c[0][0]；c[1] 表示数组第 1 行的首地址，即第 4 个元素地址 & c[1] [0]; c[2] 表示数组第 2 行的首地址，即第 8 个元素地址 &c[2][0]。

通过上述一维数组、二维数组的定义，我们可以类推出多维数组的定义。例如，三维数组定义为：

```
int d[3][4][5];      // 定义了一个 3 维整型数组 d
```

又例如，四维数组定义为：

```
float e[3][4][5][6];  // 定义了一个 4 维浮点型数组 e
```

三维数组 d 可以认为是一个广义的一维数组 d[3]，它的每一个元素都是一个 4×5 的二维数组。元素 d[0] 可以看成是一个二维数组名，d[0][4][5] 就是一个一维数组。多维数组元素的顺序仍由下标决定，下标的变化是先变最右边的，再依次变化左边的下标。

2. 二维数组元素的引用

二维数组不能用单行语句对整个数组全体成员一次性地进行引用，而只能是对单个元素逐一进行引用。在 C 语言中，二维数组中数组元素的引用形式如下：

数组名 [下标 1][下标 2]

其中，“下标 1”称第一维下标 (行)，“下标 2”称第二维下标 (列)。下标从 0 开始变化，“下标 1” 和 “下标 2” 的值分别小于数组定义中的 “常量表达式 1” 的值与 “常量表达式 2” 的值。例如：

```
int m[3][2];
printf("%d",m[0][0]);
scanf("% d",&m[0][0]);
m[2][1] =m[0][0]+3*m[1][0];
```

在二维数组元素的引用过程中，每一个元素都可以作为一个变量使用，所以上述语句都是合法的引用。对二维数组来说，同样要注意下标越界问题。例如，在上述代码中引用 m[3][3] 就是错误的，因为元素的每一维下标都不能超出定义范围。

3. 二维数组的初始化

在定义二维数组的时候，可以对二维数组进行初始化。一般情况下，二维数组的初始化有 4 种方式。

(1) 按行为二维数组赋值。按行为二维数组赋值时，每一行的元素使用一对花括号括起来。例如：

```
int a1[2][3] = {{1,2,3},{4,5,6}};
```

在上述代码中，等号后面最外层的一对花括号表示数组 a1 的边界，该对花括号中的第一对花括号代表的是第 1 行数组元素的值，第二对花括号代表的是第 2 行数组元素的值。

(2) 按一维数组形式赋值。将数组的所有元素按顺序写在一对花括号中，这种初始化方式类似于一维数组的初始化方式，编译器会根据行、列索引的大小自动划分行和列。例如：

```
int a2 [2][3] = {1,2,3,4,5,6};
```

在上述代码中，二维数组 a2 共有两行，每行有 3 个元素。编译器在存储数组元素时，会根据元素的个数自动将元素从前往后划分为 2 行 3 列，第 1 行的元素依次为 1、2、3，第 2 行的元素依次为 4、5、6。

(3) 为部分数组元素赋值。二维数组初始化时，可以只对一部分元素进行赋值。例如：

```
int a3[3][4] = {{5},{7,8),{1,3,2}};
```

在上述代码中，数组 a3 可以存储 3 行 4 列共 12 个元素，但在初始化时只对部分元素进行了赋值，对于没被赋值的元素，编译器会自动将其赋值为 0。二维数组中，表示行列范围的花括号的作用很大。在数组 a3 中，如果每行的元素值没有使用花括号括起来，则编译器会根据行、列大小优先将其分配给前面的行。

又例如：

```
int a4[3][4] = {1,2,3,4,5,6};
```

在上述代码中，数组 a4 只对一部分元素进行了赋值，但是没有使用花括号将每行元素括起来，那么元素 1、2、3、4 会优先分配给第 1 行，元素 5、6 分配给第 2 行，剩余的元素默认初始化为 0。

(4) 省略行索引的初始化。如果对二维数组的全部数组元素进行初始化，则二维数组的行索引可省略，但列索引不能省略。例如：

```
int a5[2][3] = {1,2,3,4,5,6};
```

上述代码也可以写为以下形式：

```
int a5[][3] ={1,2,3,4,5,6};
```

编译器会根据指定的列数，将元素值行数自动定为 2。

二维数组在引用过程中，只能逐一给单个元素赋值，或者用 memset 函数和 memcpy 函数进行区域填充赋值。

4. 二维数组举例

【例 7-4】输入多个学生多门课程的成绩，分别求出每个学生的平均成绩和每门课程的平均成绩。

【问题分析】

在本题中，我们必须定义一个二维数组，用来存储学生各门课的成绩。这个数组的每一行表示某个学生各门课程的成绩及其平均成绩，每一列表示某门课程所有学生的成绩及该课程的平均成绩。因此，在定义这个学生成绩的二维数组时，行数和列数要比学生人数 NUM_std 及课程门数 NUM_course 多 1。成绩数据的输入输出以及每个学生的平均成绩、各门课程的平均成绩的计算方法比较简单；二维数组的输入和输出与一维数组类似，只能针对单个元素进行操作，并通过双层循环结构实现。

【算法设计】

根据问题分析情况，设计相应算法。算法的 N-S 图如图 7.5 所示。

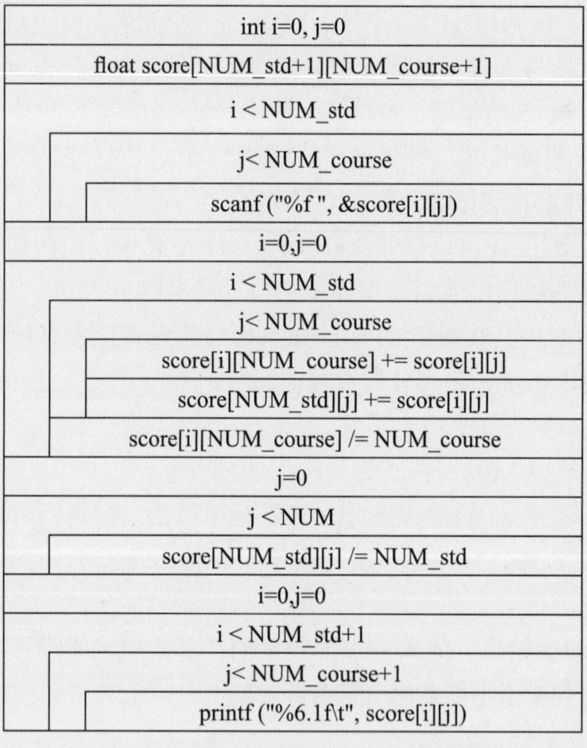

int i=0, j=0
float score[NUM_std+1][NUM_course+1]
i < NUM_std
j< NUM_course
scanf ("%f ", &score[i][j])
i=0,j=0
i < NUM_std
j< NUM_course
score[i][NUM_course] += score[i][j]
score[NUM_std][j] += score[i][j]
score[i][NUM_course] /= NUM_course
j=0
j < NUM
score[NUM_std][j] /= NUM_std
i=0,j=0
i < NUM_std+1
j< NUM_course+1
printf ("%6.1f\t", score[i][j])

图 7.5 【例 7-4】算法的 N-S 图

【编程实现】

```
#include <stdio.h>
#define NUM_std     5       // 定义符号常量学生人数为 5
#define NUM_course  4       // 定义符号常量课程门数为 4
int main ()
{
```

```
int i, j;
 // 定义成绩数组，各元素初值为 0
float score[NUM_std+1][NUM_course+1] = {0};
for (i = 0; i < NUM_std; i++)
  for (j = 0; j < NUM_course; j++)
  {
   printf ("input the mark of %dth courseof %dth student: ", j+1, i+1);
   scanf ("%f", &score[i][j]); // 输入学生的成绩
  }
for (i = 0; i < NUM_std; i++)
{
   for (j = 0; j < NUM_course; j++)
   {
    score[i][NUM_course] += score[i][j]; // 求学生总成绩
    score[NUM_std][j] += score[i][j];    // 求课程总成绩
   }
score[i][NUM_course] /= NUM_course; // 求个人平均成绩
}
for (j = 0; j < NUM_course; j++)
   score[NUM_std][j] /= NUM_std; // 求课程平均成绩
printf (" NO.     C1     C2     C3     C4     AVER\n");
  // 输出每个学生的各科成绩和平均成绩
 for (i = 0; i < NUM_std; i++)
 {
  printf ("STU%d\t", i+1);
  for (j = 0; j < NUM_course+1; j++)
     printf ("%6.1f\t", score[i][j]);
  printf ("\n");
 }
 printf ("------------------------------------------"); // 输出 1 条短划线
 printf ("\nAVER_C  ");
 for (j = 0; j < NUM_course; j++)   // 输出每门课程的平均成绩
  printf ("%6.1f\t", score[NUM_std][j]);
 printf ("\n");
 return 0;
}
```

【运行结果】

```
input the mark of 1th courseof 1th student: 90
input the mark of 2th courseof 1th student: 89
input the mark of 3th courseof 1th student: 97
input the mark of 4th courseof 1th student: 86
input the mark of 1th courseof 2th student: 97
input the mark of 2th courseof 2th student: 78
input the mark of 3th courseof 2th student: 88
input the mark of 4th courseof 2th student: 89
input the mark of 1th courseof 3th student: 78
input the mark of 2th courseof 3th student: 96
input the mark of 3th courseof 3th student: 67
input the mark of 4th courseof 3th student: 89
input the mark of 1th courseof 4th student: 90
input the mark of 2th courseof 4th student: 78
input the mark of 3th courseof 4th student: 98
input the mark of 4th courseof 4th student: 99
input the mark of 1th courseof 5th student: 78
input the mark of 2th courseof 5th student: 85
input the mark of 3th courseof 5th student: 94
input the mark of 4th courseof 5th student: 93
 NO.     C1     C2     C3     C4     AVER
STU1     90.0   89.0   97.0   86.0   90.5
STU2     97.0   78.0   88.0   89.0   88.0
STU3     78.0   96.0   67.0   89.0   82.5
STU4     90.0   78.0   98.0   99.0   91.3
STU5     78.0   85.0   94.0   93.0   87.5
---------------------------------------------------------------------------
AVER_C  86.6   85.2   88.8   91.2
---------------------------------------------------------------------------
```

7.3 字符串与字符数组

7.3.1 字符串

在C语言中没有字符串类型，因此也就没有字符串变量。但是C语言允许使用字符串常量，我们习惯称之为字符串。通常情况下，字符串是由多个有效字符构成的字符序列，并用双引号括起来，例如“hello”。同时字符串中也可以包含转义字符。

字符数组是用来存放字符数据的数组，字符数组中的一个元素存放一个字符。字符数组可以存放若干个字符，也可以存放字符串。字符串是由多个有效字符构成的字符序列，字符串在内存中存储时，末尾必须有‘\0’字符作为结束标志，‘\0’字符的 ASCII 码值为 0。字符串的本质是一种以‘\0’结尾的字符数组。

例如，字符串常量“hello”的内存存储形式如图 7.6 所示，字符数组 char ch[5]= {'h' , 'e' ,'l' ,'l','o' } 的内存存储形式如图 7.7 所示。

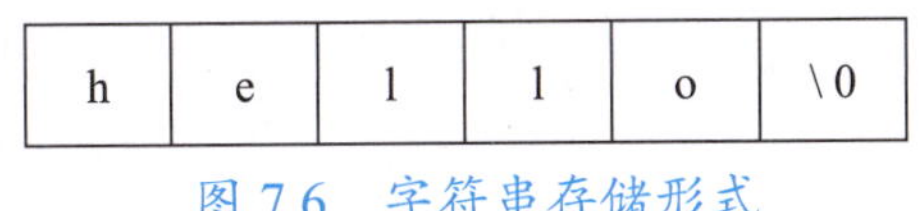

图 7.6 字符串存储形式

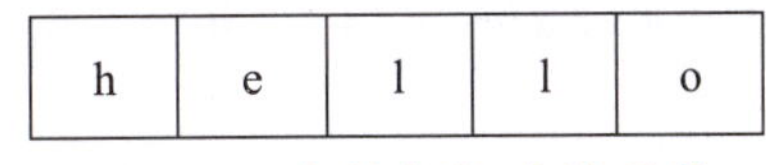

图 7.7 字符数组存储形式

7.3.2 字符数组

1. 字符数组的定义

字符数组是其元素类型为字符类型的数组，其定义与前面介绍的数组定义相同。

例如：

char str1[100];

定义一个有 100 个元素的字符数组。即 str1 数组是一维字符数组，它可以存放 100 个字符或一个长度不大于 99 的字符串。

又例如：

char str2[4][6];

str2 数组是一个二维的字符数组，可以存放 24 个字符或 4 个长度不大于 6 的字符串。字符串只能存放在字符数组中。

2. 字符数组的初始化

在定义字符数组的同时，可以进行初始化。初始化的方法有两种，一是用字符常量逐个赋值，二是用字符串整体赋值。

(1) 用字符常量逐个赋值。

字符常量以逗号分隔放在花括号中，对字符数组初始化时，将字符逐个赋给数组中的各元素。例如：

char b[5] ={'h' ,'e' ,'l' ,'l','o'};

若在定义字符数组时不进行初始化，则数组中各元素的值是随机的。如果花括号中提供的初值个数 (即字符个数) 大于数组长度，则按语法错误处理。如果初值个数小于数组长度，则只将这些字符赋给数组中前面那些元素，其余的元素自动定为空字符 (即‘\0’)。在对全部元素指定初值时，可省写数组长度，系统会自动根据初值个数确定数组长度。

(2) 字符串整体赋值。

C 语言也可以使用字符串常量为字符数组初始化。在 C 语言的应用中，常常需要将字符串视作一个整体进行处理，而无须关注字符串所占数组的长度。C 语言规定，使用字符‘\0’作为字符串的结束标志，系统会自动在字符串末尾补上结束标志字符‘\0’。

例如：

```
char str[13] =("How are you?");
char str[13] = "How are you?";  // 省略 {}
char str[ ] ="How are you?";    // 省略声明字符串长度值
```

字符串整体赋值时，字符串结束标志字符“\0”一起存到字符数组中，因此字符数组的长度至少要比实际字符个数多 1。如 str 数组的长度为 13，而实际字符只有 12 个，因为最后一个用来存放标志字符‘\0’。

又例如：

```
char str[5] = "hello";
```

由于数组长度不够，结束标志符‘\0’就不能存入数组 str 中，编译时会报错。在测定字符串的实际长度时，字符串结束标志‘\0’不计算在内。测定长度的过程中，程序通过检查‘\0’来判断字符串的结束，而不是依赖数组长度。如果一个字符数组长度为 10，前 8 个字符都不是结束符，而第 9 个字符是‘\0’，则系统测定这个字符串的长度为 8。

3. 字符数组的引用

C 语言无字符串变量，只能用字符数组处理字符串。在具体的使用过程中，可以将字符串看成是特殊的字符数组 (以‘\0’为最后一个元素值)。除了初始化之外，C 语言不能直接将字符串赋值给字符数组，例如，str= “hello”，这个操作是错误的。但是可以通过相关库函数对字符数组进行整体输入 / 输出。

(1) 字符数组的输出。

① 用 printf 函数输出。可以采用循环结构用 printf 函数逐一输出元素，也可以将数组名和 printf 函数结合进行整体输出。例如：

```
int i;
char str[15] ={"I like you!"};
for(i =0;i<15;i++)
printf("% c", str[i]);
```

或者：

```
int i;
char str[15] ={"I like you!"};
printf("% s", str);
```

② 用 puts 函数输出。puts 函数可以将字符数组中包含的字符串输出，同时将‘\0’转换成换行符。因此，用 puts 输出一行时，不必另加换行符‘\n’。与 printf 的“% s”格式不同的是，后者不会自动换行。例如：

```
char str[15] ={"I like you!"};
puts(str);
```

注意，puts 函数的参数可以是存放字符串的字符数组名，也可以是字符串常量。

字符数组可以按字符串输出，输出时遇‘\0’结束。在字符数组中若有多个‘\0’，则在遇到第一个‘\ 0’时输出结束。

(2) 字符数组的输入。

① 用 scanf 函数输入。可采用循环结构用 scanf 函数逐一输入元素的值；也可以将数组名和 scanf 函数结合进行整体输入。例如：

```
char a[8];
int j;
for(j=0; j <8; j ++)
scanf("% c", &a[j]);
```

或者：

```
char a[8];
scanf("%s", a);
```

在上述程序中，“%s”是字符串格式符。当使用 scanf 函数输入字符串时，输入项用数组名 a 表示，且不需要加取地址符 &，因为 a 本身就代表了字符数组的起始地址。输入时，直接在键盘上输入字符串，最后以回车或空格键结束输入。键盘输入的字符串长度必须小于数组的长度，并至少留出一个字节用于存放字符串结束标志‘\0’。

② 用 gets 函数输入。gets 函数可以从键盘读入一个字符串到数组中，并自动在末尾加字符串结束标志符‘\0’。输入字符串时，以回车结束，这种方式可以读入含空格符的字符串。例如：

```
char s[12];
gets(s);
```

若输入的字符串为：

I like you!

则 s 的内容为：

I like you!

4. 字符数组举例

【例 7-5】字符串输出示例。

【问题分析】

在本题中，我们主要熟悉 printf 与 puts 两个函数。

【编程实现】

```
#include<stdio. h>
int main()
{
char str1[15] ={"I like you!"};
```

```
char str2[20] =("How are you?");
int j;
printf('% s",str1);               // 整体输出 str1 中的字符串
for (j =0;str1[j]! =' \0';j++)
printf("%c",str1[j]);             // 逐个输出字符
puts(str2);                       // 输出 str2 中的字符串
puts("Fine! Thank you! And you?");  // 用 puts 函数输出字符串常量
return 0;
}
```

【运行结果】

```
I like you! I like you!
How are you?
Fine! Thank you! And you?
```

【例 7-6】字符串输入示例。

【问题分析】

在本题中，我们主要熟悉 scanf 与 gets 两个函数。

【编程实现】

```
# include <stdio.h>
int main()
{
  char s[12],a[12];
  scanf("% s", s);
  printf("%s\n", s);
  scanf("%s%s", s, a);
  printf("s =%s, a =%s", s, a);
  puts("\n");
  gets(s);
  puts(s);
  return 0;
}
```

【运行结果】

```
I like you! ↙
s =I, a =like
you!
```

【例 7-7】输入一行字符，统计其中单词的个数，单词之间用空格间隔。

【问题分析】

在本题中，我们将连续的一段不含空格类字符的字符串称之为单词。将连续的若干个空格作为一次空格，那么单词的个数可以由空格出现的次数(连续的若干个空格看作一次空格，一行开头的空格不统计)来决定。如果当前字符是非空格类字符，而它的前一个字符是空格，则可看作是“新单词”开始，记为 word=1，累计单词个数的变量 num 加 1；如果当前字符是非空格类字符，而前一个字符也是非空格类字符，则可看作是“旧单词”的继续，记为 word=0，累计单词个数的变量 num 值保持不变。

【算法设计】

根据问题分析情况，设计相应算法。算法的 N-S 图如图 7.8 所示。

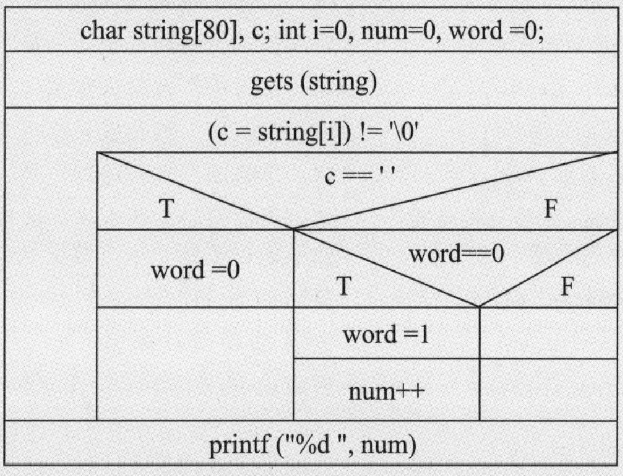

<table>
<tr><td colspan="4">char string[80], c; int i=0, num=0, word =0;</td></tr>
<tr><td colspan="4">gets (string)</td></tr>
<tr><td colspan="4">(c = string[i]) != '\0'</td></tr>
<tr><td rowspan="5"></td><td colspan="3">c == ' '
T　　　　F</td></tr>
<tr><td rowspan="3">word =0</td><td colspan="2">word==0
T　　　　F</td></tr>
<tr><td>word =1</td><td rowspan="2"></td></tr>
<tr><td>num++</td></tr>
<tr><td colspan="4">printf ("%d ", num)</td></tr>
</table>

图 7.8 【例 7-7】算法的 N-S 图

【编程实现】

```
#include <stdio.h>
#define  IN  1
#define  OUT  0
int main()
{
   char string[80], c;
   int i, num=0, word = OUT;
   gets (string);
   for (i = 0; (c = string[i]) != '\0'; i++)
    if (c == ' ')       // 判断 c 是否为空格
       word = OUT;
    else
       if (word == OUT)
       {
         word = IN;
         num++;
       }
   printf ("There are %d words in the line.\n", num);
   return 0;
}
```

【运行结果】

I am a student↙

There are 4 words in the line.

7.3.3 字符串处理函数

由于字符串被广泛应用，为了方便用户处理字符串，除了前面提到的库函数 gets 和 puts 之外，C 语言函数库还提供了其他一些常用的库函数，这些函数的原型声明位于 string.h。下面列出一些最常用的字符串库函数，如表 7.2 所示。

表 7.2　常用的字符串处理函数

函数的用法	函数的功能	应包含的 .h 文件
strset(字符数组 , 字符)	将“字符数组”中的字符串中的所有字符都设为指定“字符”	string.h
strlwr(字符数组)	将“字符数组”中的字符串中的所有字符转换成小写字符	string.h
strupr(字符数组)	将“字符数组”中的字符串中的所有字符转换成大写字符	string.h
toupper(字符)	将小写字符转换成大写字符	ctype.h
tolower(字符)	将大写字符转换成小写字符	ctype.h
atoi(字符串)	将“字符串”转换成整型	stdlib.h
atol(字符串)	将“字符串”转换成长整型	stdlib.h
atof(字符串)	将“字符串”转换成浮点数	stdlib.h
ultoa(无符号长整数，字符数组，进制)	将“无符号长整数”转换成指定的“进制”数并以字符串的形式存放到“字符数组”中	stdlib.h
strcpy(s1,s2)	复制 s2 到 s1	string.h
strcat (s1,s2)	链接 s2 到 s1 的末尾	string.h
strlen(s1,s2)	返回 s1 的长度 (不包含空字符)	string.h
strcmp(s1,s2)	sl==s2 时，返回 0 值；sl>s2 时，返回大于 0 的值；sl<s2 时，返回小于 0 的值	string.h
strchr(s1,ch)	返回指针，指向 ch 在 s1 中的首次出现	string.h
strstr(sl,s2)	返回指针，指向 s2 在 s1 中的首次出现	string.h
slrhvr(s)	转换 s 中的大写字母为小写字母	string.h
strupr(s)	转换 s 中的小写字母为大写字母	string.h

1. 几个典型的字符串处理函数

在这给大家介绍几个典型的字符串处理函数的具体用法，其他函数可到附录查看。

(1) 字符串拷贝 (复制) 函数 strcpy

函数原型：char * strcpy (char * strl, char * str2);

调用格式：strcpy (strl, str2);

函数功能：将字符串 str2 复制到字符数组 strl 中，str2 的值不变。

说明：strl 的长度应不小于 str2 的长度；strl 必须写成数组名形式，而 str2 可以是字符串常量，也可以是字符数组名形式。

(2) 字符串链接函数 strcat

函数原型：char * strcat (char * strl, char * str2);

调用格式：strcat (strl, str2);

函数功能：将 str2 连同‘\0’链接到 strl 的最后一个非‘\0’字符后面。链接后的新字符串放在 str1 中。

说明：str1 必须足够大。链接前，两个字符串均以‘\0’结束；链接后，str1 中的‘\0’取消，新字符串最后加‘\0’。例如：

```
char strl [10] =("tired");
char str2[8] =("man");
strcat(strl,str2);
```

(3) 字符串比较函数 strcmp

函数原型：int strcmp (char * strl , char * str2);

调用格式：strcmp (strl, str2);

函数功能：若 strl==str2，则函数返回值为 0；若 strl>str2，则函数返回值为正整数；若 strl<str2，则函数返回值为负整数。

通常来说，在 C 语言中进行字符串比较时，比较的不是字符串的长度，而是字符的 ASCII 码的大小。具体的比较规则是：将两个字符串从左至右逐个字符进行比较，直到发现不同的字符或遇到‘\0’为止。如果所有字符都相同，函数将返回 0，表示两个字符串相等；如果发现不同字符，那么第一个不同字符的 ASCII 码较大者为大，并将这两个字符的 ASCII 码之差作为比较结果返回。

需要特别注意的是，字符串比较不能使用“==”，必须使用 strcmp 函数。例如，如果要比较字符串 s1 和 s2 是否相等，一般可以使用以下语句：

```
if (strcmp(sl,s2) ==0)
{…};
```

而不能通过下面语句直接判断：

```
if(sl==s2)
{…};
```

(4) 字符串长度函数 strlen

函数原型：unsigned int strlen (char * s);

调用格式：strlen (s);

函数功能：求字符串的实际长度 (不包括‘\0’), 由函数值返回。例如

```
char s[10] = "student";
int len;
len =strlen(s);
```

上述程序中，len 的值为 7, 而 strlen ("good") 函数值为 4。

2. 字符串处理函数举例

【例 7-8】输入多个城市的名字，按升序排列输出。

【问题分析】

在本题中，城市的名字是一个字符串，保存多个城市的名字就需要字符串数组，即字符串二维数组。我们将定义数组 city[10][20] 来存储城市名，并定义一个临时数组 char str[80] 来接收键盘上输入的城市名。如果城市名合法，就存放到数组 city[10][20]

中；若不合法则提示重新输入。输入以空串作为结束标志。然后利用选择排序算法对 city[10][20] 的城市名进行升序排序，最后将排序结果显示。整个程序中，相关字符串的操作会运用相关函数处理。

【算法设计】

根据问题分析情况，设计相应算法。算法的 N-S 图如图 7.9 所示。

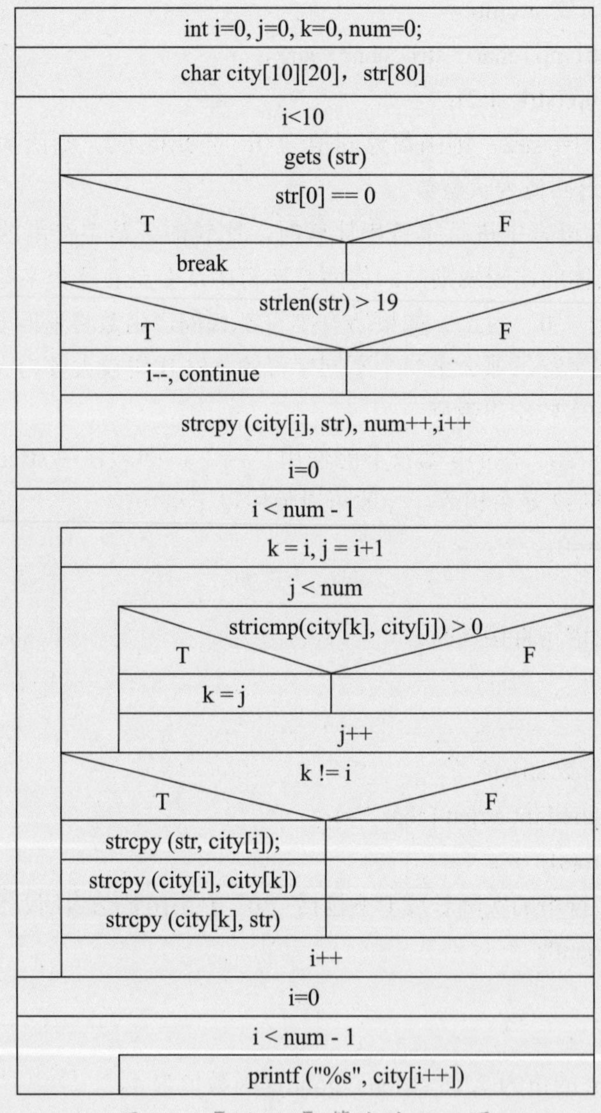

图 7.9 【例 7-8】算法的 N-S 图

【编程实现】

```
#include <stdio.h>
#include <string.h>
#define CITYNUM  10
```

```
int main ( )
 {
   int i, j, k, num;
   char city[CITYNUM][20];
   char str[80];
   num = 0;     // 实际输入的城市数初始化为 0
   for (i = 0; i < CITYNUM; i++)  // 输入城市名字符串 ( 长度不能超过 19)
   {
    printf ("input the name of the %dth city: ", i+1);
    gets (str);          // 输入城市名
    if (str[0] == 0)    break; // 为空串，表示输入结束
    if (strlen(str) > 19)  // 城市名字符串长度超过 19 时，重输
    {  i--;  continue; }
    strcpy (city[i], str); // 将输入的城市名保存到字符串数组中
    num++;          // 实际输入的城市数增 1
   }
for (i = 0; i < num - 1; i++) // 选择排序 ( 升序 )
   {
    k = i;   //k 为当前城市名最小的字符串数组的下标，初始假设为 I
    for (j = i+1; j < num; j++) // 查找比 city[k] 小的字符串的下标并放入 k 中
        if (stricmp(city[k], city[j]) > 0)
            k = j;
    if (k != i)  // 将最小城市名的字符串 city[k] 与 city[i] 交换
     {
      strcpy (str, city[i]);
      strcpy (city[i], city[k]);
      strcpy (city[k], str);
     }
   }
 for (i = 0; i < num; i++)  // 显示排序后的结果
    printf ("%s  ", city[i]);
 printf ("\n");
return 0;
}
```

【运行结果】

input the name of the 1th city: beijing
input the name of the 2th city: wuhan
input the name of the 3th city: shanghai
input the name of the 4th city: guangzhou
input the name of the 5th city: tianjin
input the name of the 6th city: changsha
input the name of the 7th city:
beijing changsha guangzhou shanghai tianjin wuhan

7.4 项目实战

问题：如何构建奇数幻方。幻方是一种古老的数字游戏，n 阶幻方就是把整数 1 ～ n^2 排成 n×n 的方阵 (n 为奇数)，使得每行中的各元素之和，每列中各元素之和，以及两条对角线上的元素之和都是同一个数 S，S 称为幻方的幻和。

7.4.1 项目问题分析

幻方问题，是将整数 1 ～ n^2 排成 n×n 的方阵，数据的存储可考虑使用二维数组。幻方构建方法是：首先把 1 放在最上一行正中间的方格中，然后把下一个整数放置到其右上方；如果到达最上一行，下一个整数放在最后一行，就好像它在第一行的上面；如果到达最右端，则下一个整数放在最左端，就好像它在最右一列的右侧。当到达的方格中填上数值时，下一个整数就放在刚填写上数码的方格的正下方。读者按照三阶幻方从 1 ～ 9 走一下，就可以明白它的构造方法。

7.4.2 数据模型的构建

本项目的数据结构比较简单，构建正确的数据模型具体步骤如下。

```
#define  MAX   15  // 最大阶为 15
int n, nn;       //n 阶，nn 为 n²
int k ;        //k 为循环变量
int i , j;      //i、j 为当前位置
int ni, nj;     // ni、nj 为下一位置
int magic[MAX][MAX] = {0};  // 方阵
```

7.4.3 算法的设计

根据问题分析情况，设计相应算法。算法的 N-S 图如图 7.10 所示。

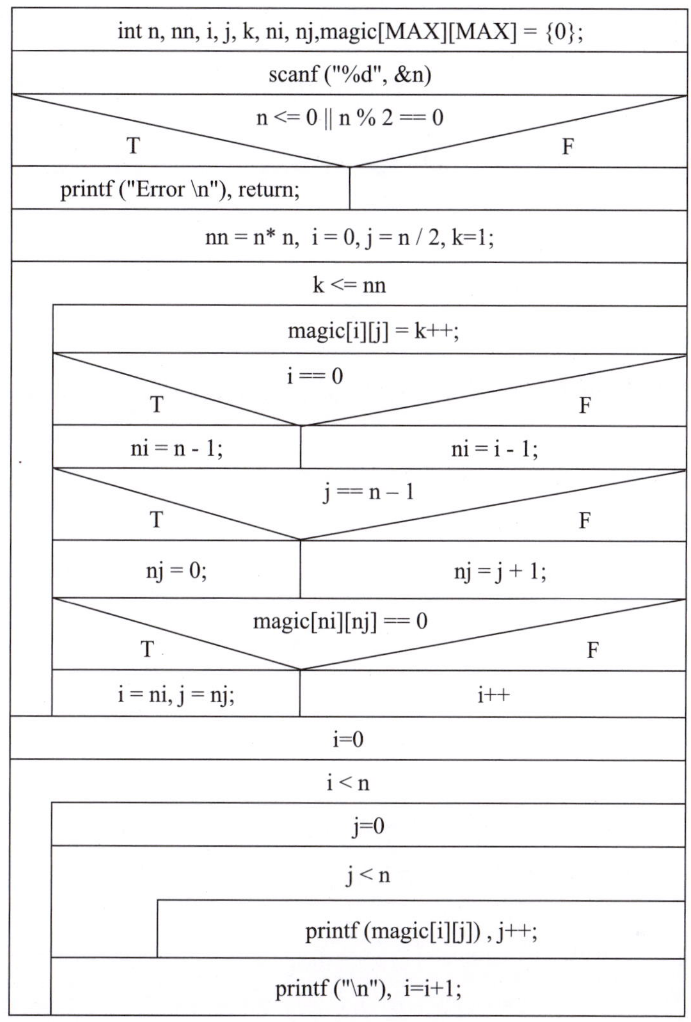

图 7.10 幻方算法的 N-S 图

7.4.4 项目实现

根据上述分析与设计，项目源代码参考如下。

【源代码】

```
#include <stdio.h>
#define  MAX   15
int main ( )
 {
   int n, nn, i, j, k, ni, nj;
   int magic[MAX][MAX] = {0};
   printf ("Enter the number you wanted: ");
   scanf ("%d", &n);
```

```
    if ((n <= 0) || (n % 2 == 0))  // 小于 0 或为偶数则返回
    {
      printf ("Error in input data.\n");
      return 0;
    }
    nn = n* n;
    i = 0;    // 第一个值的位置
    j = n / 2;
    for (k = 1; k <= nn; k++)
    {
      magic[i][j] = k;     // 求右上方方格的坐标
      if (i == 0)        // 最上一行
      ni = n - 1;  // 下一个位置在最下一行
      else
          ni = i - 1;
      if (j == n - 1)  // 最右端
         nj = 0;     // 下一个位置在最左端
      else
         nj = j + 1;     // 判断右上方方格是否已有数
      if (magic[ni][nj] == 0)  // 右上方无值
      {
         i = ni;
         j = nj;
      }
      else  // 右上方方格已填上数
        i++;
    }
    for (i = 0; i < n; i++)  // 显示填充的结果
    {
      for (j = 0; j < n; j++)
        printf ("%4d", magic[i][j]);
      printf ("\n");
    }
   return 0;
  }
```

【运行结果】

```
Enter the number you wanted: 7
 30 39 48  1 10 19 28
 38 47  7  9 18 27 29
 46  6  8 17 26 35 37
  5 14 16 25 34 36 45
 13 15 24 33 42 44  4
 21 23 32 41 43  3 12
 22 31 40 49  2 11 20
```

总结拓展

【本章小结】

本章主要探讨了数组和字符串的相关知识。数组是程序设计中的重要数据结构，掌握数组的使用和操作技巧，对于编写高效、可维护的代码至关重要。主要介绍了数组的概念和作用、数组的组织形式、字符串与字符数组等，具体包括以下几个方面内容。

(1) 数组的概念，一维数组的定义与初始化以及一维数组元素的访问。二维数组的定义与初始化、二维数组元素的访问和内存分配。

(2) 数组中的元素在内存中是连续存放的。数组变量名是数组在内存中的首地址，是一个地址常量，不可对其赋值。二维数组变量是地址常量，二维数组中的每一维也是地址常量。

(3) 字符串和字符数组的相关知识，并详细讲述了字符串的常用操作函数，如输入/输出、长度计算、复制和链接等。这些函数在 C 语言编程过程中经常用到，读者要熟练掌握并能灵活运用于实际开发中。

通过本章知识的学习和项目实战，希望读者能够熟练定义和初始化数组，理解数组的作用，在实际编程中能够灵活运用这些知识。同时树立数据集顺序存储理念，掌握数据随机访问方法。

【思政故事】

中国高铁的崛起与工匠精神

“复兴号”是中国自主研发的标准动车组，它的诞生标志着中国高铁技术从“跟跑者”到“领跑者”的华丽转身。这一成就的背后，凝聚了无数中国工程师的智慧、汗水和工匠精神。

在“复兴号”之前，中国高铁主要依赖引进的“和谐号”技术。虽然“和谐号”让中国进入了高铁时代，但其核心技术仍受制于国外厂商。为了摆脱技术依赖，实现完全自主化，中国决定研发属于自己的高铁列车——“复兴号”。

“复兴号”的研发团队由数千名工程师组成，他们来自不同的领域，包括机械、电气、材料、软件等。团队的首要任务是实现列车的完全自主设计。列车的每一个部件都需要重新设计，从车体结构到控制系统，从动力系统到制动系统，每一个细节都不能忽视。工程师们通过大量的实验和数据分析，逐步攻克了技术难关。例如，他们通过使用数组和矩阵来存储及分析列车的运行数据，优化列车的设计。

“复兴号”的研发过程中，最困难的是核心技术的突破。如牵引系统是列车的动力来源，需要确保其在高速运行时的稳定性和效率；制动系统是列车的安全保障，需要在紧急情况下能够快速响应；网络控制系统是列车的大脑，需要实时处理大量的传感器数据。为了攻克这些技术难题，工程师们日夜奋战，反复试验。例如，他们使用多维数组来存储列车的运行数据，用 float sensorData[100][1000] 存储 100 个传感器的 1000 个数据点。通过数据分析，不断优化设计，让每一个数据都经过严格的分析和验证，确保列车的安全性和可靠性。

“复兴号”的研发不仅需要理论设计，还需要大量的试验验证。工程师们在实验室和试验线上进行了成千上万次的测试，模拟高温、低温、高湿、风沙等极端环境，确保列车在各种条件下都能正常运行。在实际线路上进行高速运行测试，验证列车的性能和安全性。

2017 年 6 月 26 日，“复兴号”正式在京沪高铁上线运营，最高时速达 350 公里。它不仅速度快，而且运行平稳、噪音低、能耗低，被誉为“世界上最先进的高铁列车”。“复兴号”的成功研发，不仅让中国高铁技术实现了完全自主化，还推动了中国高铁“走出去”战略。如今，“复兴号”已经成为中国制造的一张亮丽名片，走向世界。

“复兴号”的研发体现了中国工程师的自主创新精神和团队协作精神。他们从零开始，攻克了一个又一个技术难关，研发出一个庞大的系统工程，最终实现了完全自主化。我们应深刻理解自主创新、精益求精、团队协作和责任担当的重要性，这些精神不仅适用于高铁研发，也适用于我们的学习和生活。希望每一位学生都能从中汲取力量，为实现个人价值和促进社会进步贡献力量。

【课后练习】

一、单项选择题

1. 在 C 语言中，定义数组时，下列选项中不合法的是 (　　)。

   A. int arr[10];　　　　B. float arr[] = {1.0, 2.0, 3.0};

   C. char arr[5] = “hello”;　　　　D. int arr[0];

2. 假设有以下代码：

   int arr[5] = {1, 2, 3};

数组 arr 的剩余元素值为 (　　)。

A. 全部为 0　　B. 全部为 1

C. 不确定　　D. 编译报错

3. 对于以下代码：

```
int arr[3] = {1, 2, 3};
printf("%d", arr[3]);
```

输出的结果是 (　　)。

A. 3　　B. 0　　C. 未定义行为　　D. 编译错误

4. 下列有关字符串的说法正确的是 (　　)。

A. 字符串必须以‘\0’结尾

B. 字符串变量可以存储多种数据类型

C. 字符串是用 char* 表示的单个字符

D. 字符串数组中的元素可以直接赋值

5. 若定义字符串 char str[] = "Hello"; 则数组 str 的长度为 (　　)。

A. 5　　B. 6　　C. 未定义　　D. 0

6. 下列哪种方法可以获取字符串长度？ (　　)。

A. sizeof(str)　　B. strlen(str)

C. &str　　D. str.length()

7. 关于二维数组，下列描述正确的是 (　　)。

A. 其所有元素存储在连续的内存中

B. 每行之间的存储地址不连续

C. 只能通过行、列索引访问元素

D. 初始化二维数组时必须指定所有元素值

8. 若 char str[20] = “C programming”，则 str[20] 的值是 (　　)。

A. ‘\0’　　B. 不确定

C. 超出数组范围，未定义行为　　D. 编译错误

二、填空题

1. 在 C 语言中，数组的下标从 _______ 开始。

2. 数组在内存中存储是 _______ 存储的。

3. 字符串常量默认以 _______ 结尾。

4. 若定义 char str[10] = “hello”，则字符串的实际长度是 _____，占用的数组大小是 _____。

5. 二维数组 int arr[3][4] 的总存储空间大小为 _______ 个字节 (假设 int 为 4 字节)。

6. 如果定义二维数组 int arr[3][3] = {{1,2,3},{4,5,6},{7,8,9}}，则 arr[2][1] 的值是 _______。

三、程序分析题

1. 写出下面程序执行后的运行结果______。

```
#include<stdio.h>
int main()
{
int x[]={1,3,5,7,2,4,6,0},i,j,k;
for(i=0;i<3;i++)
   for (j=2;j>=i;j--)
      if(x[j+1]>x[j]) { k=x[j]; x[j]=x[j+1]; x[j+1]=k;}
for(i=0;i<3;i++)
   for(j=4;j<7-i;j++)
      if(x[j+1]>x[j]) { k=x[j]; x[j]=x[j+1]; x[j+1]=k;}
for (i=0;i<3;i++)
   for(j=4;j<7-i;j++)
      if(x[j]>x[j+1]) { k=x[j]; x[j]=x[j+1]; x[j+1]=k;}
for (i=0;i<8;i++)
   printf("%d",x[i]);
return 0;
}
```

2. 以下是一个评分统计程序，共有 8 名评委打分。统计时，去掉一个最高分和一个最低分，其余 6 个分数的平均分即是最后得分。程序最后显示这个得分，得分精度为 1 位整数，2 位小数。程序如下，请将程序补充完整。

```
#include<stdio.h>
int  main()
{
   float x[8] = {9.2,9.5,9.8,7.4,8.5,9.1,9.3,8.8};
   float aver,max,min;
        (1)
   for ( (2)  i < 8; i++) aver += x[i];
   max =x[0];
    (3)
   for (i = 1; i < 8; i++) {
      if (max < x[i]) max = x[i];
      if ( (4) )  min = x[i];
   }
   aver =(aver-max-min)/6;
```

```
    printf("Average = ___(5)___ \n", aver);
    return 0;
}
```

四、程序设计题

1. 编写程序，比较两个字符串 s1 和 s2，若 s1>s2，输出 1；若 s1==s2，输出 0；若 s1<s2，输出 -1。不要用 strcpy 函数。两个字符串用 gets 函数读入。

[输入示例 1] A C

[输出示例 1] -1

[输入示例 2] abc abc

[输出示例 2] 0

[输入示例 3] And Aid

[输出示例 3] 1

2. 编写程序，用冒泡排序法对输入的 10 个整数进行排序。

[输入示例] 1 12 4 9 10 22 -7 0 99 81

[输出示例] -7 0 1 4 9 10 12 22 81 99

3. 查找数组中的最大值。编写一个程序，输入一个整数数组，输出其中的最大值及其位置。

第 8 章 函数

化整为零，逐个攻破[①]。

——毛泽东

【项目案例】

目前工程数据很大，要求我们实现对两个任意长度的大整数求和，如 2222222222222222222+3333333333333333333。请问你有什么好的方法吗？

【问题驱动】

(1) 程序设计中函数是什么？有什么作用？

(2) C 语言中如何使用函数？

(3) 如何运用函数实现模块化程序设计？

【章节导读】

通过前面的学习，我们基本了解到：计算机因硬件的限制，无法直接解决两个任意长度的大整数求和问题。这主要体现在两个方面：一是数据的存储问题，二是数据的运算问题。至于数据的存储问题，读者通过数组的学习应该找到了解决方法。数据的运算问题可以通过本章的函数来解决：将大整数求和问题分解为各位数求和子问题，每个子问题可以用一个函数模块解决。通过这章的学习，希望读者理解函数在 C 语言程序设计中的作用和地位；掌握函数的相关概念和函数定义、原型声明及函数调用等方法，树立自顶向下、逐层分解的程序设计思想。

① 这句话强调事物整合和分解的重要性。在面对复杂问题或应对困难局面时，我们应树立整合和分解的思想，将其分解成一个个小任务，最后再逐一解决。这将为我们的日常学习和软件设计开发工作带来力量和效益。

8.1 函数概述

8.1.1 函数的概念

函数思想是数学中的核心概念之一，它描述了一种动态的对应关系，强调变量之间的依赖性和变化规律。函数的核心在于映射：输入与输出的唯一对应。在程序设计中，将复杂问题分解为更小、更易管理的子问题，找到各个子问题规律，每个子问题就可以用一个函数来实现。这样，整个程序项目就像一个由不同函数模块组成的层次结构，顶层提供总的框架，底层实现具体功能，具体描述如图 8.1 所示。

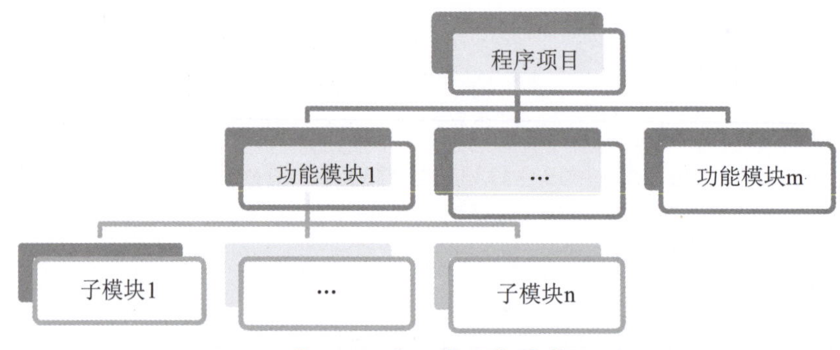

图 8.1　项目的层次结构

程序员在设计一个复杂的应用程序时，往往也是把整个程序划分成若干个功能较为单一的程序模块，然后分别找到其规律并实现，最后再把所有的程序模块像搭积木一样装配起来。这种在程序设计中分而治之的策略，称为模块化程序设计方法。

在 C 语言中，函数是构成程序的基本单元，是一段可以重复调用且具有特定功能的、可独立执行的程序段。每个函数都有一个唯一的函数名标识该函数，可通过函数名进行调用。C 程序的执行总是从 main( ) 函数开始，在 main( ) 函数中结束。每个程序有且只有一个名为 main( ) 的主函数。函数之间不能嵌套定义，可以嵌套调用，但不能调用 main( ) 函数。main( ) 函数是被操作系统调用的。在实际应用中，函数的使用使得程序更加模块化，提高了代码的可读性、可维护性和复用性。掌握这种程序设计思想，有助于读者更有效地解决问题，构建高质量的软件系统。

8.1.2 函数的分类

1. 从用户使用的角度分类

函数主要分为库函数和用户自定义函数两大类。

(1) 库函数是由系统提供的。这些函数已经过优化和测试，可以直接在程序中调用，无需用户自己定义。不同的 C 语言编译系统，提供的库函数的数量和功能会有一些不同，但许多基本的函数是共通的。在使用库函数时，需要包括函数声明的头文件。

(2) 用户自定义函数，这是用户根据需求自行编写的函数。

2. 从函数的形式分类

函数是描述相关的事物在相互变化时的内在规律，根据其输入(参数)与输出(返回值)形式，主要分为无参数无返回值、无参数有返回值、有参数无返回值和有参数有返回值4种类型。

(1) 无参数无返回值函数。主调函数不向被调函数传递参数，被调函数执行完后也不带数据返回主调函数。

(2) 无参数有返回值函数。主调函数不向被调函数传递参数，但被调函数执行完后会带数据返回主调函数。

(3) 有参数无返回值函数。主调函数通过参数向被调函数传递数据，被调函数执行完后不带数据返回主调函数。

(4) 有参数有返回值函数。主调函数通过参数向被调函数传递数据，被调函数执行完后会带数据返回主调函数。

在使用函数时，一定要理解函数的功能，熟悉函数参数的数目和顺序、各参数的意义和类型、函数返回值的意义和类型。如果是库函数，使用时需要包含相应的头文件。

8.2 函数定义与调用

C 语言虽然提供了丰富的库函数，但对于各种特殊需要，还必须由用户自己来编写函数。本节将向读者介绍如何定义和使用自己的函数。

8.2.1 函数定义

我们自己定义函数，一定要弄清函数是做什么、函数的命名、函数的参数列表和函数的返回值等。C 语言中函数定义的一般格式为：

```
返回值类型 函数名(数据类型  形参1,…,数据类型  形参名n)
{
    函数体
}
```

格式说明如下。

(1)“返回值类型”可以是C语言支持的所有类型，也可以是空类型void，表示无返回值。

(2)“函数名”必须是合法的标识符。

(3) 括号()不能省。括号内为形式参数，形参名称的定义方法与变量相同。括号内为空或void时，表示没有形式参数。

(4) 函数体是由{}组成的复合语句，包括说明部分和执行部分。在函数体的说明部分，主要对本函数中用到的有关变量进行定义，声明变量的数据类型，以便后面的语句能正确使用变量。函数内定义的变量不可以与形参同名。函数体的执行部分主要完成函数规定的运算，执行规定的动作，集中体现函数的功能。函数体的执行部分一般包含 return(表达式) 语句；如果没有，函数也会返回一个值，但这个值是不可预知的。函数的返回有以下 3 种格式：

```
return ( 表达式 );          // 有返回值
return ( 表达式 );          // 有返回值
return;                     // 无返回值
```

其中“表达式”的值即是函数的返回值，表达式值的类型应与函数返回值类型一致；如果函数返回值类型是 void，返回语句可以缺省或者为第三种 return 形式。当 return(表达式) 语句中的“表达式”的类型与函数的返回值类型不一致时，编译器会对表达式进行强制类型转换，将表达式的值强制转换成函数返回值类型，然后返回给调用者。

在 C 语言中，所有的函数定义，包括主函数 main，都是平行的，函数定义必须放在所有函数的外部。也就是说，在一个函数的函数体内，不能再定义另一个函数，即不能嵌套定义。

接下来通过几个案例学习来掌握函数的定义：

【例 8-1】编写一个函数，功能为输入字符 Y 或 y，显示“YES!”。

```
void showyes()
{
    char key;
    key = getch();
    if(toupper(key) != 'Y')
    return;
    printf("YES! ");
}
```

【解】第 1 行第 1 个关键字 void 表示该函数没有返回值，函数名 showyes 后面括号内为空，即函数没有参数。在函数体中定义了一个字符变量 key，借用库中的 getch( ) 函数来获取用户输入的字符。toupper( ) 函数用于将小写字符转换为大写字符。showyes 函数的功能是如果输入的字符不是 Y 或 y，则什么都不输出直接返回，否则，输出 YES!。

【例 8-2】编写一个函数，其功能是当传入的参数为 0 时，计算 1 ～ 100 之间所有偶数之和；当传入的参数为 1 时，计算 1 ～ 100 之间所有奇数之和；否则，函数直接返回 -1。

```
int sum(char key)
{
int i, tot = 0;
 if (key != '0' && key != '1')
     return (-1);
 for (i = (key == '0') ? 2 : 1; i <= 100; i += 2)
```

```
        tot += i;
    return ( tot );
  }
```

【解】第 1 行第 1 个关键字 int 表示函数返回值是整型，sum 为函数名。括号中有一个字符型的形式参数。在调用此函数时，主调函数把实际参数的值传递给被调函数中的形式参数 key。

8.2.2 函数调用

函数之间允许相互调用，也允许嵌套调用，习惯上调用者称为主调函数。函数还可以自己调用自己，称为递归调用。main( ) 函数是主函数，它可以调用其他函数，但不允许被其他函数调用。因此，C 程序的执行总是从 main( ) 函数开始，完成对其他函数的调用后再返回到 main( ) 函数，最后由 main( ) 函数结束整个程序。一个 C 源程序必须有也只能有一个主函数 main( )。

函数调用的一般格式为：

函数名 (实参列表);

或：

变量 = 函数名 (实参列表);

格式说明如下。

(1) 不能将没有返回值的函数调用赋值给任何变量；调用函数有返回值时，若没有将其赋值给任何变量，其值会丢弃。“实参列表”中的实参必须与函数定义时的形参数量相同、类型相符，一一对应匹配。

(2) C 语言规定，函数必须先定义，后调用；如果函数调用出现在函数定义之前，则在函数调用之前必须对其原型加以声明，否则会出现编译报错！

(3) 实参赋值给形参的顺序因系统而定，基本上是自右向左，即最右边的实参最先赋值给最右边的形参，最左边的实参最后赋值给最左边的形参。

【例 8-3】比较两个整数之间的大小，用函数实现。

【问题分析】

函数名应该是见名知意，反映函数的功能，所以我们定义其为 compare( )。compare( ) 函数具有 2 个整数类型的形式参数，无返回值，功能是比较其大小并直接输出大小关系。

【编程实现】

```
#include <stdio.h>
void compare ( int a, int b )        //a，b 为形参
{
  printf ("a = %d  b = %d\n", a, b);
  if ( a > b)
```

```
        printf ("a > b\n");
    else
     if (a == b)
        printf ("a = b\n");
     else
        printf ("a < b\n");
}
int main ( )
{                                       // 函数的原型声明
    int i = 2;
    compare ( i, i++ );                 //i 为实参，调用 compare 函数
    printf ("i = %d\n", i);
    return 0;
}
```

【运行结果】

a=3　b=2

a ＞ b

i=3

【解】程序从主函数开始，执行到函数的调用语句 compare(i,i++) 时，将实际参数 i++、i 的值分别传递给形参 b、a，即 b=3、a=2；其中 i 本身加 1，即 i=3。这时主函数暂停，转向 compare 函数；compare 函数执行完后，返回主函数暂停位置，继续向后执行。

8.2.3 函数声明

函数声明就是在函数调用之前，对其进行的预告或说明，用于向编译器揭示函数的名称、返回类型，以及所需参数的类型和数量。函数声明通常出现在源文件或头文件的开始部分，为编译器提供了足够的上下文信息，以便在后续的函数调用中进行正确的类型检查。

函数声明是对已经存在的函数(库函数或用户自定义的函数)进行说明，如果是库函数，应该在本文件开头用 #include 指令将调用有关库函数时所需用到的信息包含到文件中来。由于程序的编译过程是自上而下逐行进行的，如果被调用函数定义在主调函数之前，可以不作函数声明。

函数声明一般有两种形式，分别为：

返回值类型符　函数名(类型符 1　形参名 1, …, 类型符 n　形参名 n);

返回值类型符　函数名(类型符 1, 类型符 2…, 类型符 n);

函数定义是函数的完整描述，包括函数的返回类型、函数名、参数列表(包括参数类型和参数名)，以及函数体，它是一个完整的、独立的函数单位。而函数声明是让编译器知道函数的存在，只需要函数名、返回类型以及参数类型即可；但它是一条语句，一定要以分号结尾。

【例 8-4】输入两个实数，用一个函数求两者之和。

【问题分析】

实现两个数相加的算法很简单，可定义一个 add 函数实现。add 函数的返回值类型为 float，它应有两个 float 型形式参数。在使用前，注意要对 add 函数进行声明。

【编程实现】

```
#include <stdio.h>
int main( )
{
 float add(float x,float y);            // 函数原型声明
   float a, b ,c;
   printf(" 请输入两个实数：");
   scanf ("%f,%f", &a, &b);
   c = add (a, b);
   printf ("sum is %f", c);
   return 0;
}
float add (float x, float y)
{
 float z;
 z = x + y;
 return (z);
}
```

【运行结果】

请输入两个实数：2.0,3.5↙

sum is 5.500000

【解】 函数声明可以放在主调函数内部，也可以放在主调函数的前面。程序第 4 行的 add 函数声明语句也可以写成“float add(float,float);”。

8.3 函数参数的传递

在调用有参函数时，主调函数与被调函数之间会进行数据的传递。主调函数通过函数的参数将数据传递给被调函数，而被调函数则主要通过 return 语句将数据返回给主调函数。

形式参数是指函数定义时括号内的形式变量，简称形参；而实际参数是指在调用函数时括号中提供的具体数据，可以是常量、变量或表达式，简称实参。在函数调用过程中，实参的值会被传递给形参，从而使形参获得与实参相同的数值。

C 语言中，根据实参传递给形参值的不同，通常分为值传递和地址传递两种方式。

8.3.1 值传递方式

在函数调用过程中，系统会为形参分配独立的存储单元，并将实参的值复制到这些形参地址中。函数执行完毕，形参所占用的存储单元随即释放，而实参的存储单元则保持不变，其原始值不会受到任何影响。当参数为一般变量时，函数调用时采用值传递方式，该方式是一种单向的数据传送方式。

【例 8-5】交换两个数的值。

【问题分析】

在本题中，我们设计了 swap (a, b) 函数，用于交换 a，b 的值。在主函数中调用函数 swap (x, y) 时，将 x、y 实参值分别传给 a、b 形参，执行 swap 函数时对实参值不产生影响。

【编程实现】

```
#include <stdio.h>
void swap (int a, int b);                    // 函数的原型声明，a 和 b 为形参
int main ( )
{
   int x, y;
   scanf ("%d,%d", &x, &y);
   printf ("before swapped: \n");
   printf ("x=%d, y=%d\n", x, y);            // 输出变换前的实参
   swap (x, y);
   printf ("x=%d, y=%d\n", x, y);            // 输出变换后的实参
}
void swap (int a, int b)
{
   int t;                          // 定义中间变量 t
   t = a;
   a = b;
   b = t;                          // 交换形参 a 和 b 的值
   printf ("after  swapped: \n");
   printf ("a=%d, b=%d\n", a, b);            // 输出变换后的形参
}
```

【运行结果】

```
7，11↙
before swapped:  x = 7, y = 11
after  swapped:  a=11, b=7  x = 7, y = 11
```

【解】程序从 main 函数开始执行，当来到“swap (x, y);”语句时，系统给形参 a、b 分配存储空间，然后将实参 x 和 y 的值 7 和 11 分别复制到形参 a、b 的存储空间，接着执行 swap 的函数体语句。在 swap 执行过程中，通过临时变量 t 交换了形参变量 a 和 b 的值，即 a=11，b=7。函数执行完毕后，系统收回形参变量 a 和 b 的内存空间，返回到主函数继续执行。主函数中 x 和 y 的值并没有发生变化，其值仍为 7 和 11。具体传递过程如图 8.2 所示。

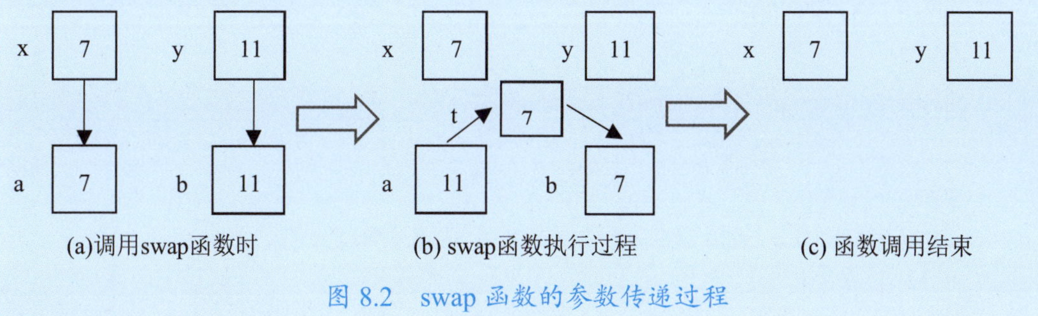

图 8.2 swap 函数的参数传递过程

8.3.2 地址传递方式

在调用函数中，地址传递 (也称为引用传递) 与值传递有所不同。地址传递是通过将实参的地址传递给形参，从而使得形参能够直接访问实参所在的内存空间。

地址传递的特点如下。

(1) 传递的是地址：在地址传递中，调用函数时，将实参的内存地址 (即指针) 传递给形参。形参实际上指向实参所在的存储单元，而不是复制值。

(2) 双向数据传递：由于形参直接引用实参内存空间，因此在函数内部对形参进行修改，会直接影响到实参。

(3) 实参和形参必须是地址常量或变量。

当函数的参数为数组或指针类型，函数调用时采用地址传递方式。在这我们主要讨论数组作为函数参数的情形，至于指针类型将在下章介绍。

【例 8-6】将任意两个字符串链接成一个字符串。

【问题分析】

在本题中，我们设计了 mergestr(s1,s2,s3) 函数，其中，s1 和 s2 用来接收要拼接的两个源字符串，s3 用来存储拼接后的新字符串。在主函数中调用函数 mergestr 函数时，将 str1、str2、 str3 三个数组实参的地址分别传给 s1、s2、s3 三个形参。在执行 mergestr 函数时，相当于先遍历 str1 中的每个字符，并将其逐个复制到 str3 中，接着逐个追加 str2 中的字符到 str3 中，最后在 str3 的末尾添上字符串结束符‘\0’。

【编程实现】

```
#include <stdio.h>
void mergestr (char s1[ ], char s2[ ], char s3[ ]);
```

```
int main ( )
{
    char str1[ ] = {"Hello"};
    char str2[ ] = {"china!"};
    char str3[40];
    mergestr (str1, str2, str3);
    printf ("%s\n", str3);
}
void mergestr (char s1[ ], char s2[ ], char s3[ ])
{
    int i, j;
    for (i = 0; s1[i] != '\0'; i++)              // 将 s1 复制到 s3 中
        s3[i] = s1[i];
    for (j = 0; s2[j] != '\0'; j++)              // 将 s2 复制到 s3 的后边
        s3[i+j] = s2[j];
    s3[i+j] = '\0';                              // 置字符串结束标志
}
```

【运行结果】

```
Hello China!
```

将数组作为函数参数，还需注意以下几点。

(1) 形参数组和实参数组的类型必须一致，否则将引起错误。

(2) 形参数组和实参数组的长度可以不相同，因为在调用时，只传送首地址而不检查形参数组的长度。

(3) 多维数组也可以作为函数的参数。在定义函数时，形参数组可以指定每一维的长度，也可省去第一维的长度。

8.4 函数的嵌套和递归调用

8.4.1 函数的嵌套调用

C 语言的函数定义是互相平行的、独立的。在定义函数时，一个函数内部不能再定义另一个函数，即不能嵌套定义。但函数调用是可以嵌套的，即在调用一个函数的过程中，可以再调用另一个函数，具体方式如图 8.3 所示。

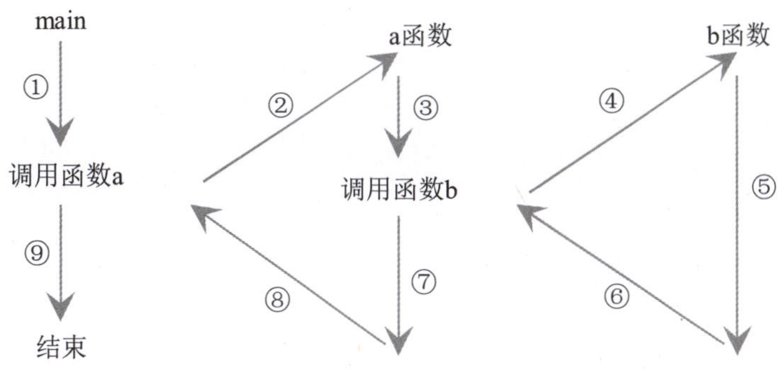

图 8.3　函数嵌套调用的执行过程

图中箭头表示程序执行的流程，数字标号表示执行的先后顺序。程序从 main( ) 主函数开始执行，最后返回 main( ) 主函数执行结束。函数调用过程中，函数之间的上下文信息由系统运用堆栈进行维护。

【例 8-7】计算三个数中最大数与最小数的差。

【问题分析】

在本题中，主函数调用 dif、max、min 函数。从 main 函数开始执行，调用了 dif 函数；在执行 dif 函数过程中，首先调用 max 函数来找到 a、b、c 中的最大值，然后调用 min 函数找到最小值；最后用 dif 函数计算最大值和最小值之差，并将结果返回给 main 函数中的变量 d。具体执行流程如图 8.4 所示。

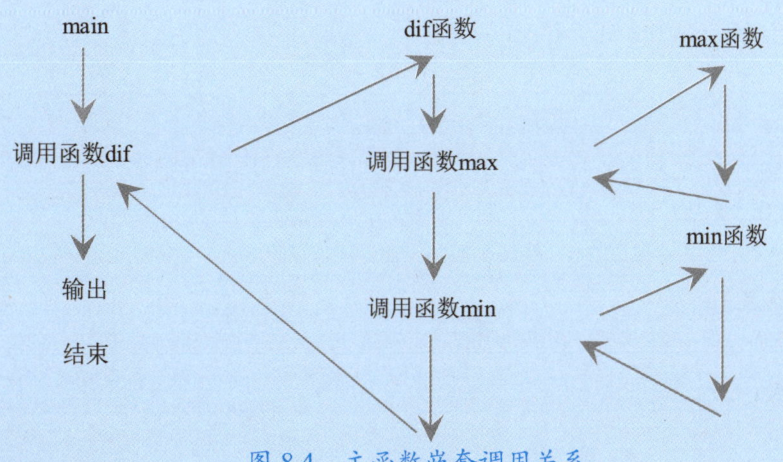

图 8.4　主函数嵌套调用关系

【编程实现】

```
#include <stdio.h>
int dif (int x, int y, int z);
int max (int x, int y, int z);
```

```
int min (int x, int y, int z);

int main ( )
{
    int a, b, c, d;
    scanf ("%d%d%d", &a, &b, &c);
    d = dif (a, b, c);
    printf ("Max - Min = %d\n", d);
}
int dif (int x, int y, int z)
{
    return (max(x, y, z) - min(x, y, z));
}
int max (int x, int y, int z)
{
    int r;
    r = x > y ? x : y;
    return (r > z ? r : z);
}
int min (int x, int y, int z)
{
    int r;
    r = x < y ? x : y;
    return (r < z ? r : z);
}
```

【运行结果】

```
7 3 1↙
Max - Min = 6
```

8.4.2 函数的递归调用

C 语言的特点之一就在于允许函数的递归调用。函数的递归调用是指在调用一个函数的过程中会出现直接或间接地调用该函数本身的情况。

例如：

```
int  f (int x)
{
```

```
    int y, z;
    z = f (y);
    return (2*z);
}
```

在调用函数 f 的过程中，又直接调用 f 函数，则为直接递归调用，具体流程如图 8.5 所示。

又例如：

```
int  f1 (int x)
{
    int y,z;
    …
    z = f2 (y);
    ….
    return (2*z);
}

int  f2 (int t)
{
    int a,c;
     …
    c = f1 (a);
    ….
    return (3+c);
}
```

在调用 f1 函数的过程中要调用 f2 函数，而在调用函数 f2 的过程中又要调用 f1 函数，则为间接递归调用，具体流程如图 8.6 所示。

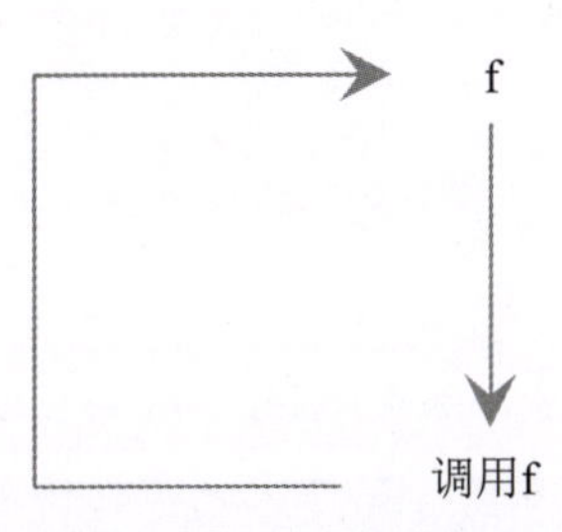

图 8.5　直接递归调用

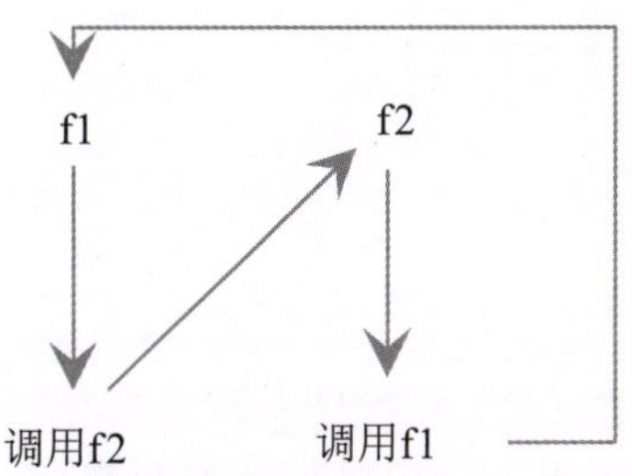

图 8.6　间接递归调用

从图 8.5 和图 8.6 可以看到，这两种调用都形成了循环，如果没有终止条件，就会无限循环下去。显然，程序中不能出现这种无终止的递归调用，而只应出现有限次数的、有终止的递归调用。因此在设计递归函数时，一定要设置终止递归调用条件，一般可以用 if 语句进行控制。

关于递归的概念，有些同学感到不好理解，下面用一个通俗的例子进行说明。

【例 8-8】递归调用函数示例。

【问题分析】

在本题中，定义了一个递归函数 print，该函数接收一个整数 w 作为参数，并打印出 1 ～ w 的每个数字，按递减顺序排列每一行。该函数通过递归调用自身，每次减少参数 w 的值，直到 w 为 0 时停止递归。

【编程实现】

```
#include <stdio.h>
void print (int w);
int main( )
{  print( 3 );  }
void print (int w)          // 递归函数
{
   int  i;
   if ( w != 0)          // 递归结束条件
   {
     print (w-1);
     for (i = 1; i <= w; ++i)
       printf ("%d ", w);
     printf ("\n");
   }
}
```

【运行结果】

```
1
2 2
3 3 3
```

【解】程序从 main 函数开始执行，在 main 中调用递归函数 print，该函数通过递归调用自身，每次减少参数 w 的值，直到 w 为 0 时停止递归。在每次递归返回时，它打印出当前 w 值的重复序列，重复次数等于当前的 w 值。每一行的打印结果都紧跟着上一次递归调用的结果，形成了从 1 到 w 的递减序列，每行打印的 w 值个数递增。具体流程如图 8.7 所示。

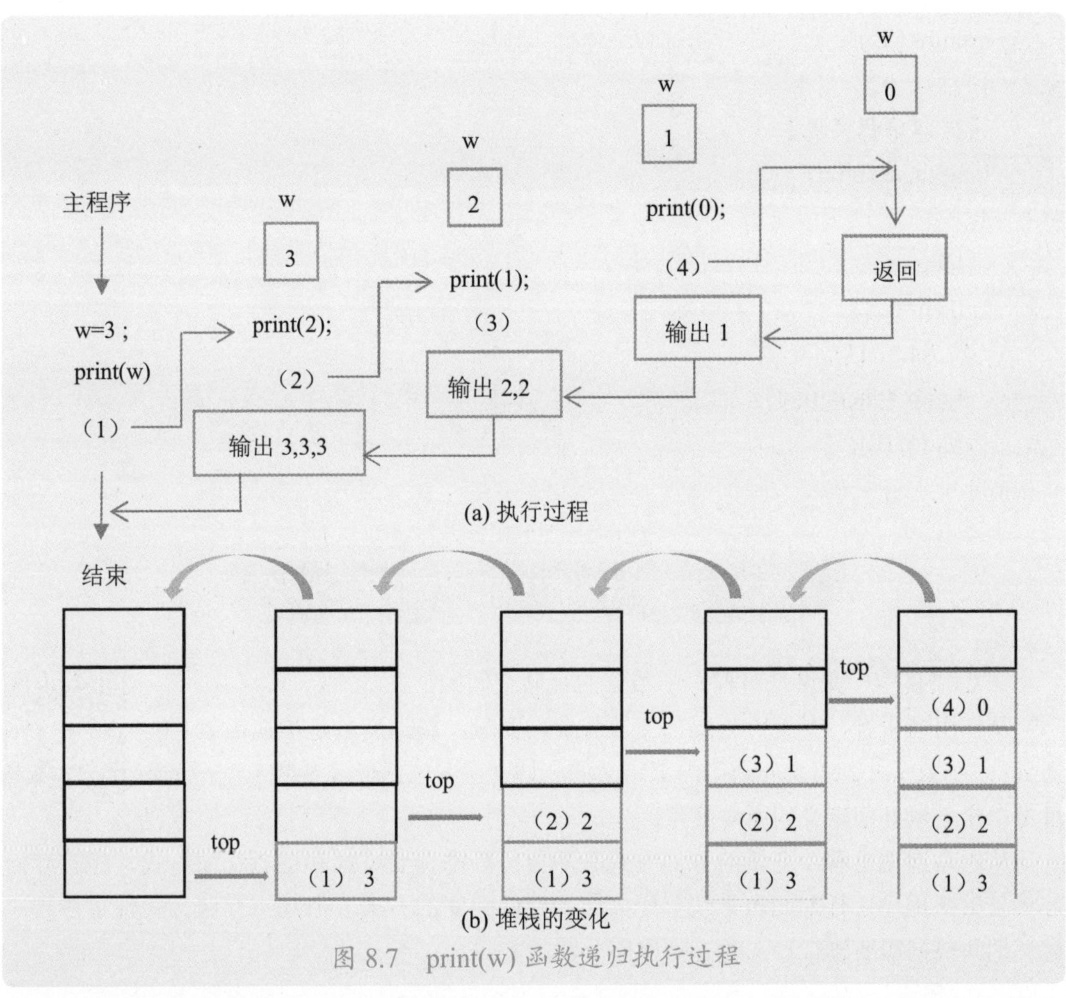

图 8.7　print(w) 函数递归执行过程

【例 8-9】求 n 的阶乘 n！。

【问题分析】

在本题中，因为 n! = n * (n-1) * (n-2) * … * 2 * 1，可以用循环语句来编写这个非递归函数。同时因为当 n=1 时，n！等于 1，当 n>1 时，n！等于 n*(n-1)！，可以考虑定义递归函数实现。

【循环编程实现】

```
long factn (int n)
{
 long L = 1;
 int i;
 for (i = 1; i <= n; i++)
   L *= i;
```

```
    return ( L );
}
```

【递归编程实现】

```
long factn (int n)
{
    long L;
    if (n == 1)
        return (1);
    L = n * factn (n-1);
    return (L);
}
```

8.5 作用域和生存期

在C语言中，变量是对程序中数据的存储空间的抽象。

从作用域来看，变量可分局部变量和全局变量。局部变量是指在函数（包括main函数）内部或复合语句内部定义的一切变量（包括形式参数）。全局变量是指在函数外部定义的所有变量。

从生命周期来看，变量的存储方式有两种：静态存储方式和动态存储方式。静态存储方式是指在程序运行期间由系统分配固定的存储空间的方式，而动态存储方式则是在程序运行期间根据需要进行动态的存储空间分配的方式。

8.5.1 变量的作用域和生存期

变量的作用域就是变量的有效范围，表现为有的变量可以在整个程序或其他程序中进行引用，有的变量则只能在局部范围内引用。按作用域范围，可以分为两种变量分别为局部变量和全局变量。

变量的生存期就是变量从被生成到被撤销的这段时间，实际上就是变量占用内存的时间。按照其生存期，变量可以分为动态变量和静态变量两种。

变量只能在其生存期内被引用，变量的作用域直接影响变量的生存期。作用域和生存期是从空间和时间的角度体现的变量特性。

1. 局部变量的作用域和生存期

在函数内部定义的变量称为局部变量，其作用域仅限于该函数内，离开该函数后不可再引用。局部变量的生存期是从函数被调用时刻起到函数返回调用处结束。

有程序段如下：

```
int f1 ( int x, int y )       ┐
{                             │
  int z;                      │
  z = x > y ? x : y;          ├ 变量 x, y, z 的作用域
  return (z);                 │
}                             ┘
int main ()
{
  int a,b,c;                                  ┐
  {                                           │
      int x;       ┐                          │
      x = a+b+c;   ┘ x 的作用域                ├ 变量 a, b, c 的作用域
  }                                           │
}                                             ┘
```

分析这个程序段，我们可以得知各变量的具体情况。

(1) 主函数 main 中定义的变量 a, b, c, x 是局部变量，它们只能在主函数中使用，其他函数不能使用。同时，主函数中也不能使用其他函数中定义的局部变量。

(2) 形参变量属于被调用函数的局部变量；实参变量可以是全局变量，也可以是属于调用函数的局部变量。

(3) 允许在不同的函数中使用相同的变量名，它们代表不同的对象，系统会分配不同的存储空间，互不干扰。例如，在 f1 函数中定义了变量 x，main 函数中的复合语句部分也定义了变量 x，它们在内存中占用不同的存储空间，不会产生混淆。

(4) 在复合语句中定义的变量是局部变量，其作用域只在复合语句范围内。其生存期是从复合语句被执行的时刻到复合语句执行完毕的时刻。

2. 全局变量的作用域和生存期

C 语言规定，在函数之外也可以定义变量，这样的变量称为全局变量(也称外部变量)，它不属于哪一个函数，而是属于一个源程序文件。全局变量的作用域从定义变量的位置开始到本源文件结束，及有 extern 声明该变量的其他源文件。全局变量的生存周期与该程序相同，即从程序开始执行到程序终止的这段时间内，全局变量都有效。

有程序段如下：

```
int a = 1, b = 3;              //定义全局变量
int f1 ( int x, int y )
{
  int z;                       //定义局部变量
}
char c1,c2                     //定义全局变量
char f2 ( int c, int d )
{
  int i, j;
}
int main ()
{
  int a=10;
printf ("%d\n", a)
}
```

（int a = 1, b = 3; 至末尾：全局变量 a, b 的作用域；char f2 (int c, int d) 至末尾：全局变量 c1, c2 的作用域）

分析这个程序段，我们可以得知各变量的具体情况。

(1) a、b、c1、c2 都是全局变量，但它们的作用范围不同：在 main 函数和 f2 函数中可以使用 a、b、c1、c2，但在函数 f1 中只能使用全局变量 a 和 b，而不能使用 c1 和 c2。

(2) 全局变量必须定义在所有的函数之外，且只能定义一次，并可赋初始值，如程序中的 a、b、c1、c2。全局变量定义的一般形式为：

extern(缺省) 类型说明符 全局变量名 1[= 初始值 1], …，全局变量名 n= 初始值 n;

(3) 对全局变量进行声明，可扩展全局变量的作用域。全局变量声明的一般形式为：

extern(不可缺省) 类型说明符 全局变量名 1, …，全局变量名 n;

(4) 若全局变量与局部变量同名，则全局变量被屏蔽。如在 main 函数中又定义了一个局部变量 a，在此范围内全局变量 a 被局部变量 a 屏蔽，其输出语句输出 a 的值为 10。

(5) 全局变量在程序执行过程中始终占用存储单元，降低了函数的独立性、通用性、可靠性及可移植性，也降低了程序清晰性，容易出错。

8.5.2 变量的存储类型

前文介绍变量定义时是可以确定存储类型和数据类型两个属性，其中数据类型规定了变量的取值范围和可参与的运算；存储类型规定了变量占用内存空间的方式，也称为存储方式，这时我们采用的是默认存储类型 auto。其实在 C 语言中，变量的存储类型分为 auto(自动型)、register(寄存器型)、static(静态型) 和 extern(外部型)，其中 auto、register 为动态存储方式，static、extern 为静态存储方式。

带有存储类型的定义变量的完整格式为：

存储类型说明符 数据类型说明符 变量名 1，变量名 2，…，变量名 n;

1. 自动变量(auto 型变量)

自动存储类型是C语言中最常见的存储类型，默认情况下就是auto型。其定义一般格式如下：

[auto] 数据类型说明符　变量名1，变量名2，…，变量名n;

定义自动变量时，auto可以省略，函数中定义的形式参数、局部变量都属于自动变量。自动变量存放在数据区的动态存储区中，即当函数被调用时，系统会为其内部的局部变量(包括形参和函数内部定义的变量)分配内存空间；一旦函数执行结束，系统会自动回收这些变量占用的存储空间。

2. 寄存器变量(register 型变量)

register变量是自动变量的一种，它与auto类型变量的主要区别在于：register变量的值通常存储在CPU的寄存器中，而不是存放在主内存中。寄存器是处理器内部的高速存储单元，其访问速度远快于内存。因此，通常将那些对执行效率要求较高、需要频繁访问的变量定义为register类型。然而，register说明符已逐渐过时，因为现代编译器通常具备优化能力，能够自动决定哪些变量应该存储在寄存器中。程序员手动指定register类型的变量可能并不会带来实际的性能提升，且编译器优化功能可能会忽略这一指示。

3. 外部变量(extern 型变量)

外部变量和全局变量是对同一类变量的两种不同角度的称呼。全局变量是从它的作用域提出的，外部变量是从它的存储方式提出的，表示了它的生存期。外部变量属于静态存储类型，在函数的外部定义，其定义一般格式为：

[extern] 数据类型说明符　变量名1，变量名2，…，变量名n;

外部变量的生命周期与程序的执行周期一致，系统会在程序启动时分配为其内存，并在程序结束时释放该内存。它的作用域是全程序范围内的，只要在不同的源文件之间使用extern进行声明，它就能被其他文件访问。

【例8-10】分析下列程序。

```
【原文件 prg1.c】
int a, b;                //外部变量定义
int max();               //外部函数声明
int main()
{
  int c;
  a = 4, b = 5;
  c = max( );
  printf ("max = %d\n", c);
}
```

【原文件 prg2.c】

```
extern int a, b;             // 外部变量声明
int max()
{
  return (a > b ? a : b);
}
```

【运行结果】

```
max = 5
```

【分析】prg2.c 文件的开头有一个 extern 声明，说明在本文件中出现的变量 a、b 是一个在其他文件中定义过的外部变量。本来外部变量 a、b 的作用域是 prg1.c，现用 extern 声明后，其作用域扩大到了 prg2.c 文件。对这两个文件进行编译、链接运行后，将得到变量 a，b 的最大值。

4. 静态变量 (static 型变量)

静态变量是一种具有静态存储期的变量，它的生命周期是从程序启动直到程序结束，意味着静态变量在整个程序运行过程中都存在，并且它的值不会因函数的调用或者作用域的变化而丢失。静态变量根据其作用范围可分为静态全局变量和静态局部变量。静态变量通常通过关键字 static 来定义，其定义格式如下：

[static] 数据类型说明符 变量名 1，变量名 2，…，变量名 n;

(1) 静态全局变量。

全局变量变为静态全局变量后，也改变了它的作用域，限制了它的使用范围。当一个源程序由多个源文件组成时，非静态的全局变量可通过外部变量声明使其在整个源程序中都有效。而静态全局变量只在定义该变量的源文件内有效，在同一源程序的其他源文件中不能通过外部变量声明来使用它。

(2) 静态局部变量。

如果函数中的局部变量的值想在函数调用结束后仍然能保留，便于下一次调用该函数时使用，可以将局部变量定义为 static 类型。在局部变量的定义前加上 static，就构成了静态局部变量。

【例 8-11】比较下面程序 1 和程序 2 的区别。

【程序 1】

```
#include <stdio.h>
void func ( )
{
  auto int j = 0;
  ++j;
  printf ("%d ", j);
```

【程序 2】

```
#include <stdio.h>
void func ( )
{
  static int j = 0;
  ++j;
  printf ("%d ", j);
```

```
}                                        }
int main ( )                             int main ( )
{                                        {
  int i;                                   int i;
  for (i = 1; i <= 5; i++)                 for (i = 1; i <= 5; i++)
    func ( );                                func ( );
}                                        }
```

【运行结果】

1 1 1 1 1

【运行结果】

1 2 3 4 5

【程序 1】中局部变量不难理解。在【程序 2】运行中，由于 i 的初值为 1，循环语句中相当于对函数 func 进行了 5 次调用。在第一次调用 func 函数时，为静态局部变量 j 分配了存储空间，并赋值为 0，++j 以后 j 为 1；由于 j 为静态局部变量，在第一次函数调用结束后，所占存储单元并不会释放，其值为 1 仍保留。在第 2 次调用 func 函数时，“static int j = 0;”不会再执行，j 的初始值为 1， ++j 以后 j 为 2，后面以此类推，得到最终的运行结果。

使用静态局部变量和自动变量还需注意以下几点。

(1) 静态局部变量与自动变量均属于局部变量。静态局部变量生存期长，为整个源程序；自动变量生存期短。静态局部变量的生存期虽然为整个源程序，但是其作用域仍与自动变量相同。

(2) 静态局部变量若在定义时未赋初值，则系统自动赋初值 0；静态局部变量只一次赋初值，而自动变量可能多次赋初值。

8.5.3 函数的作用域

函数一旦定义，就可被其他函数调用。但当一个源程序由多个源文件组成时，在一个源文件中定义的函数能否被其他源文件中的函数调用呢？为此，与变量有局部变量和外部变量一样，C 语言也把函数分为内部函数和外部函数两类。

1. 内部函数

如果在一个源文件中定义的函数只能被本源文件中的函数调用，而不能被其他文件中的函数调用，这种函数称为内部函数。内部函数的定义格式为：

static 类型说明符 函数名 (形参表);

内部函数也称为静态函数。但此处静态 static 的含义已不是指存储类型，而是指函数的作用域只局限于本文件。因此，在不同的源文件中定义同名的静态函数不会引起混淆。

2. 外部函数

如果在一个源文件中定义的函数允许被其他文件的函数所调用，那么该函数称为外部函数。外部函数的定义格式为：

extern 类型说明符 函数名 (形参表);

外部函数的作用范围遍及整个程序，只要程序中包含对该函数的声明并且链接了相应的源文件，就可以在任何地方调用它。外部函数不仅限于一个源文件内使用，还可以跨多个源文件进行访问。C 语言规定，如果在定义函数时省略 extern，则默认为外部函数。前面所用的函数都是外部函数。

【例 8-12】分析下列程序。

【file1.c 程序代码】

```
#include <stdio.h>
int add(int a, int b) {          // 外部函数：用于计算两个整数的和
   return a + b;
}
```

【file2.c 程序代码】

```
#include <stdio.h>
extern int add(int a, int b);     // 声明外部函数
int main() {
   int x = 5, y = 10;
        int result = add(x, y);  // 调用在另一个文件中定义的函数
        printf("The sum of %d and %d is %d\n", x, y, result);
   return 0;
}
```

【运行结果】

```
The sum of 5 and 10 is 15
```

【分析】在 file1.c 中定义了一个简单的 add 函数，而在 file2.c 中通过 extern 声明该函数，告诉编译器该函数在其他文件中实现。因此，file2.c 能够调用 add( ) 函数并输出结果。

8.6 项目实战

问题：目前工程数据很大，要求我们实现对两个任意长度的大整数求和，如 2222222222222222222+3333333333333333333。请问你有什么好的方法吗？

8.6.1 项目问题分析

由于 C 语言对于整型数据有其数据表示范围，当某个整数超出其数据表示范围时，将无法用一个整型变量来存储它，更不用说对这样的两个数进行求和了。为了解决这个问题，我们可以用数字字符串的形式来表示它们，如图 8.8 所示；然后通过对数字字符转换进行相加来实现任意长度的大整数求和。

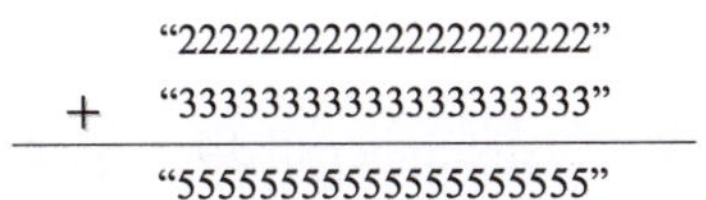

图 8.8　数字字符串的形式

具体操作我们将分模块化完成，主要分为数据输入、数据计算、数据输出三个模块，其层次结构如图 8.9 所示。

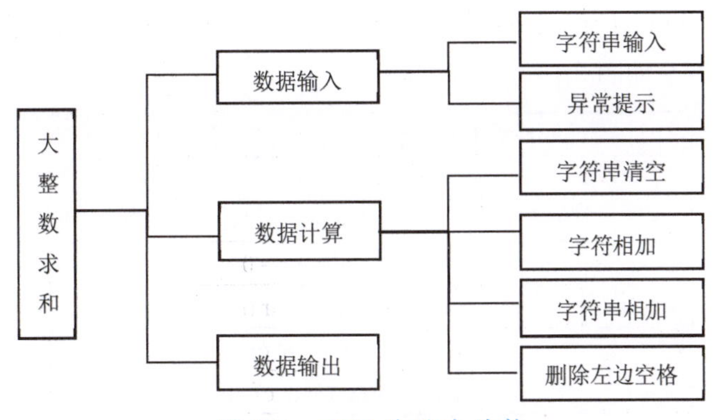

图 8.9　项目的层次结构

(1) 数据输入：读入数字字符串并存储，对异常输入进行提示，输入时允许修正。读入字符串并对字符类型进行区分，对非数字字符进行异常提醒。定义 a、b、c 三个字符数组，分别存放加数、被加数、和。

(2) 数据计算：数字字符串加法运算，运算前要将字符转换为数字，求和后再将数字转换为字符存储。先对字符数组 c 进行清空操作，再将字符数组 a 与字符数组 b 从右边到左边对应各位字符相加，同时考虑进位情况。最后将字符数组 c 左边多余空格删除。

(3) 数据输出：将字符数组 c 以字符形式输出。

8.6.2 数据模型的构建

本项目的数据结构比较复杂。根据前面的分析和项目层次结构，确定的数据模型具体如下所示。

```
#define N  20                                           //数字字符的个数
void beep ( );                                          //异常处理
void GetNumberStr (char s[ ]);                          //字符串 s 读入
void *memset (void *s, char ch, unsigned n)             //字符串清空，系统库函数
void AddNumberStr (char a[ ], char b[ ], char c[ ]);    //字符串 a、b 相加，放入字符串 c 中
char AddChar (char ch1, char ch2);                      //字符 ch1、ch2 相加
void LeftTrim (char str[ ]);                            //删除字符串 str 左边空格
void PutNumberStr (char a[ ], char b[ ], char c[ ]);    //输出结果
int tag = 0;                                            //进位标志，全局变量
char a[N+1] = {0}, b[N+1] = {0}, c[N+2];                //a 为加数，b 为被加数，c 为和
```

8.6.3 算法的设计

该程序分别设计了6函数：GetNumberStr用于获取用户输入的数字字符串。AddNumberStr负责执行两个数字字符串的加法操作，模拟竖式加法，它会逐位相加，如果有进位则记录进位并将其加到下一位。AddChar计算两个数字字符的和，包括处理进位；它将两个字符转换为数字，执行加法操作，再将结果转换回字符，如果结果大于等于10，产生进位。LeftTrim函数将去掉计算结果字符数组c左侧的空格，确保输出结果不包含不必要的空格。PutNumberStr函数将结果输出。beep函数为异常情况提供响铃提醒。各函数模块的流程的N-S如图8.10～图8.15所示。

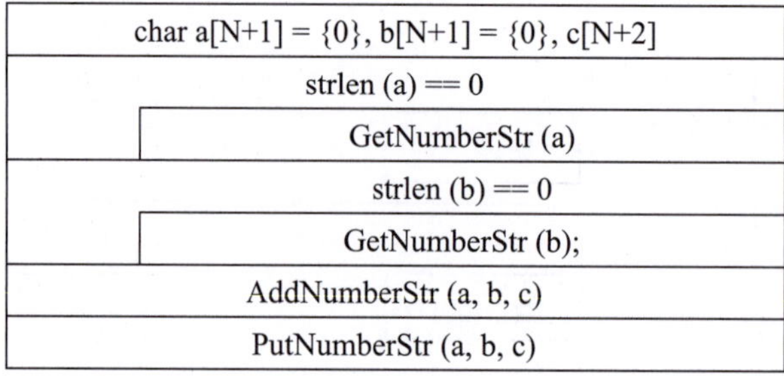

图 8.10　main 函数模块 N-S 图

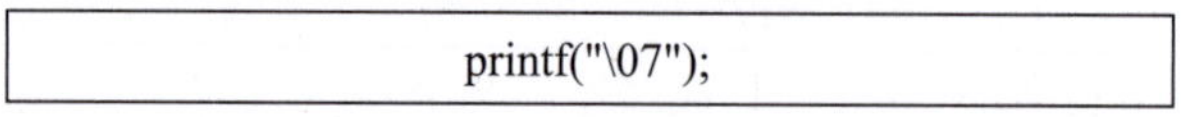

printf("\07");

图 8.11　beep 函数模块 N-S 图

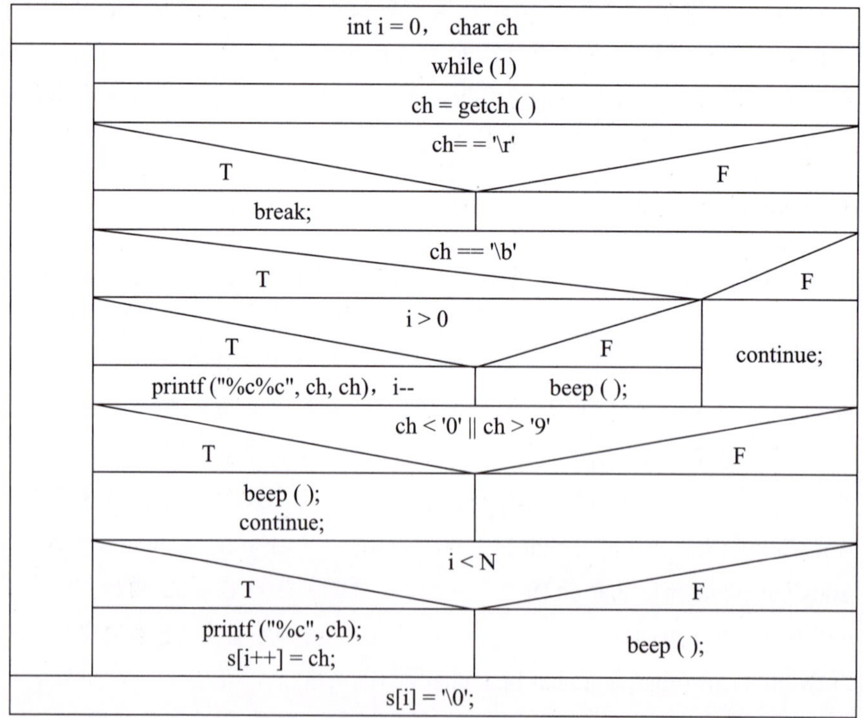

图 8.12　GetNumberStr( ) 函数模块 N-S 图

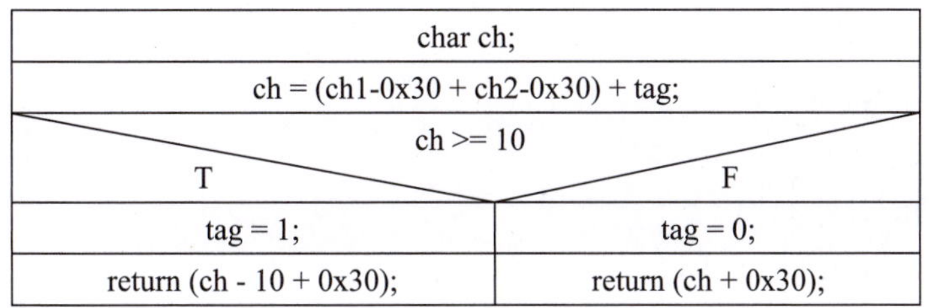

图 8.13　AddChar 函数模块 N-S 图

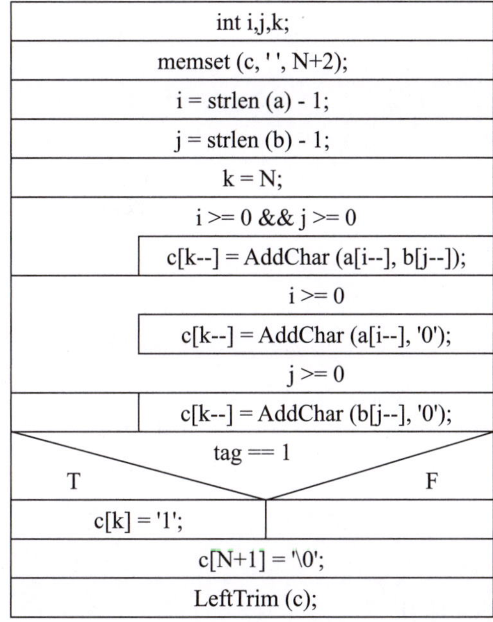

图 8.14　AddNumberStr 函数模块 N-S 图

printf (" %21s \n", a)
printf ("+ %21s \n", b)
printf ("------------------------\n")
printf (" %21s \n", c)
printf ("\n a + b = %s \n", c)

图 8.15　PutNumberStr 函数模块 N-S 图

8.6.4 项目实现

根据上述分析与设计，项目源代码参考如下。

【源代码】

```
#include <stdio.h>
#include <string.h>
#define N  20      // 数字字符的个数
void beep ( );
```

```
void GetNumberStr (char s[ ]);
void AddNumberStr (char a[ ], char b[ ], char c[ ]);
char AddChar (char ch1, char ch2);
void LeftTrim (char str[ ]);
void PutNumberStr (char a[ ], char b[ ], char c[ ])
int tag = 0;                                   // 进位标志，全局变量

int main ( )
{
char a[N+1] = {0}, b[N+1] = {0}, c[N+2];
printf ("a = ");
while (strlen (a) == 0)                        // 输入被加数 a
    GetNumberStr (a);
printf ("\nb = ");
while (strlen (b) == 0)                        // 输入加数 b
    GetNumberStr (b);
AddNumberStr (a, b, c);                        // 计算和数 c
Printf("\na + b = %s \n", c);                  // 显示计算结果
}

void GetNumberStr (char s[ ])
{
 int i = 0;
char ch;
while ( 1 )
{
    ch = getchar ( );                          // 读取输入的字符，不显示
    if (ch == '\r')                            // 回车符，退出
       break;
    if (ch == '\b') {                          // 退格符
     if (i > 0)
{
       printf ("%c %c", ch, ch);
        i--;}
     } //if
    if (i < N) {                               // 数字字符
```

```
        printf ("%c", ch);
        s[i++] = ch;}
    } //while (1)
    s[i] = '\0';                        // 置字符串结束标志
}

void AddNumberStr (char a[ ], char b[ ], char c[ ])
{
int i,j,k;
  memset (c, ' ', N+2);                 // 将 c 全部清空
  i = strlen (a) - 1;
  j = strlen (b) - 1;
  k = N;                                // 将被加数与加数按照从右向左的顺序相加
  while (i >= 0 && j >= 0)
      c[k--] = AddChar (a[i--], b[j--]);
  while (i >= 0)                        // 被加数没有加完
      c[k--] = AddChar (a[i--], '0');
  while (j >= 0)                        // 加数没有加完
      c[k--] = AddChar (b[j--], '0');
 if (tag == 1)                          // 最后有进位，将其放在和数的最高位
      c[k] = '1';
  c[N+1] = '\0';                        // 设置字符串结束标志
  LeftTrim (c);                         // 去掉字符串 c 左边的空格
}

char AddChar (char ch1, char ch2)       // 计算两个数字字符之和
{
char ch;
ch = (ch1-0x30 + ch2-0x30) + tag;       // 两数字字符所对应的数字与进位相加
if (ch >= 10) // 结果大于 10
{
   tag = 1;  // 有进位
   return (ch - 10 + 0x30);             // 将个位数减 10 后加上 0x30 转换成其数字字符
 }
 else
{                                       // 结果小于 10
```

```
        tag = 0;                        // 没进位
        return (ch + 0x30);             // 将和数加上 0x30 转换成其数字字符
    }
}

void LeftTrim(char str[ ])
{
  int i;
for(i = 0; str[i] == ' '; i++) ;        // 查找第一个非空格字符的位置
    strcpy (str, str+i);
}

void PutNumberStr (char a[ ], char b[ ], char c[ ])
{
  printf ("\n\n");
 printf (" %21s \n", a);
 printf ("+ %21s \n", b);
 printf ("------------------------\n");
  printf ("  %21s \n", c);
  printf ("\n  a + b = %s \n", c);
}
```

【运行结果】

```
a = 12345678901234567890↙
b = 99999999992222222222 ↙
     12345678901234567890
  +   99999999992222222222
------------------------------------------
     112345678893456790112
a + b = 112345678893456790112
```

总结拓展

【本章小结】

在本章中，我们深入探讨了 C 语言中的函数。C 语言函数是程序设计的基础，掌握函数的使用和设计技巧对于编写高效、可维护的代码至关重要。其中介绍了函数的概念和分类、函数的定义与调用、函数参数传递、函数的嵌套与递归调用、作用域和生存期等知识，主要包括以下几个方面内容。

(1) 函数的基本概念。函数是C语言中的基本模块，用于完成特定的任务。它由函数名、参数列表、返回类型和函数体组成。使用函数能提高代码的复用性、可读性和可维护性。

(2) 函数的定义、调用与声明。定义一般形式为“[extern/static] 类型说明符 函数名 ([形参列表]){ 声明部分 执行部分 }”；声明的一般形式为“[extern] 类型说明符 函数名 ([形参列表])”；调用的一般形式为“函数名 ([实参列表])”。

(3) 函数的参数传递。函数的参数分为形参和实参，形参出现在函数定义中，实参出现在函数调用中。发生函数调用时，将把实参传送给形参。传递方式有两种：传值调用和传址调用。

(4) C语言中，不允许函数嵌套定义，但允许函数嵌套调用和递归调用。

(5) 作用域是指变量在程序中的有效范围，分为局部变量和全局变量。局部变量和形参的作用域是函数内部，全局变量的作用域是整个文件。但可以通过声明一个 extern 的全局变量扩展全局变量的作用域，也可以通过定义一个 static 的全局变量限制这种扩展。

(6) 变量的存储类型是指变量在内存中的存储方式，分为静态存储和动态存储，表示了变量的生存期。动态存储类型的变量有 auto 型、register 型，静态存储类型的变量有 extern 型、static 型。静态的局部变量只能被赋一次初值，并且生存期与全局变量相同，但作用域仍是函数内部。

通过本章知识的学习和项目实战，希望读者能够熟练定义和调用函数，理解函数的参数传递机制，掌握递归函数和变量的作用域与生存期，并能够在实际编程中灵活运用这些知识；同时培养良好的编程习惯和工匠精神，提升代码质量和编程能力。

【思政故事】

瑞士制表师的传奇

在瑞士的一个小镇上，有一位名叫汉斯的制表师。他从小就对钟表充满了浓厚的兴趣，立志要制作出世界上最精准、最精美的腕表。汉斯的父亲也是一位制表师，他常常对汉斯说：“制作钟表不仅仅是一门手艺，更是一种艺术。每一块表都代表着我们的灵魂和追求。”

汉斯在父亲的指导下，开始了他的制表生涯。他每天工作十几个小时，专注于每一个微小的零件。无论是齿轮的打磨，还是发条的校准，他都力求完美。即使是一个肉眼几乎看不见的划痕，他也会重新制作，直到完全满意为止。

有一次，汉斯接到了一位客户的订单，要求制作一块能够在极端环境下保持精准的腕表。这位客户是一位探险家，计划前往南极进行科学考察。汉斯深知，南极的极寒环境对腕表的机械结构是极大的考验。为了确保腕表的可靠性，他花费了整整一年的时间，反复测试和改进腕表的每一个部件。

在制作过程中，汉斯发现了一个微小的问题：腕表在极低温环境下会出现轻微的走时误差。尽管这个误差在普通人看来几乎可以忽略不计，但汉斯却认为这是对工匠精神的亵读。他毅然决定重新设计腕表的内部结构，甚至不惜推倒重来。最终，他成功制作出了一块在零下 50 摄氏度的环境中依然精准无误的腕表。

当探险家戴上这块腕表前往南极时，汉斯的心也随着腕表一起踏上了征程。几个月后，探险家安全返回，腕表依然精准如初。他对汉斯说："你的腕表不仅是一件工具，更是一件艺术品。它让我在最艰难的时刻感受到了人类的智慧和坚持。"

汉斯的故事很快传遍了整个瑞士甚至全世界，他制作的腕表成为了精准和可靠的象征，而汉斯本人也被誉为"工匠精神的化身"。他常说："工匠精神不仅仅是追求完美，更是对每一件作品的尊重和热爱。只有用心去做，才能创造出真正有价值的东西。"

在 C 语言中，函数是程序的基本模块，负责完成特定的任务。函数的设计和实现需要严谨的逻辑和细致的思考，注重每一个细节，确保代码的准确性和高效性。函数的设计不仅要考虑当前的需求，还要考虑未来的扩展和维护。程序员需要对代码负责，确保其可读性、可维护性和可扩展性。将工匠精神融入代码的编写和调试中，追求技术卓越，培养对工作的热爱和责任感，这不仅是对编程技能的提升，更是对人格和职业素养的塑造。

【课后练习】

一、选择题

1. 在 C 语言中以下不正确的说法是 (　　)。

A. 实参可以是常量、变量、或表达式　　B. 实参可以为任意类型

C. 形参可以是常量、变量、或表达式　　D. 形参应与其对应的实参类型一致

2. 以下程序有语法性错误，有关错误原因的正确说法是 (　　)。

```
int main(){
int G=5,k;
void prt_char():
…
k=prt_char(G);
…
}
```

A. 语句 void prt_char() 有错，它是函数调用语句，不能用 void 说明

B. 变量名不能使用大写字母

C. 函数声明和函数调用语句之间有矛盾

D. 函数名不能使用下划线

3. 以下说法正确的是 (　　)。

A. 函数的定义可以嵌套，但函数的调用不可以嵌套

B. 函数的定义不可以嵌套，但函数的调用可以嵌套

C. 函数的定义和调用均不可以嵌套

D. 函数的定义和调用均可以嵌套

4. 以下叙述中错误的是 (　　)。

A. C 语言的可执行程序是由一系列机器指令构成的

B. 用 C 语言编写的源程序不能直接在计算机上运行

C. 通过编译得到的二进制目标程序需要链接才可以运行

D. 在没有安装 C 语言集成开发环境的机器上，不能运行 C 源程序生成的 .exe 文件

5. 以下所列的各函数首部，正确的是 (　　)。

A. void play(var :Integer, var b: Integer)　　B. void play(int a,b)

C. void play(int a, int b)　　D. Sub play(a as integer, b)

6. 在调用函数时，如果实参是简单变量，它与对应形参之间的数据传递方式是 (　　)。

A. 地址传递　　B. 单向值传递

C. 由实参传给形参，再由形参传回实参　　D. 传递方式由用户指定

7. 一个函数的返回值由 (　　) 决定。

A. return 语句中的表达式　　B. 系统默认的类型

C. 调用函数的类型　　D. 被调用函数的类型

8. 若函数调用时参数为基本数据类型的变量，以下叙述正确的是 (　　)。

A. 实参与其对应的形参共占存储单元

B. 只有当实参与其对应的形参同名时才共占存储单元

C. 实参与对应的形参分别占用不同的存储单元

D. 实参将数据传递给形参后，立即释放原先占用的存储单元

二、填空题

1. C 语言规定，可执行程序的开始执行点是 ________。

2. 在 C 语言中，一个函数一般由两个部分组成，它们是 _______ 和 ______。

3. 在声明局部变量时，不能使用的存储类型是 _______。

4. 在函数内部声明局部变量时缺省了存储类型，该变量存储类型为 _______。

5. 当 ________ 语句被执行时，程序的执行流程无条件地从一个函数跳转到另一个函数。

三、程序分析题

1. 若输入的值是 125，以下程序的运行结果是 ________。

```
#include <stdio.h>
#include <math.h>
void fun(int n) {
    int k, r;
    for (k = 2; k <= sqrt(n); k++) {
        r = n % k;
        while (r == 0) {
        printf("%d", k);
```

```
                n = n / k;
                if (n > 1) printf("*");
                r = n % k;
                }
        }
        if (n != 1) printf("%d\n", n);
}
int main() {
        int n;
        scanf("%d", &n);
        printf("%d=", n);
        if (n < 0) printf("-");
        n = fabs(n);
        fun(n);
}
```

2. 以下程序运行时输出 ________。

```
#include<stdio.h>
int f(int x, int y)
{
  return x/y + x%y;
}
int main(){
  float a=1.5, b=2.5, c=f(a,b);
  printf("%.2f",c);
  return 0;
}
```

四、程序设计题

1. 编写一个函数 int strcmp(char str1[],char str2[])，实现字符串比较功能。

2. 编写程序，调用函数，求一个圆锥体的表面积和体积。

3. 有变量定义语句和函数调用语句 int x=57; isprime(x); 函数 isprime 用来判断整型数 x 是否为素数，若是素数，函数返回 1，否则返回 0。请编写 isprime 函数 (不能修改主函数)。

第 9 章 指针

道阻且长，行则将至[①]。

——《荀子·修身》

【项目案例】

若使用一张表格记录全班学生成绩，针对该表格，可以执行基于行的操作，求出某个学生的总成绩；可以执行基于列的操作，求得某个科目的平均成绩；也可以不改变表格数据存储顺序，将学生成绩按总分从高到低排序输出。

【问题驱动】

(1) 理解数据的存储位置和访问方式。

(2) 掌握指针的基本概念和使用方法。

(3) 能用指针解决现实生活中数据读写问题。

【章节导读】

指针是 C 语言中的一个重要概念，它能有效地表示和处理复杂结构的数据及动态数据。在程序中正确、灵活地使用指针，可以更高效地实现一些重要的功能，提高数据的处理能力，使程序更简洁、紧凑、高效。本章主要介绍指针的概念、指针与数组、指针与函数、动态内存分配等内容 。指针是 C 语言中的重要内容，是 C 语言的精华，是每一个学习 C 语言的人或使用 C 语言编程的人必须掌握的内容。如果没有学好指针，肯定不会学好 C 语言。

---

① 这句话表达了人生的道路虽然曲折与漫长，但是只要目标（目的地）明确，且坚持不懈，就一定能成功达到；只有明确了目标，才能行至。计算机处理数据，也需要明确数据来自哪里、数据去往哪里，所以，理解掌握数据的存取地址（指针）非常重要。

9.1 指针与指针变量的概念

9.1.1 指针和地址

第2章介绍了数据的存储，知道计算机运行程序时，数据和程序都必须存储到计算机的内存中。CPU是按地址执行指令和传递数据，那么什么是地址？计算机内存空间很大，内存的基本单位是字节单元，系统给内存中的每个字节单元都确定了一个编号，这个编号就是这个字节单元在内存中的地址，系统可以通过这个地址对这个单元进行数据的存取。比如，住宅小区的基本单位是住房，开发商给每套住房确定了一个房号(如第1栋2单元3楼04号房的编号01020304)，这个编号就是这套住房的地址，客人可能通过这个地址访问住户，网上商家可以通过这个地址将商品邮寄到住户手中。

C程序中所定义的数据和程序，都会被分配若干个连续的内存单元，数据和程序就存放在这些内存单元中；数据被分配的内存单元数量由数据的类型决定；除了联合体数据类型外，不同的数据使用不同的内存单元。每个内存单元都有一个不重复的编号，称为内存地址，它是一个无符号整数。分配给各个函数或变量的内存单元中，第一个内存单元的地址，称为函数或变量的地址(首地址)。

存储单元的地址和存储单元的内容是两个不同的概念。指针就是地址，可以指向存储在内存中的数据，可以指向存储在内存中的程序，也可以指向正在内存中进行处理的文件，等等；程序设计者通过相应的指针可以找到内存中的数据，可以找到要执行的程序语句，也可以找到要进行读写操作的文件，等等。

指针是C语言中广泛使用的一种数据类型，是C语言最主要的风格之一。为了方便程序设计者直接访问内存空间，C语言提供了指针类型。指针变量可以表示各种数据结构；能像汇编语言一样处理内存地址，从而编出精练而高效的程序。指针极大地丰富了C语言的功能。学习指针是学习C语言中最重要的一环，能否正确理解和使用指针是我们是否掌握C语言的一个标志。同时，指针也是C语言中最为困难的一部分，在学习中除了要正确理解基本概念，还必须要多编程，上机调试。只要做到这些，指针也是不难掌握的。

9.1.2 指针变量

变量是对程序中数据存储空间的抽象。在前面的程序中我们一般是通过变量名来引用变量的值。这种直接按变量名进行访问的方式，称为“直接访问”。C语言中，还可以采用另一种称为“间接访问”的方式，即将变量的地址存放在另一变量(指针变量)中，然后通过该指针变量来找到对应变量的地址，从而访问变量。因此，指针就是一个地址，指针变量就是一个存放地址的变量。

定义指针变量的一般形式为：

```
类型 * 指针变量;
```

其中“类型”是指存放在指针变量中的地址所属变量的数据类型，称为基类型，即指针变量所指向的变量的数据类型(如整型、字符型、浮点型及后面要学习结构体、联合体等自定义类型)。“指针变量”前面的“*”表示该变量为指针型变量。定义指针变量是一条语句，必须用“;”结束；如果定义多个变量，中间用逗号隔开。注意，指针变量前面的“*”不能省略。例如：

```
int *p1，*p2;
float *p3;
char *p4;
```

上述语句定义了基类型为 int 的指针变量 p1 和 p2，基类型为 float 的指针变量 p3，基类型为 char 的指针变量 p4。p1、p2 可以用来指向整型变量的指针变量，简称 int 指针，但不能指向浮点型变量。p3 是指向 float 型变量的指针变量，简称 float 指针。p4 是指向 char 型变量的指针变量，简称 char 指针。指针变量前面的“*”表示该变量为指针型变量，指针变量名是 p1、p2、p3 和 p4，而不是 *p1、*p2、*p3 和 *p4，这是与定义一般变量的形式不同的地方。

在定义指针变量的同时，可以对它初始化，例如：

```
short int i=10;
short int *i_pointer=&i;
```

上述语句定义了短整型变量 i，指针变量 i_pointer，并使指针变量指向短整型变量 i，即将 i 的地址赋值给 i_pointer。假设系统分配给变量 i 的存储单元地址为 2000 ～ 2001，指针变量 i_pointer存储单元地址为 2003 ～ 2006，那么 2000 为变量 i 的地址，2003 为指针变量 i_pointer 的地址。2000 ～ 2001 存储单元里存储了数字 10，2003 ～ 2006 存储单元存储了 i 的地址 2000，其存储分布情况如图 9.1 所示。通过指针变量，可以访问其指向变量的地址及存储的内容。

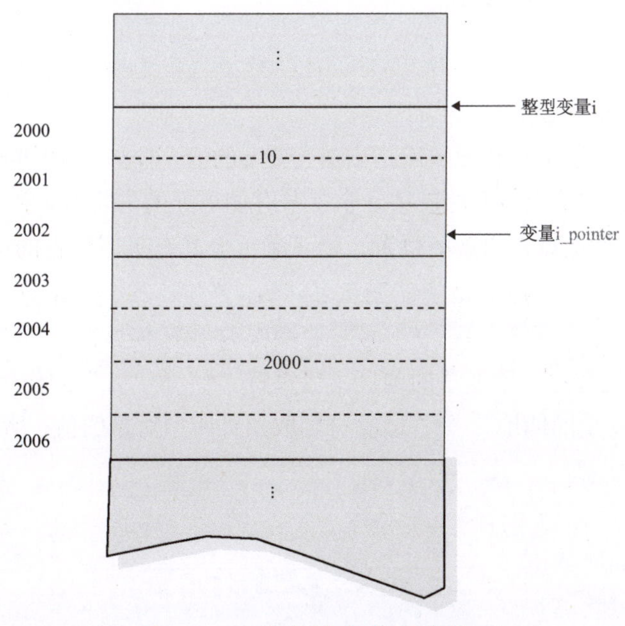

图 9.1　指针变量内存分布情况

在定义指针变量时，必须指定基类型。有人认为既然指针变量是存放地址的，那么只需指定其为“指针型变量”即可，为什么还要指定基类型呢？这是因为不同类型的数据在内存中所占的字节数和存放方式是不同的，指针指向一个整型变量和指向一个实型变量，其物理上的含义是不同的；同时，指针的移动和运算也有区别。所以，一个变量的指针的含义包括两个方面：一是以存储单元编号表示的地址，二是它指向的存储单元的数据类型。例如：

```
int  a, *p5;
float *p6;
p5=&a;
p6=&a;  // 非法使用，类型不同
p5=1000; // 非法使用，不能将整型常数赋值指针变量
```

从以上代码可以知道，指针或地址是包含有类型信息的。赋值号两侧的类型要求一致，以避免出现意外结果。程序中一般不能用一个数值代表地址，地址只能用地址运算符“&”得到并赋给一个指针变量，如“p=&a;”。

9.1.3 指针变量的运算

给指针变量初始化或给指针变量赋值后，指针变量与所指向的对象之间就建立了联系，这时可以通过指针进行相关运算。

(1) *：间接访问 (引用) 运算符，取指针所指对象的值。“*”右边的操作数必须是指针，而且它已指向了确定的对象。

(2) []：下标运算符，取指针所指对象的值。“[]”左边的操作数必须是指针，而且它已指向了确定的对象，这时可以按数组的方式访问这块连续存储单元，但要注意地址越界问题。例如：

```
int a=5, *p ;
p=&a ;
printf("%d , %d\n",*p,p[0]);
```

其中 *p 和 p[0] 表示指针变量 p 所指向的变量 a 的值，即 5。若使用 p[1] 地址则越界了，它表示访问变量 a 存储单元后面的连续 4 个字节存储单元的内容 (int 类型占 4 个字节)。

要特别注意“*”运算符出现的位置，能正确区分其在不同位置的作用。用“*”定义指针变量时，“*”号表示其后是指针变量名。若“*”号右边操作数是指针类型，“*”号是间接访问 (引用) 运算符。若“*”号右边操作数是基本类型，“*”号是乘法运算符。

(3) &：取地址运算符，取变量的地址。运算符“*”和“&”的作用正好相反，“&”运算符的作用是取变量的地址，“*”运算符则取指针所指对象的值，所以表达式“* (&a)”与“a”等价。例如：

```
short int i=10;
short int *i_pointer=&i;
```

内存分配情况如图 9.1 所示，则有：

i_pointer ≡ &i ≡ &(*i_pointer) ≡ 2000

i ≡ *i_pointer ≡ *(&i) ≡ 10

(4) 指针变量的加、减运算。指针可以参与加法和减法运算，但其加、减的含义不同于一般数值的加减运算。如果指针 p 是这样定义的：“ptype *p;”，并且 p 的当前值是 ADDR，那么“p ± n”的值等于“ADDR ± n * sizeof(ptype)”。例如：

```
int *pi;
char *pc;
double *pl;
pi = (int *) 1000;      // 将整数 1000 强制转换为 int 变量地址
pc = (char *) 1000;     // 将整数 1000 强制转换为 char 变量地址
pl = (double *) 1000;  // 将整数 1000 强制转换为 double 变量地址
pi++;           //pi 的值将是 1004
pi -= 2;        // pi 的值将是 996
pc++;           // pc 的值将是 1001
pc -= 2;        // pc 的值将是 999
pl++;           // pl 的值将是 1008
pl -= 2;        // pi 的值将是 992
```

注意：两个指针相加没有任何意义，但两个指针相减则有一定的意义，可表示两指针之间所相差的内存单元数或元素的个数，这在后面的学习中就会体会到。

(5) 指针变量的关系运算。当 p1 和 p2 指向同一数组时，则可以用“p1<p2”表示 p1 指的元素在前，“p1>p2”表示 p1 指的元素在后，“p1==p2”表示 p1 与 p2 指向同一元素。当 p1 与 p2 不指向同一数组时，比较无意义。还可以用“p==NULL”或“p!=NULL”判断指针是否为空。

【例 9-1】访问指针所指变量示例。

【问题分析】

在本题中，我们定义了 2 个整型变量 a、b，2 个整型指针变量 pa、pb；分别将变量 a、b 的地址赋值给指针变量 pa、pb，即“pa=&a,pb=&b;”，然后通过 pa、pb 对其进行相关操作，并对比显示结果。

【编程实现】

```
#include<stdio.h>
int main()
{
 int a , b ;
 int  * pa , * pb ;            // 初始化指针变量
 pa=&a , pb=&b ;               // 访问 pa 所指向的变量 a , 等价于 a=10
```

```
    *pa=10;
    *pb=100;                // 访问 pb 所指向的变量 b，等价于 b=100
    printf ( " a=%d , *pa=%d\n", a , *pa);
    printf ( " b=%d , *pb=%d\n" , b , *pb) ;
    pb=pa ;                 // 改变指针变量 pb 的指向，使其指向变量 a
    printf( " b=%d ,*pb=%d\n",b, *pb) ;
    return 0;
}
```

【运行结果】

```
a=10,   *pa=10
b=100,  *pb=100
b=100,  *pb=10
```

【解】语句“pa=&a,pb=&b;”的作用是：给指针变量赋值，即确定指针变量所指向的对象，pa 指向变量 a，pb 指向变量 b。语句“* pa=10;”的作用是：通过 *pa 访问 pa 所指向的对象 a, 该语句等价于 a = 10；同样，“*pb=100”等价于 b=100。在语句“printf (" a=%d, *pa=%d\n" , a ,*pa);”中，通过直接访问变量 a 与通过 pa 访问 a(间接访问)，结果是相同的 (运行结果的第一行)；同样，其后直接访问变量 b 和通过 pb 间接访问 b，访问结果也是相同的 (运行结果的第二行)。语句“pb=pa”重新确定了 pb 所指的对象，从而改变了 pb 原来的指向，使其指向 a，所以“*pb”读取的结果为 10。

【例 9-2】输入两个数，并使其从大到小输出。

【问题分析】

在本题中，我们用 2 个整型变量 a、b 接收数据，定义了 3 个整型指针变量 p、p1、p2，并利用指针变量来排序，使 p1 指向大数，p2 指向小数。在排序过程中，通过临时指针 p 进行交换，最后将结果对比显示。

【编程实现】

```
#include <stdio.h>
void main ( )
{
  int *p1,*p2,*p, a, b;
  scanf ("%d,%d", &a, &b);
  p1 = &a;  p2 = &b;
  if (a < b)
  {  p = p1;  p1 = p2;  p2 = p; }
  printf ("a = %d, b = %d\n", a, b);
  printf ("max = %d, min = %d\n", *p1, *p2);
}
```

【运行结果】

10,20↙

a = 10, b = 20

max = 20, min = 10

9.1.4 空指针与空类型指针

1. 空指针

空指针是指向地址为空的指针，即指针未指向任何有效对象。许多程序利用空指针来表示某些特定条件，例如长度未知数组的结尾或某些无法运行的操作。C 语言中的空指针是 NULL，NULL 是一个宏定义，通常表示为 0。例如：

```
#define  NULL  0
int  *p1= NULL;
int  * p = 0;
```

在这 NULL 与 0 是等价的，p 指向地址为 0 的单元，系统保证该单元不作他用，表示指针变量值没有意义，避免指针变量的非法引用。特别注意“p = NULL”与未对 p 赋值不同，如果一个指针没有指向一个有效对象，则称这个指针为“野指针”。野指针操作尽管编译时不会出错，但很容易引起程序运行异常，甚至导致系统崩溃。

2. 空类型指针

空类型指针是指向任何类型对象地址的指针。空类型指针就是 void，所以空类型指针就是 void *。void * 可以指向任何类型对象的地址，表示这是一个指针，和地址值有关，但不知道存储在此地址上的对象的类型。在取空类型指针所指向的值的时候，应将空类型指针转换为对应的指针类型。例如：

```
char  *p1;
void  *p2;
p1=(char*)p2;     // 强制类型转换
p2=(void *)p1;    // 强制类型转换
```

使用指针变量时要注意：指针变量必须先定义，后赋值，最后才能使用。没有赋值的指针变量不允许使用；指针变量只能指向定义时所规定类型的变量；指针变量也是变量，在内存中也要占用一定的内存单元。

9.1.5 多级指针

1.指向指针的指针变量

一个指针可以指向任何一种数据类型，包括指向一个指针。当指针变量 p 中存放另一个指针 q 的地址时，则称 p 为指针型指针，即指向指针的指针变量。本节将介绍二级指针的定义及应用。

指向指针的指针变量 (二级指针) 的定义形式为：

类型 ** 指针变量；

由于指针变量的“类型”是被指针所指对象 (变量) 的类型，因此，上述定义中的“类型”标识符应为被指针型指针所指的指针变量所指的那个变量的类型。例如，二级指针如下：

```
int x;
int *p;
int **q; // 定义二级指针
```

若有“p=&x;”，则在程序中使用 *p 等价于使用 x，成为对 x 的间接访问。 若对二级指针有“q=&p;”，则使用 *q 相当于间接访问二级指针 p，再次间接访问二级指针则有 **q ≡ *(*q) ≡ *p ≡ x。

2. 多级指针

多级指针是指向指针的指针，允许通过多级“间接访问”方式操作内存中的数据。如果在一个指针变量中存放一个目标变量的地址，这就是单级指针，如图 9.2(a) 所示；指向指针数据的指针用的是二级间接寻址方法，即二级指针，如图 9.2(b) 所示；从理论上说，间接寻址方法可以延伸到更多的级，即多级指针，如图 9.2(c) 所示。

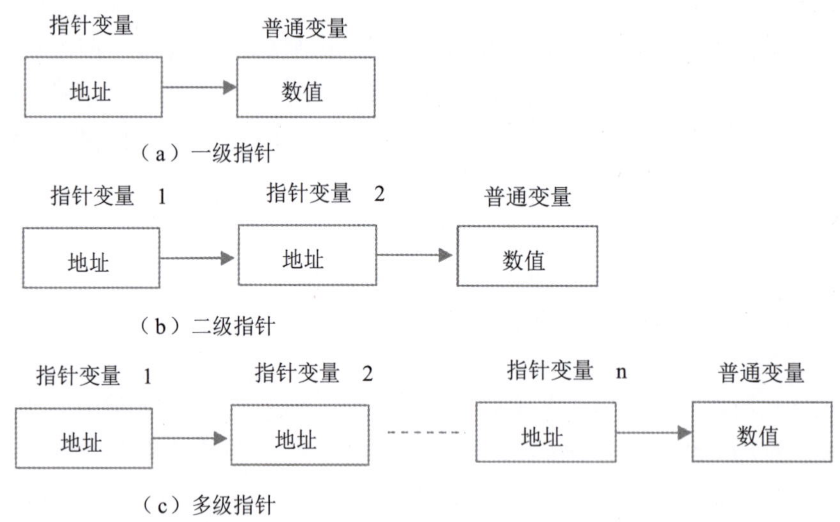

图 9.2　多级指针示意

指针变量的级数，由定义中变量前面的“*”个数确定的。例如：

```
int ***p;    // 三级指针
char ****p; // 四级指针
```

但在实际应用中很少超过二级间接寻址，因为间接寻址的级数越多，人们越难以理解，越容易产生混乱和出错。

9.2 指针与数组

C 语言中指针与数组有着很密切的关系。由于数组中的元素在内存中是连续排列存放，所以可以定义指针变量指向数组或数组元素，即把数组起始地址 (称为数组的指针) 或数组中某一元素的地址 (称为数组元素的指针) 存放到一个指针变量中。任何能由数组下标完成的操作都可由指针来完成。

9.2.1 指针与一维数组

1. 数组的指针

一个变量有地址，一个数组包含若干元素，每个数组元素都在内存中占用存储单元，它们都有相应的地址。一维数组名是数组的起始地址，也是数组首元素的起始地址。数组的指针其实就是数组在内存中的起始地址。而数组在内存中的起始地址就是数组变量名，也就是数组第一个元素在内存中的地址。例如：

```
int a[10];
int k;
for (k = 0; k < 10; k++)
  a[k] = k;      // 利用数组下标
for (k = 0; k < 10; k++)
  *(a+k) = k;    // 利用数组的指针
```

其中“a+k ≡ &a[k]”“*(a+k) ≡ a[k]”，数组下标和数组的指针两种方式都可以访问数组元素，其对应关系如图 9.3 所示。数组名是地址常量，切不可对其赋值，也不可做 ++ 或 -- 运算。例如有“int a[10]”，如果在程序中出现 a++ 或 a-- 则是错误的。

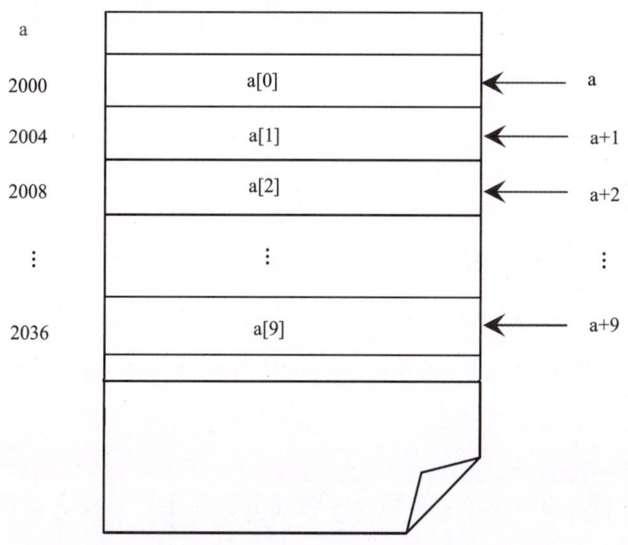

图 9.3　数组下标和数组的指针对比情况

2. 指向数组的指针变量

指针变量既然可以指向变量，也可以指向一维数组中的任意元素 (把某一元素的地址放到一个指针变量中)，或者指向数组的起始地址。如果将数组的起始地址赋给某个指针变量，那么该指针变量就是指向数组的指针变量。例如：

int a[10], *p = a;

p 指向数组的第一个元素，(p+1) 指向数组的下一个元素，而不是简单地使指针变量 p 的值加 1。其实际变化为 (p+1*size)，size 为一个元素占用的字节数。例如，假设指针变量 p 的当前值为 2000，则 (p+1) 为 2000+1*4=2004，而不是 2001。因此，引用下标为 i 的数组元素的方式如下：

- 通过元素下标引用元素：如 a[i]。
- 通过指针常量 (数组名) 引用元素：如 *(a+i)、*&a[i]。
- 通过指针变量引用元素：如 *(p+i)。
- 通过指针变量的下标法：如 p[i]。

不同访问方式对比情况如图 9.4 所示。

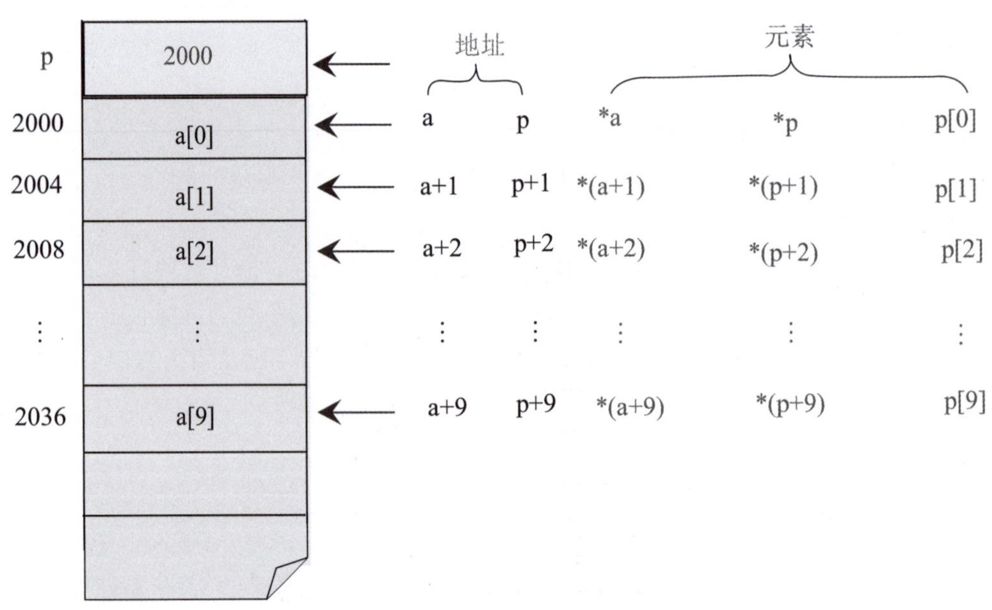

图 9.4　数组元素不同引用方式的对比关系

通过上面的分析，可以很容易地知道，引用一个数组元素，既可以利用前面介绍的下标法 (通过数组名和下标来实现)，也可以利用指针变量地址法 (通过给出的地址来访问)。

【例 9-3】数组元素的引用方法举例。

【问题分析】

在本题中，我们利用下标法和地址法来访问数组元素，并将结果显示。

【编程实现】

```
# include<stdio. h>
int main ()
{
int a [5]= {1,2,3,4,5} ;
int i,*p=&a[0] ;
for (i=0; i<5; i++)
printf ( " %3d " , a[i]) ;   //通过元素下标引用数组元素
printf ("\n");
for (i=0; /i++)
printf("%3d " , * (a+i)) ;  //通过数组名(指针常量)引用数组元素
printf ("\n");
for (i=0; i<5; i++)
printf("%3d " , *&a[i]) ;  //通过元素的地址(指针常量)引用数组元素
printf ("\n");
for (i=0; i<5; i++)
printf ( " %3d " ,*(p+i)) ; //通过指针变量引用数组元素
printf ("\n");
 return 0;
}
```

【运行结果】

```
1 2 3 4 5
1 2 3 4 5
1 2 3 4 5
1 2 3 4 5
```

通过 (a+i) 和 (p+i) 地址，都可以找到数组元素 a[i]，即 (a+i) 地址所指向的元素。*(a+i) 和 *(p+i)(地址法表示) 与 a[i] 和 p[i](下标法表示) 是等价的，都是数组 a 中下标为 i 的元素值。数组名是地址常量，切不可对其赋值，也不可做 ++ 或 -- 运算。指针变量 p 的数值可以不断变化，可以指向数组后的内存单元，但要注意其当前值，以免出现地址越界的问题。

3. 指针与字符串

在 C 语言中，字符串通常表示为一个字符数组，以空字符‘\0’结尾。例如，字符串“hello”可以存储为 char str[] =“hello”。字符串常量 (如“hello”) 通常存储在常量池中，而不是在内存的随机位置。字符串的处理通常依赖于字符数组和字符指针。尽管 C 语言没有专门的字符串类型，但可以通过字符数组来模拟字符串的行为。此外，还可以使用指向字符串的指针来简化字符串的操作。

字符指针可以使用字符串常量直接初始化，字符指针也可以通过字符数组的地址来初始化。例如：

```
char *str = "hello";
char str[] = "hello";
char *p = str;
```

字符串指针是指向字符数组首元素的指针。使用指针可以直接访问字符串的内容，这在某些情况下比操作字符数组更为方便。

【例 9-4】利用字符指针实现字符串的倒序排列。

【问题分析】

在本题中，我们利用 p、q 两个指针分别指向字符串的首地址和末地址，将所指字符进行交换，p 指针向后推进，q 指针向前推进，直到 q ≤ p 结束。

【编程实现】

```
#include <stdio.h>
#include <string.h>
int main ( )
{
 char str[200], ch;
 char *p, *q;
 gets (str);                     // 读取一个字符串
 p = str;                        //p 指向字符串的首地址
 q = p + strlen(p) - 1;          //q 指向字符串的末地址
 while (p < q)
 {                               // 交换 p 和 q 各自指向的字符
  ch = *p;                       // 将 p 所指向的字符保存在 ch 中
  *p++ = *q;                     // 将 q 指向的字符赋给 p 指向的字符单元，p 再增 1
  *q-- = ch;                     // 将 ch 的值赋给 q 指向的字符单元，q 再减 1
 }
 printf ("%s\n", str);
 return 0;
}
```

【运行结果】

```
I love China! ↙
!anihC evol I
```

9.2.2 指针数组

指针数组是指其元素均为指针类型对象的数组，也就是说，指针数组中的每一个元素都存放一个地址，数组中的每一个元素相当于一个指针变量。

1. 指针数组的定义

这里主要讨论一维指针数组的定义及使用方法。定义一维指针数组的一般形式为：

类型名 * 数组名 [数组长度];

例如，定义一个指针数组：

int *p[4];

由于“[]”比“*”优先级高，因此 p 先与“[4]”结合，形成 p[4] 形式，这显然是数组形式，表示 p 数组有 4 个元素。然后再与 p 前面的“*”结合，“*”表示此数组是指针类型，每个数组元素 (相当于一个指针变量) 都可指向一个整型变量。

2. 指针数组的应用示例

【例 9-5】利用指针数组对键盘输入的 6 个整数进行从小到大排序。

【问题分析】

在本题中，若不改变数组 a 中原有数据元素的存储，可以采用一维指针数组。该指针数组中按升序存放数组 a 中数据元素的存储地址，这个一维指针数组也称为数组 a 的地址向量。假设数组定义“int a[6]={40,30,50,10,20,60};”，其排序后地址指向关系如图 9.5 所示。

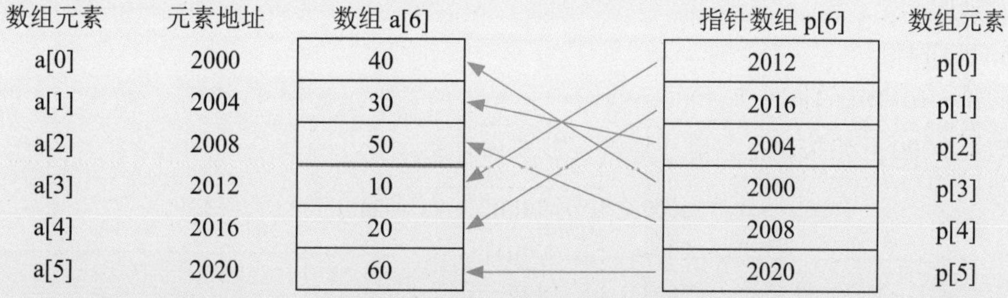

数组元素	元素地址	数组 a[6]	指针数组 p[6]	数组元素
a[0]	2000	40	2012	p[0]
a[1]	2004	30	2016	p[1]
a[2]	2008	50	2004	p[2]
a[3]	2012	10	2000	p[3]
a[4]	2016	20	2008	p[4]
a[5]	2020	60	2020	p[5]

图 9.5　排序后地址指向关系

【编程实现】

```
#include <stdio.h>
int main ( )
{
 int i, j, t;
 int a[6];
 // 将 a[6] 各元素的内存地址分别赋给 p[0] ～ p[5]
 int *p[6] = {&a[0], &a[1], &a[2], &a[3], &a[4],&a[5]};      // 对数组 a 赋值
 scanf ("%d,%d,%d,%d,%d", p[0], p[1], p[2], p[3], p[4], p[5]);
 for (i = 0; i < 5; i++)                                      // 利用冒泡法排序
  for (j = i + 1; j < 5; j++)
   if (*p[i] > *p[j])      // 交换 p[i]、p[j] 所指向的变量值
   {
    t = *p[i];
```

```
        *p[i] = *p[j];
        *p[j] = t;
      }
    for (i = 0; i < 6; i++)       // 显示排序后的结果
      printf("%d ", *p[i]);
    return 0;
  }
```

【运行结果】

```
40,30,50,10,20,60↙
10 20 30 40 50 60
```

9.2.3 指针与二维数组

1. 指针与二维数组的关系

与一维数组相同，二维数组中的数据元素在内存中也是按行序或按列序一个个连续存储的。例如：

int a[3][4];

假设 a [0] [0] 的地址为 2000，数组中各元素的首地址如图 9.6 所示，数组 a 中的各元素从地址 2000 开始按照行序顺序连续存放在内存中。

地址	元素	
2000	a[0][0]	a[0]
2004	a[0][1]	
2008	a[0][2]	
2012	a[0][3]	
2016	a[1][0]	a[1]
2020	a[1][1]	
2024	a[1][2]	
2028	a[1][3]	
2032	a[2][0]	a[2]
2036	a[2][1]	
2040	a[2][2]	
2044	a[2][3]	

图 9.6 二维数组元素的地址

C 语言中，二维数组可看作元素为一维数组的一维数组。如图 9.6 所示，二维数组 a 的每一行都被看作是一个一维数组，其数组名分别为 a [0]、a [1] 和 a [2]。a [0] 数组是 a 数组的第 0 行，有 a [0] [0]、a [0] [1]、a [0] [2] 、a [0] [3] 四个元素；a [1] 和 a [2] 则分别是 a 数组的第 1 行和第 2 行。二维数组 a 被看作由 a [0]、a [1] 和 a [2] 三个一维数组元素组成的一维数组。

二维数组名代表二维数组首元素的地址。由于二维数组被看作元素为一维数组的一维数组，a 数组的首元素并不是一个元素，而是由 a 数组第 0 行所构成的一维数组，所以 a 代表的是第 0 行的首地址，其值为 2000；a+1 代表第 1 行所构成的一维数组 a [1] 的首地址，由于 a 数组的每一行都有 4 个元素，所以 a+1 的值为 a+4*4=2016；同理，a+2 代表第 2 行的首地址，其值为 a+8*4=2032。二维数组名 a、a+1 及 a +2 所表示的地址，被称为行地址。

数组 a 由 a [0]、a [1] 和 a [2] 三个元素组成，a [0] 是第一个一维数组的数组名，代表数组首元素的地址，所以，a [0] 代表一维数组 a [0] 中第 0 列的地址，即为 & a [0] [0]，值为 2000。同理，a [1] 的值为 2016，与 & a [1] [0] 等价；a [2] 的值为 2032，与 & a [2] [0] 等价。a [0]、a [0] +1、a [0]+2 及 a [0]+3 等所表示的地址，被称为列地址。

对于二维数组 a , 虽然 a 与 a [0] 所代表的值都是 2000，但两者的类型是不同的，数组名 a 为行地址， a [0] 为列地址，行地址与列地址的区别如图 9.7 所示。

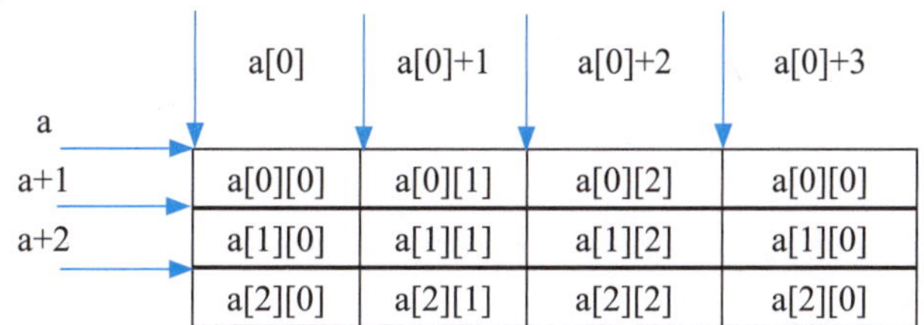

图 9.7 二维数组元素的行地址和列地址

根据上述讨论，二维数组元素行与列地址的常见表示方式如表 9.1 所示。

表 9.1 二维数组 a 中的行与列地址的表示方式

表示形式	含义	类型
a	二维数组名，指向一维数组 a [0]，即 0 行首地址	行地址
a+i &a [i]	第 i 行的首地址	行地址
* (a+i) a [i] & a [i][0]	第 i 行第 0 列元素 a [i][0] 的地址	列地址
* (a+i) +j a [i]+j & a [i][0]+j	第 i 行第 j 列元素 a [i] [j] 的地址	列地址

注意：以指针的方式访问二维数组元素，需要注意行列地址的转换。行地址指向二维数组的一行，无法用于访问二维数组的元素，必须转换为列地址。行列地址的转换方式为：行地址前加“*”将其变为列地址，例如 a 为行地址，*a 就是列地址；列地址前加“&”将其变为行地址，例如 a [0] 为列地址，&a[0] 为行地址。只有在列地址前加“*”才能访问该地址所指向的数组元素。例如，a [1] +1 和 * (a+1) +1 均为列地址，则 * (a [1] +1) 和 * (* (a+1) +1) 都表示数组元素 a[1] [1]。

将行列地址作为指针使用时，行地址即为行指针，指向的对象是一个一维数组而非数组中的具体元素；列地址即为列指针，用于指向一维数组中的具体元素，对于任意的二维数组 a [M] [N]，a+i 指向数组 a [i]，* (a+i) 与 a [i] 等价；* (a+i) +j 和 a [i]+j 是二维数组第

i 行、第 j 列的地址，访问数组元素 a[i][j] 的等价表达式为：a [i] [j] ≡ * (a [i] +j) ≡ * (* (a+i) +j)。

2. 指向二维数组元素的指针

二维数组的各个元素在内存中是连续存放的，存放方式与一维数组并无区别，所以可以利用指针变量将二维数组当作一维数组进行处理。

【例 9-6】利用指针变量以访问一维数组的方式访问二维数组。

【问题分析】

在本题中，利用指针变量 p 将二维数组当作一维数组进行处理。这时 a 并不是一个二维数组，而是一个有 12 个元素的一维数组。对于二维数组中的元素 a [i][j]，其在一维数组中被看作在 i * col+j 位置上的元素。

【编程实现】

```
# include<stdio.h>
# define row 3
# define col 4
int main  ()
{
int a[row][col], *p,i,j;
p=&a[0][0];                    //p 为指向二维数组元素的指针 , 可替换为 p=a 或 p=a[0]
for(i=0;i<row;i++)             // 初始化二维数组元
for(j =0;j<col;j++)
a[i][j]=i*10+j;
for(i=0;i<row*col;i++)         //row*co 计算数组中的元素个数
printf("%3d",*(p+i));          // 一维数组的访问方式 ,* (p+i) 等价于 p[i]
return 0;
}
```

【运行结果】

```
0 1 2 3 10 11 12 13 20 21 22 23
```

3. 指向二维数组的行指针变量

二维数组的每一行都被看作一个一维数组，可以定义一个指针来指向每一行的一维数组，则行指针变量是指向一行数组元素的起始地址。

定义行指针变量的一般格式为：

数据类型名 (* 指针变量名) [n]

其中“数据类型”为“指针变量”所指向数组的数据类型，n 表示二维数组分解为多个一维数组的长度，也就是所指向的二维数组的列数。格式中，“()”号、“*”号和“[n]”都不可省略。

注意：行指针变量用于指向一行数组元素的起始地址，而非数组中的元素。定义行指针变量以后，只要将二维数组的首地址赋给行指针变量，则行指针变量就与二维数组建立了联系，二维数组也就成为行指针变量指向的对象。此时，就可以用指针法访问该二维数组的元素了。例如：

int (* p) [4];

其含义是 p 为一个指向 int 类型一维数组的指针变量，所指向的一维数组有 4 个元素，如图 9.8 所示。

p ⟶	(*p)[0]	(*p)[1]	(*p)[2]	(*p)[3]

图 9.8　指向一维数组的指针

【例 9-7】行指针变量访问二维数组示例。

【问题分析】

在本题中，定义二维数组 a[3][4]，利用指向二维数组的行指针变量 p 对二维数组进行处理。通过对行指针变量的 p+i 运算，使行指针指向二维数组的第 i 行，这样可访问任意行的数据，如图 9.9 所示。

p ⟶	1	2	3	4
p+1 ⟶	5	6	7	8
p+2 ⟶	9	10	11	12

图 9.9　移动指针 p 访问数组

【编程实现】

```
# include<stdio. h>
# define row 3
# define col 4
int main ()
{
int a[row][col]={1,2,3,4,5,6,7,8,9,10,11,12};
int (*p)[col]=a;                    // 定义行指针 p, 并指向数组 a
int i , j ;
for(i=0;i<row;i++)
for(j =0;j<col;j++)
  printf("%3d",*(*(p+i)+j));        // 可替换访 a[i][j] 的方式
printf("\n");
return 0;
}
```

【运行结果】

1 2 3 4 5 6 7 8 9 10 11 12

9.3 指针与函数

9.3.1 指针作为函数的参数

函数参数的传递有传值和传地址两种方式，指针作为函数的参数，传递的显然是地址。在这主要讨论以数组指针、指针变量等作为函数参数的传地址方式。

1. 数组名作为函数参数

当用数组名作为参数时，如果形参数组中各元素的值发生变化，实参数组元素的值随之变化。

【例 9-8】将数组 a 中 n 个整数按相反顺序存放。

【问题分析】

在本题中，将 a[0] 与 a[n-1] 对换，再将 a[1] 与 a[n-2] 对换，……，直到将 a[int(n-1)/2] 与 a[n-int((n-1)/2)-1] 对换。用一个函数 inv 来实现交换，实参用数组名 a，形参可用数组名 x。

【编程实现】

```
#include<stdio.h>
int main()
{
void inv(int x[],int n);
int i,a[10]={3,7,9,11,0,6,7,5,4,2};
printf("The original array:\n");
for(i=0;i<10;i++)
printf("%4d",a[i]);
printf("\n");
inv(a,10);                    // 实参用指针
printf("The array has been inverted:\n");
for(i=0;i<10;i++ )
printf("%4d",a[i]); printf("\n");
return 0;
}

void inv(int x[],int n)       // 形参用数组名 x
{
int temp,i,j,m=(n-1)/2;
for(i=0;i<=m;i++ )
```

```
{
j=n-1-i;
temp=x[i];x[i]=x[j];x[j]=temp;
}
return 0;
}
```

【运行结果】

```
The original array:
 3  7  9 11  0  6  7  5  4  2
The array has been inverted:
 2  4  5  7  6  0 11  9  7  3
```

【例 9-9】用函数调用实现字符串的复制。

【问题分析】

在本题中，定义一个函数 copy_string 实现字符串复制的功能。在主函数中调用此函数，函数的形参和实参可以分别用字符数组名。a 和 b 字符数组为实际参数，c 和 d 字符数组为形式参数。copy_string 函数的作用是将 c[i] 赋给 d[i]，直到 c[i] 的值为字符串结束标志'\0'为止。在调用 copy_string 函数时，将 a 和 b 中第 1 个字符的地址分别传递给形参数组名 c 和 d。因此 c[i] 和 a[i] 是同一个单元，d[i] 和 b[i] 是同一个单元。

【编程实现】

```
#include<stdio.h>
int  main()
{
void copy_string(char from[],char to[]);
char  a[]="I am a teacher.";
char  b[]="You are a student.";
printf("string a=%s\nstring b=%s\n",a,b);
printf("copy string a to string b:\n");
copy_string(a,b);                          //用字符数组名作为函数实参
printf("\nstring a=%s\nstring b=%s\n",a,b);
return  0;
}
void copy_string(char c[],char d[])        //形参为字符数组名
{
int   i=0;
while(c[i]!='\0')
{
```

```
d[i]=c[i];
i++;
}
d[i]='\0';
}
```

【运行结果】

```
string a=I am a teacher.
string b=You are a student.
copy string a to string b:

string a=I am a teacher.
string b=I am a teacher.
```

2. 指针变量作为函数参数

实际上，C 编译器都是将数组名作为指针变量来处理的，我们可以直接用指针变量作为函数参数。

【例 9-10】将数组 a 中 n 个整数按相反顺序存放。

【问题分析】

在本题中，将 a[0] 与 a[n-1] 对换，再将 a[1] 与 a[n-2] 对换，……，直到将 a[int(n-1)/2] 与 a[n-int((n-1)/2)-1] 对换。用一个函数 inv 来实现交换，实参用数组名 a，形参可用数组名，也可用指针变量名。

【编程实现】

```
#include<stdio.h>
int main()
{
 void inv(int *x,int n);
 int i,a[10]={3,7,9,11,0,6,7,5,4,2};
 printf("The original array:\n");
 for(i=0;i<10;i++)
 printf("%4d",a[i]);
 printf("\n");
 inv(a,10);                              // 实参用指针
 printf("The array has been inverted:\n");
 for(i=0;i<10;i++ )
   printf("%4d",a[i]); printf("\n");
 return 0;
```

```
}

void inv(int *x,int n) // 形参用指针变量 x
{
 int*p,temp,*i,*j,m=(n-1)/2;
 i=x;j=x+n-1;p=x+m;
 for(;i<=p;i++,j--)
  {
   temp=*i;
   *i=*j;
   *j=temp;
  }
 return;
}
```

【运行结果】

```
The original array:
  3  7  9 11  0  6  7  5  4  2
The array has been inverted:
  2  4  5  7  6  0 11  9  7  3
```

【例 9-11】用函数调用实现字符串的复制。

【问题分析】

在本题中，定义一个函数 copy_string 实现字符串复制的功能。在主函数中调用此函数，函数的形参和实参可以分别用指针变量。a 和 p 指针变量为实际参数，c 和 d 指针变量为形式参数。在 main 函数中，b 是字符数组，p 是字符指针变量，其值是 b 数组第一个元素的地址。copy_string 函数的形参 c 和 d 是字符指针变量。

【编程实现】

```
#include<stdio.h>
int  main()
{
void copy_string(char from[],char to[]);
char  *a="I am a teacher.";
char  b[]="You are a student.";
char  *p=b;
printf("string a=%s\nstring b=%s\n",a,b);
printf("copy string a to string b:\n");
copy_string(a,p); // 调用 copy_string 函数，实参为指针变量
```

```
printf("\nstring a=%s\nstring b=%s\n",a,b);
return  0;
}
void copy_string(char *c,char *d)
{
for(;*c!='\0';c++,d++)
*d=*c;
*d='\0';
}
```

【运行结果】

```
string a=I am a teacher.
string b=You are a student.
copy string a to string b:
string a=I am a teacher.
string b=I am a teacher.
```

如果有一个实参数组，要想在函数中改变此数组中的元素的值，实参与形参的对应关系有以下 4 种情况。

- 形参和实参都用数组名。
- 实参用数组名，形参用指针变量。
- 实参和形参都用指针变量。
- 实参为指针变量，形参为数组名。

3. 指针数组作为 main 函数的形参

通常情况下，main 函数不带参数，其形式如下：

int main()　或　int main(void)

void main()　或　void main(void)

但在实际应用某些情况下，main 函数可以有参数，形式如下：

int main(int argc,char *argv[])

其中，argc 和 argv 是 main函数的形参，它们是程序的“命令行参数”，其中 argc 是参数个数；argv 是参数向量，是一个 *char 指针数组，数组中每一个元素 (其值为指针) 指向命令行中的一个字符串的首字符。

通常 main 函数和其他函数组成一个文件模块，有一个文件名。对这个文件进行编译和链接，得到可执行文件 (后缀为 .exe)。用户执行这个可执行文件，操作系统就调用 main 函数，然后由 main 函数调用其他函数，从而完成程序的功能。如果用带参数的 main 函数，其第一个形参必须是 int 型，用来接收形参个数；第二个形参必须是字符指针数组，用来接收从操作系统命令行传来的各个字符串中的首地址。

main 函数是操作系统调用的，所以实参只能由操作系统给出。在操作命令状态下，实参是和执行文件的命令一起给出的。例如在 Windows，UNIX 或 Linux 等系统的操作命令状态下，在命令行中包括了命令名和需要传给 main 函数的参数。

命令行运行的一般形式为：

命令名 参数 1 参数 2 … 参数 n

“命令名”和各参数之间用空格分隔。“命令名”是可执行文件名 (此文件包含 main 函数)，假设可执行文件名为 filel.exe，若将两个字符串“China”“Beijing”作为传送给 main 函数的参数，命令行可以写成以下形式：

filel China Beijing

其中 filel 为可执行文件名，China 和 Beijing 是调用 main 函数时的实参。实际上，文件名应包括盘符、路径，在这为简化起见，用 filel 来代表。在这里，main 函数形参 arg 的值等于 3(有 3 个命令行参数：filel、China、Beijing)；形参 argv 是一个指向字符串的指针数组，分别指向上面命令行中的“filel”、“China”、“Beijing”字符串，如图 9.10 所示。

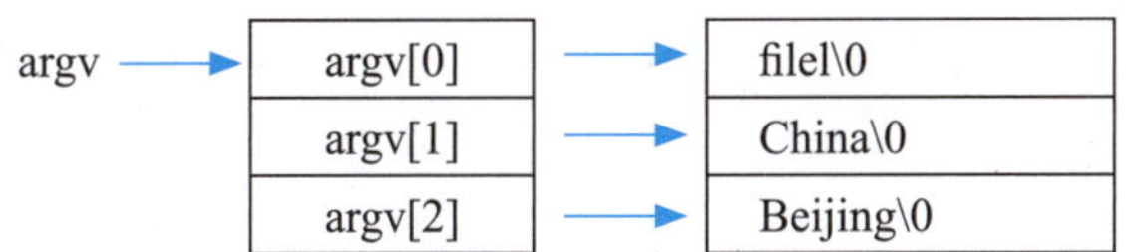

图 9.10　字符串的首地址构成指针数组

指针数组 argv 中的元素 argv[0] 指向字符串“filel”的首字符 (或者说 argv[0] 的值是字符串“filel”的首地址)，argv[1] 指向字符串“China”的首字符，argv[2] 指向字符串“Beijing”的首字符。

如果有一个名为 test 的文件，它包含以下的 main 函数：

```
int main(int argc,char *argv[])
{
while(argc>1)
{
++argv;
printf("%s\n",*argv);
--argc;
}
return 0;
}
```

编译、链接 test.c，生成可执行文件 test.exe。在 Windows 系统的操作命令状态下运行文件，如：

```
C:\VC>test[.exe] hello world!
```

运行结果：

```
Hello
world!
```

将指针数组作为 main 函数的形参，可以向程序传送命令行参数。这些参数是字符串，且字符串的长度事先并不知道，且各参数字符串的长度一般并不相同，命令行参数的数目也是可以任意的。用指针数组能够较好地满足上述要求。

9.3.2 指向函数的指针——函数指针

1. 函数指针

如果在程序中定义了一个函数，在编译时会把函数的源代码转换为可执行代码并为其分配一段存储空间。这段内存空间有一个起始地址，也称为函数的入口地址。每次调用函数时，都从该入口地址开始执行函数代码。函数名代表函数的起始地址。调用函数时，从函数名中得到函数的起始地址，并执行函数代码。

函数名就是函数指针，它代表函数的起始地址。若定义一个指向函数的指针变量，用来存放某一函数的起始地址，这就意味着此指针变量指向该函数。

2. 函数指针变量

函数指针变量就是一个存储函数指针的指针变量。在函数指针变量定义中，必须说明指向函数的返回类型和所需参数。

函数指针变量的定义形式与函数声明的形式比较相似，一般形式为：

类型标识符 (* 指针变量名) (形式参数表);

函数指针变量可以像函数名一样进行函数调用。所不同的是，函数名是一个函数指针常量，而函数指针变量则可以在程序运行过程中通过赋值指向不同的函数 (但函数的返回类型、参数个数和参数类型应当是相同的)，在程序运行过程中来决定要调用的函数。例如：

```
int  (*p) (int,int);
```

p 是一个指向函数的指针变量，它可以指向函数的返回值类型为整型且有两个整型参数的函数。

3. 用函数指针变量调用函数

如果想调用一个函数，除了可以通过函数名调用以外，还可以通过指向函数的指针变量调用。

【例 9-12】用函数求整数 a 和 b 中的大者。

【问题分析】

在本题中，定义一个函数 max，实现求两个整数中的大者。在主函数中调用 max 函数，通过指向函数的指针变量实现。

【编程实现】

```
#include<stdio.h>
int main()
{
```

```
    int max(int,int);
    int(*p)(int,int);
    int a,b,c;
    p=max;
    printf("please enter a and b:");
    scanf("%d,%d",&a,&b);
    c=(*p)(a,b); // 通过函数的指针变量调用函数
    printf("a=%d\nb=%d\nmax=%d\n",a,b,c); return 0;
}

int max(int x,int y)
{
    int z;
    if(x>y)z=x;
    else z=y;
    return(z);
}
```

【运行结果】

```
please enter a and b:20,30↙
a=20
b=30
max=30
```

main 函数中，赋值语句“p=max”的作用是将函数 max 的入口地址赋给指针变量 p。和数组名代表数组首元素地址类似，函数名代表该函数的入口地址。c=(*p)(a,b) 和 c=max(a,b) 等价，前者是用指针实现函数的调用。

9.3.3 返回指针的函数——指针函数

一个函数可以返回一个整型值、字符值、实型值等数据，也可以返回指针型的数据，即地址。其概念与其他函数类似，只是返回的值的类型是指针类型而已。

这种返回指针值的函数，一般定义形式为：

```
数据类型 * 函数 ( 形式参数表 )
{ 函数体 }
```

其中，“数据类型”表示函数返回的指针变量指向的数据类型；“*”代表函数的返回值是一个指针；其他部分的含义与一般函数定义相同。例如：

```
int *a(int  x , int  y);
```

这里在 a 的两侧分别为 * 运算符和 () 运算符，而 () 优先级高于 *，因此 a 先与“()”结合，显然这是函数形式。a 是函数名，调用它以后能得到一个 int* 型 (指向整型数据) 的指针，即整型数据的地址。x 和 y 是函数 a 的形参。

【例 9-13】有 a 个学生，每个学生有 b 门课程的成绩。要求在用户输入学生序号以后，能输出该学生的全部成绩。用指针函数实现。

【问题分析】

在本题中，定义一个二维数组 score，用来存放学生成绩。定义一个查询学生成绩的函数 search( )，它是一个返回指针的函数，形参是指向一维数组的指针变量 pointer 和整型变量 n。从主函数将数组名 score 和要找的学生序号 k 传递给 search 的形参，search 的返回值是一个元素的首地址，即 &score[k][0](即存放序号为 k 的学生的序号为 0 的课程的数组元素的地址)。然后在主函数中输出该生的全部成绩。

【编程实现】

```
#include<stdio.h>
int main()
{
 float score[][4]={{60,70,80,90},{56,89,67,88},{34,78,90,66}};
 float *search(float(*pointer)[4],int n);
 float *p; int i,k;
 printf("enter the number of student:");
 scanf("%d",&k);
 printf("The  scores  of No.%d  are:\n",k);
p=search(score,k);
 for(i=0;i<4;i++)
   printf("%5.2f\t",*(p+i));
 printf("\n");
 return 0;
}

float *search(float(*pointer)[4],int n)
{
 float *pt;
 pt=*(pointer+n);
 return(pt);
}
```

【运行结果】

```
enter the number of student:2
```

```
The scores of No.2 are:
34.00  78.00  90.00  66.00
```

函数 search() 定义为指针型函数，它的形参 pointer 是指向包含 4 个元素的一维数组的指针变量。pointer+1 指向 score 数组序号为 1 的行，*(pointer+1) 指向 1 行 0 列元素。search() 函数中的 pt 是指针变量，它指向 float 型变量 (而不是指向一维数组)。注意指针变量 p、pt 和 pointer 的区别。

9.4 动态内存分配

9.4.1 内存的存储分配

全局变量是分配在内存中的静态存储区，非静态的局部变量 (包括形参) 是分配在内存中的动态存储区，动态存储区是一个称为栈 (stack) 的区域。除此以外，C 语言还允许建立内存动态分配区域，以存放一些临时用的数据，这些数据不必在程序的声明部分定义，也不必等到函数结束时才释放，而是根据需要随时开辟，不需要时随时释放。这些数据是临时存放在一个特别的自由存储区，称为堆 (heap) 区。程序设计者可以根据需要，向系统申请所需空间大小。由于未在声明部分定义堆栈中的数据为变量或数组，因此不能通过变量名或数组名去引用这些数据，只能通过指针变量来引用。

9.4.2 内存的动态分配

通过系统提供的 malloc、calloc、free、realloc4 个库函数实现内存的动态分配。

1. malloc 函数

函数原型为：

```
void *malloc(unsigned int size);
```

malloc 函数是一个指针型函数，作用是在内存的动态存储区中分配一个长度为 size 字节的连续存储空间，返回的指针指向该存储空间的首地址。指针的基类型为 void，即不指向任何类型的数据，只提供一个纯地址，用户根据需要可以强制转换为特定类型。如果此函数未能成功地执行 (例如内存空间不足)，则返回空指针 NULL。例如：

```
p1= (int *) malloc(100);
```

在内存开辟 100 字节的临时存储空间，函数返回值为其第 1 个字节的地址给 p，整个空间按存储整型对象 (占 4 个字节) 处理，相当于 25 个对象的整型数组。

2. calloc 函数

函数原型为：

```
void  *calloc(unsigned n,unsigned size);
```

calloc 函数是在内存的动态存储区中分配 n×size 大小的连续空间，其中 n 为数组元素个数，每个元素长度为 size。这个空间一般比较大，即动态数组。函数返回指向所分配域的第一个字节的指针，指针的基类型为 void，即不指向任何类型的数据，只提供一个纯地址，用户根据需要可以强制转换为特定类型。如果分配不成功，返回 NULL。例如：

```
p2=calloc(50,4);
```

在内存开辟 50×4 个字节的临时分配域，并把首地址赋给指针变量 p。

3. realloc 函数

函数原型为：

```
void *realloc(void *p,unsigned int size);
```

如果已经通过 malloc 函数或 calloc 函数获得了动态空间，若想改变其大小，可以用 realloc 函数重新分配。

用 realloc 函数可将 p 所指向的动态空间的大小改变为 size，p 的值不变。如果重分配不 成功，返回 NULL。例如：

```
realloc(p2,100);
```

它将 p2 所指向的已分配的动态空间改为 100 字节。

4. free 函数

函数原型为：

```
void free(void *p);
```

free 用于释放指针变量 p 所指向的动态空间，使这部分空间能重新被其他变量使用。p 应是最近一次调用 calloc 或 malloc 函数时得到的函数返回值。例如：

```
free(p);
```

它释放指针变量 p 所指向的已分配的动态空间。free 函数无返回值。

以上 4 个函数在 stdlib.h 头文件中声明，在用到这些函数时应当用“#include <stdlib.h>”指令把 stdlib.h 头文件包含到程序文件中。

【例 9-14】编程：输入学生人数，然后输入成绩，要求输出学生的平均成绩、最高成绩和最低成绩。

【问题分析】

在本题中，由于事先不知道学生具体人数，需要根据输入的学生人数动态分配存储空间，利用指针变量 pscore 操作存储空间，并进行数据的读写和比较运算，然后结合循环语句完成相关操作。

【编程实现】

```
#include <stdio.h>
#include <stdlib.h>
#include <malloc.h>
int main ()
{
```

```
    int num, i;
    int maxscore, minscore, sumscore;
    int *pscore;
    float averscore;
    printf ("input the number of student: ");
    scanf ("%d", &num);
    if (num <= 0 )
        return -1;
    pscore = (int *) malloc(num * sizeof(int));
    if ( pscore == NULL )
    {
     printf ( "Insufficient memory available\n" );
     exit (0);
    }
    printf ("input the scores of students now:\n");
    for (i = 0; i < num; i++)
      scanf ("%d", pscore + i);
    maxscore = pscore[0];
  minscore = pscore[0];
    sumscore = pscore[0];
    for (i = 1; i < num; i++)
    {
     if (pscore[i] > maxscore)
         maxscore = pscore[i];
     if (pscore[i] < minscore)
         minscore = pscore[i];
     sumscore = sumscore + pscore[i];
    }
   averscore = (float)sumscore / num;
   printf ("-------------------------------------------\n");
   printf ("the average score of the students is %.1f\n", averscore);
   printf ("the highest score of the students is %d\n", maxscore);
   printf ("the lowest score of the students is %d\n", minscore);
   free (pscore);  //释放动态分配的内存
   return 0;
}
```

【运行结果】

input the number of student: 4↙

input the scores of students now:

89 78 96 73↙

----

the average score of the students is 84.0

the highest score of the students is 96

the lowest score of the students is 73

使用动态存储分配时要注意，相关分配函数前面必须要加上一个指针类型转换符，如前面的 (int *)，这是因为函数的返回值是空类型的指针，应将其转换为与右边的指针变量类型一致。分配内存可能失败，因此一定要检查分配的内存指针是否为空；如果是空指针，则不能引用这个指针，否则会造成系统崩溃。具体方法是在动态内存分配语句的后面紧跟一条 if 语句，以判断分配是否成功。内存很宝贵，因此动态分配内存的程序一定要坚持“好借好还，再借不难”的原则，用完之后用 free 函数动态释放内存。

9.5 项目实战

问题：若使用一张表格记录全班学生成绩，针对该表格，可以执行基于行的操作，求出某个学生的总成绩；可以执行基于列的操作，求得某个科目的平均成绩；也可以不改变表格数据存储顺序，将学生成绩按总分从高到低排序输出。

9.5.1 项目问题分析

项目中要存储学生成绩表格，对成绩表按行计算学生总分、按列计算课程平均分、不改变表格顺序并按总分从高到低排序。我们定义一个二维数组 dataTable[] []，用来存放学生成绩表格。将项目分主函数、求学生总分、求课程平均分、成绩排序等几个模块进行设计。

9.5.2 数据模型的构建

根据项目问题分析，所用的数据结构定义如下：

```
#define NUM_std     5      // 定义符号常量学生人数为 5
#define NUM_course  4      // 定义符号常量课程门数为 4
void sumbyrow(float(*arr)[ NUM_course+1],int row, float *sum); // 求总分函数声明
void sumbycol(float(*arr)[ NUM_course+1], int row, float *sum); // 求平均分函数声明
void sort(float(*arr)[NUM_course+1]) ; // 按总分降序排列函数声明
float dataTable[NUM_std+1][NUM_course+1]={0 }; // 定义学生成绩数据表
```

int i, j; // 循环变量

int select, pos; // 用户选择变量

float sum; // 计算结果变量

float(*p)[NUM_course+1]= dataTable; // 定义数组指针

9.5.3 算法的设计

求学生成绩，具体各模块算法描述如图 9.11 ～图 9.14 所示。

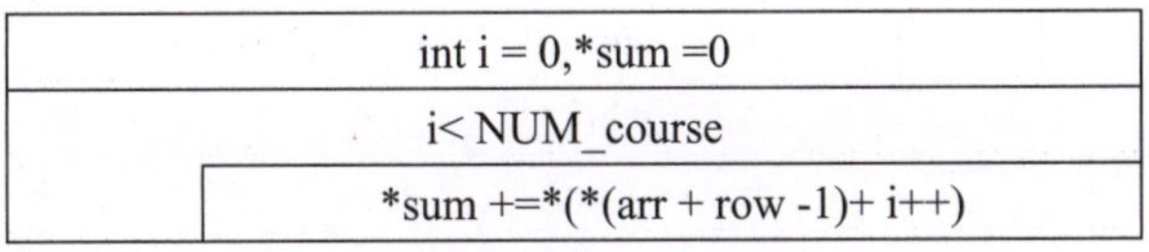

int i = 0,*sum =0

i< NUM_course

sum +=(*(arr + row -1)+ i++)

图 9.11　sumbyrow 函数模块 N-S 图

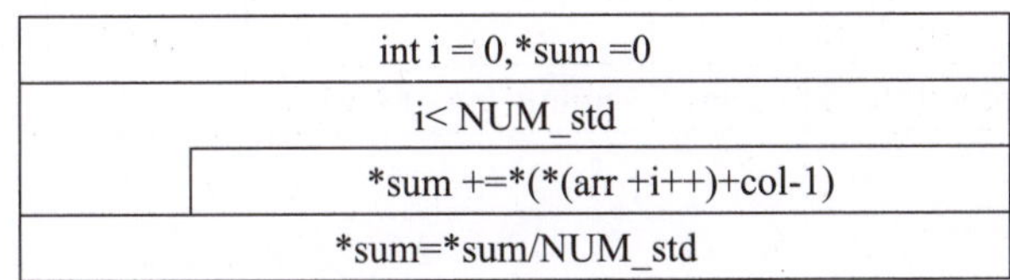

图 9.12　sumbycol() 函数模块 N-S 图

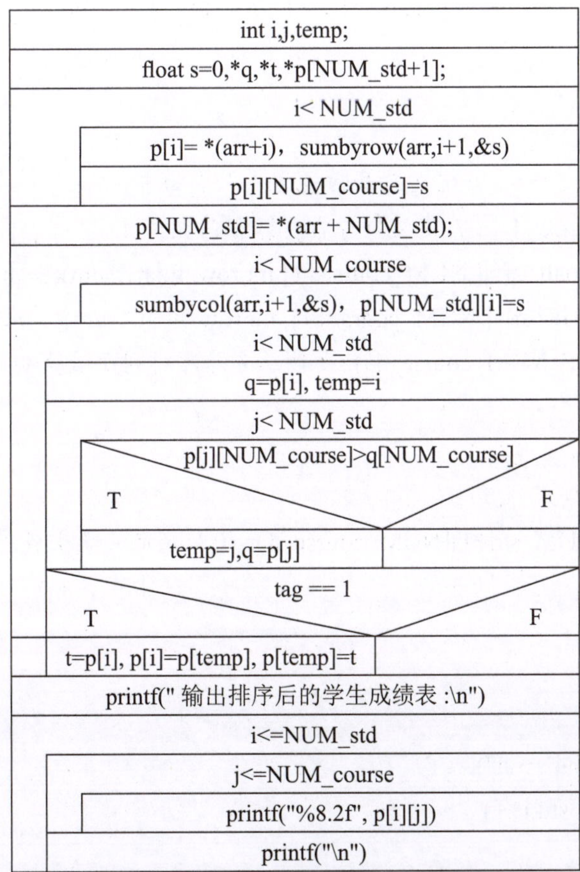

图 9.13　sort 函数模块 N-S 图

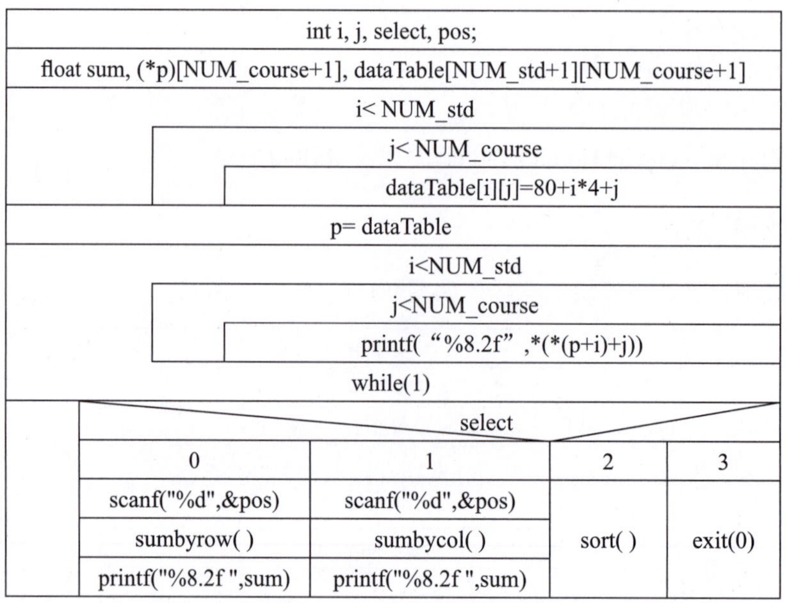

图 9.14　main() 函数模块 N-S 图

9.5.4 项目实现

项目源代码可以在 DEV-C++ 集成环境下直接编辑、编译和调试运行，具体程序如下。

【程序】

```
#include <stdio.h>
#include <stdlib.h>
#define NUM_std     5      // 定义符号常量学生人数为 5
#define NUM_course  4      // 定义符号常量课程门数为 4
void sumbyrow(float(*arr)[ NUM_course+1],int row, float *sum); // 求总分函数声明
void sumbycol(float(*arr)[ NUM_course+1], int row, float *sum); // 求平均分函数声明
void sort(float(*arr)[NUM_course+1]) ; // 按总分降序排列函数声明

int main()
{
 float dataTable[NUM_std+1][NUM_course+1]={0 }; // 定义学生成绩数据表
 int i, j;
 int select, pos;
 float sum;

 printf(" 录入数据中…\n");
 for (i=0;i< NUM_std;i++)
```

```
{
 for(j=0;j< NUM_course;j++)
  dataTable[i][j]=80+i*4+j;
}
printf(" 录入完毕 \n");
float(*p)[NUM_course+1]= dataTable;  // 定义数组指针
printf(" 输出数据 :\n");
for(i=0;i<NUM_std;i++)
{
 for(j=0;j<NUM_course;j++)
 {
  printf("%8.2f",*(*(p+i)+j));
 }
 printf("\n");
}

// 选择菜单
while(1)
{
 printf(" 请选择处理方式 : \n");
 printf(" 按学生编号求总分 : 0\n");
 printf(" 按课程编号求平均分 : 1\n");
 printf(" 按总分排序输出 : 2\n");
 printf(" 退出 : 3\n");
 scanf("%d",&select);
 printf("\n");
 if(select==0)
  {
    printf(" 选择学生编号 :");
   scanf("%d",&pos);
   printf(" 按学生编号求总分 , 第 %d 行数据 ",pos);
   sumbyrow(dataTable,pos,&sum);
   printf(" 处理结果为 :%8.2f\n",sum);
  }
 else if(select ==1)
```

```
  {
    printf(" 选择课程编号 :");
   scanf("%d",&pos);
   printf(" 按课程编号求平均分 , 第 %d 列数据 ",pos);
   sumbycol(dataTable,pos,&sum);
   printf(" 处理结果为 :%8.2f\n",sum);
  }
 else if(select ==2)
  {
   printf(" 按总分排序处理 ");
   sort(dataTable);
  }
 else if(select ==3)
  {
   exit(0);
  }
}
return 0;
}

// 按行求和
void sumbyrow(float(*arr)[NUM_course+1],int row,float *sum)
{
 int i = 0;
 *sum =0;
 for(i=0;i< NUM_course;i++)
  *sum +=*(*(arr + row -1)+ i);
}
// 按列求平均值
void sumbycol(float(*arr)[NUM_course+1],int col,float *sum)
{
 int i = 0;
 *sum =0;
 for(i=0;i< NUM_std;i++)
   *sum +=*(*(arr +i)+col-1);
```

```
 *sum=*sum/NUM_std;
}
// 按总分排序
void sort(float(*arr)[NUM_course+1])
{
 int i,j,temp;
 float s=0,*q,*t;
 float *p[NUM_std+1];  // 定义指针数组
 for(i=0;i< NUM_std;i++) // 求每个学生总分
 {
  p[i]= *(arr+i);
  sumbyrow(arr,i+1,&s);
  p[i][NUM_course]=s;
 }
 p[NUM_std]= *(arr + NUM_std);
 for(i=0;i< NUM_course;i++) // 求每门课程平均分
  {
  sumbycol(arr,i+1,&s);
  p[NUM_std][i]=s;
  }
 for(i=0;i< NUM_std;i++) // 按总分排序
  {
  q=p[i];
  temp=i;
  for(j=i+1;j< NUM_std;j++)
    if(p[j][NUM_course]>q[NUM_course])
     {temp=j;        q=p[j]; }
  if(temp!=i)
    {
    t=p[i];
    p[i]=p[temp];
    p[temp]=t;
    }
  }
 printf(" 排序后的学生成绩表 :\n");
```

```
 for(i=0;i<=NUM_std;i++)
  {
  for(j=0;j<=NUM_course;j++)
   {
    printf("%8.2f", p[i][j]);
   }
  printf("\n");
  }
}
```

【运行结果】

```
录入数据中…
录入完毕
输出数据：
   80.00   81.00   82.00   83.00
   84.00   85.00   86.00   87.00
   88.00   89.00   90.00   91.00
   92.00   93.00   94.00   95.00
   96.00   97.00   98.00   99.00
请选择处理方式：
按学生编号求总分：0
按课程编号求平均分：1
按总分排序输出：2
退出：3
0↙

选择学生编号:1
按学生编号求总分，第 1 行数据处理结果为：326.00
请选择处理方式：
按学生编号求总分：0
按课程编号求平均分：1
按总分排序输出：2
退出：3
1↙

选择课程编号:1
按课程编号求平均分，第 1 列数据处理结果为： 88.00
```

```
请选择处理方式:
按学生编号求总分:0
按课程编号求平均分:1
按总分排序输出:2
退出:3
2↙

按总分排序处理后的学生成绩表:
  96.00  97.00  98.00  99.00  390.00
  92.00  93.00  94.00  95.00  374.00
  88.00  89.00  90.00  91.00  358.00
  84.00  85.00  86.00  87.00  342.00
  80.00  81.00  82.00  83.00  326.00
  88.00  89.00  90.00  91.00    0.00
```

总结拓展

【本章小结】

在本章中，我们深入探讨了C语言中的指针概念和运用，它是C语言程序设计中的精华。其中介绍了指针的概念、指针与数组、指针与函数、动态存储分配等，主要包括以下几个方面内容。

(1) 指针的含义。明确指针就是地址，其指向关系是通过地址来完成的。理清楚取地址运算符 (&) 和取内容运算符 (*) 的运算及其关系。

(2) 数组与指针。数组名是一个地址，是数组首元素的地址，即数组指针。指针变量既然可以指向变量，也可以指向数组。指向数组元素的指针，有行指针和列指针之分。数组中各元素均为指针类型，即为指针数组。熟悉运用指针访问数组元素，运用指针数组进行数据处理。

(3) 指针作为函数的参数，实现地址传递。指针作为函数返回值，即指针函数，可实现函数的多数值返回。函数名就是函数指针，它代表函数的起始地址。指针变量可以指向函数，即函数指针，通过函数指针可以调用函数。

(4) 通过指针变量可以实现动态存储分配与管理。

(5) 指针运算较为复杂，各种运算符可以灵活组合。一般情况下，标识符右边的方括号和圆括号优先于标识符左边的“*”号，而方括号和圆括号因相同的优先级从左到右结合。

通过本章知识的学习和项目实战，希望读者掌握指针核心知识，奠定数据结构课程的基础，这有助于编写出高效简便的程序，提升编程水平和解决实际问题能力。

【思政故事】

鸿蒙：开启中国信息技术新纪元

长期以来，全球移动操作系统市场一直被西方的苹果iOS和谷歌安卓两大巨头所垄断。它们就像两座难以逾越的高山，几乎封锁了其他竞争者进入市场的道路。在2024年10月22日的华为发布会上，华为正式宣布了纯血鸿蒙操作系统——HarmonyOS NEXT。这标志着华为在操作系统领域实现了重大突破，成为继苹果iOS和安卓系统之后，全球第三大移动操作系统。

鸿蒙首次摆脱了对Unix和Linux内核的依赖，实现了系统底座的全部自研，真正做到了国产操作系统的自主可控，也为中国信息技术产业的发展注入了一剂强劲的热血。从2012年开始布局自研操作系统，到2024年原生鸿蒙的正式发布，华为走了10年，投入了2万人，建立了中国操作系统的一个重要里程碑。

在全球科技竞争日益激烈的背景下，实现信息技术产业链的自主可控至关重要。鸿蒙系统成为中国应用创新的“黑土地”，为整个信息技术产业链带来了巨大的推动作用。

一方面，鸿蒙系统的分布式架构为开发者提供了更多的创新空间。另一方面，鸿蒙系统的生态合作模式吸引了众多企业参与，共同推动产业链的发展。目前已有超过1.5万个鸿蒙原生应用和元服务上架，覆盖18个行业，通用办公应用覆盖全国3800万多家企业。

在智能方面，纯血鸿蒙操作系统带来了五大原生体验升级，包括原生精致、原生智能、原生安全、原生互联、原生流畅，实现了更智能的功能和服务。

鸿蒙系统已经覆盖了超过10亿台设备，在中国市场份额中占据Top 2的领先地位。未来，随着更多的厂商加入鸿蒙生态，市场份额有望进一步提升。同时，鸿蒙系统的生态体系也在不断丰富和完善，涵盖了各种应用场景和行业领域。

在技术方面，原生鸿蒙系统从内核、数据库到编程语言、AI大模型等全面自研。全栈自研的特点让鸿蒙系统在全球操作系统领域独树一帜，为中国拥有自主可控的操作系统核心技术提供了坚实保障。

此外，原生鸿蒙系统的分布式架构也是其一大亮点。这种架构打破了传统操作系统中设备之间的界限，能够实现手机、平板、电视、汽车等智能设备的无缝链接和协同操作。用户只需使用这一个系统，就能轻松管理所有的智能设备，享受更加方便、智能的生活，这一特点在智能家居、智慧城市等领域具有巨大的应用潜力。

安卓系统的优势在于开放，允许任何厂商基于AOSP进行修改，生态中的App非常多。iOS的优势则是封闭、生态好、流畅。与安卓和iOS相比，鸿蒙系统在安全性、流畅性和跨设备适配能力上表现突出。

在安全性方面，鸿蒙的微内核设计可以实现形式化验证，显著提高安全级别，达到全球5+安全级别。在流畅性方面，确定时延引擎和高性能IPC技术使得应用响应时延降低，通信效率大幅提升。在跨设备适配能力上，鸿蒙系统的分布式架构能够实现不同设备之间的无缝协同，实现万物互联，这是安卓和 iOS 所不具备的。作为我国首个全栈自研的操作系统，鸿蒙系统的出现，让世界看到了中国在科技领域的创新能力和发展潜力。

近十年来，一些国家对我国信息产业持续施压，包括限制芯片供应、技术合作等，给信息产业的发展带来巨大挑战。操作系统作为信息产业的基础软件，我国长期依赖国外产品，如电脑操作系统 Windows、移动操作系统安卓和 iOS 等。究其原因，国内操作系统研发起步晚，市场认可度低，生态系统不完善。

“没有退路就是胜利之路”，在严峻形势下，华为克服重重困难，在全体员工的努力下，华为为中国科技产业带来了更大的信心。鸿蒙开启了中国信息技术新纪元，激励我们在 IT 信息领域砥砺前行，不断奋进。

【课后练习】

一、单选题

1. 下面能正确进行字符串赋值操作的是 (　　)。

   A. char s[5] = {"ABCDE"};

   B. char s[5] = {'A', 'B', 'C', 'D', 'E'};

   C. char *s; s = "ABCDE";

   D. char *s; scanf ("%s", s);

2. 对于基类型相同的两个指针变量之间，不宜进行的运算是 (　　)。

   A. <　　B. =　　C. +　　D. –

3. 下面声明不正确的是 (　　)。

   A. char a[10] = "china";

   B. char a[10], *p = a; p="china";

   C. char *a; a = "china";

   D. char a[10], *p; p = a = "china";

4. 若有下面的程序段，则下列叙述正确的是 (　　)。

   char s[ ] = "china"; char *p; p = s;

   A. s 和 p 完全相同

   B. 数组 s 中的内容和指针变量 p 中的内容相等

   C. s 数组长度和 p 所指向的字符串长度相等

   D. *p 与 s[0] 相等

5. 若有定义：int a[8]; 则以下表达式中不能代表数组元素 a[1] 的地址的是 (　　)。

   A. &a[0] + 1

   B. &a[1]

   C. &a[0]++

   D. a + 1

6. 设已有定义 char *st = "how are you"; 下列程序段中正确的是 (　　)。

A. char a[11], *p; strcpy (p = a + 1, &st[4]);

B. char a[11]; strcpy (++a, st);

C. char a[11]; strcpy (a, st);

D. char a[ ], *p; strcpy(p = a[1], st + 2);

7. 在声明语句 int *f ( ); 中，标识符 f 代表的是 (　　)。

A. 一个用于指向整型数据的指针变量

B. 一个用于指向一维数组的行指针

C. 一个用于指向函数的指针变量

D. 一个返回值为指针型的函数名

8. 若指针 p 已正确定义，要使 p 指向两个连续的短整型动态存储单元，不正确的语句是 (　　)。

A. p = 2*(short *) malloc (sizeof(short));

B. p = (short *) malloc (2*sizeof(short));

C. p = (short *) malloc (2*2);

D. p = (short *) calloc(2, sizeof(short));

二、填空题

1. 若有定义 int a[2][3]={2,4,6,8,10,12}; 则 *(&a[0][0]+2*2+1) 的值是____，*(a[1]+2) 的值是____。

2. 若有定义 int a[2][4],(*p)[4]=a; 用指针变量 p 表示数组元素 a[1][2] 为____。

3. 若有定义 char a[]="shanxixian",*p=a; int i; 则执行语句 for(i=0;*p!='\0'; p++,i++); 后，i 的值为____。

4. 若有定义 char a[15]="Windows-9x"; 执行语句 printf("%s",a+8); 后的输出结果是____。

5. 无返回值函数 fun 用来求出两整数 x，y 之和，并通过形参 z 将结果传回，假定 x,y,z 均是整型，则函数应定义为____。

6. 调用库函数 malloc，使字符指针 st 指向具有 11 个字节的动态存储空间的语句是____。

三、程序分析题

1. 写出下面程序执行后的运行结果____。

```
#include <stdio.h>
int main()
{
char *p="abcdefgh",*r;
long *q;
```

```
q=(long*)p;
q++;
r=(char*)q;
printf("%s",r);
return 0;
}
```

2. 若输入“this test terminal”，以下程序的输出结果为“terminal test this”。填空补充以下程序。

```
#include < string.h >
#define MAXLINE 20

{
int i;
char * pstr[3],str[3][MAXLINE];
for (i = 0; i < 3; i++) pstr[i] = str[i];
for (i = 0; i < 3; i++) scanf("%s", pstr[i]);
sort(pstr);
for (i = 0; i < 3; i++) printf("%s\n", pstr[i]);
}

{
int i,j;
char * p;
for (i = 0; i < 3; i++)
{
 for (j = i + 1; j < 3; j++)
  {
    if (strcmp( * (pstr + i), *(pstr + j)) > 0)
     {
      p = *(pstr + i);

      * (pstr + j) = p;
     }
  }
}
}
```

四、程序设计题

1. n个人围成一圈，顺序排号，从第一个人开始报数(从1到3报数)，凡报到3的人退出圈子，问最后留下的是原来几号的那位？

2. 子串替换。

(1) 编写函数 int replace_str(char *s,char *t,char *g)，利用字符串处理函数将母串 s 中出现的所有子串 t 替换成子串 g，返回替换的次数。

(2) 编写 main 函数，键盘输入母串 s、子串 t 及子串 g，调用 replace_str 函数替换子串，输出新串及替换次数。

3. "回文"是一种顺序读和反序读都一样的字符串，例如"121""abcba""ABCCBA"。编写程序，判断任一字符串是否为回文。

第 10 章 复杂数据类型

天有常道矣，地有常数矣，君子有常体矣[①]。

——荀子《天论》

【项目案例】

对学生的基本信息进行管理。输入 n 个学生的基本信息 (学号、姓名、性别、年龄、班级、成绩 (语文、数学、英语、总分、平均分))，然后对学生信息按总分从高到低进行排序，并将排序后的结果输出。

【问题驱动】

(1) 客观对象如何在计算机中表示？

(2) C 语言中可以定义哪些复杂数据类型？

(3) 如何运用复杂数据类型解决问题？

【章节导读】

复杂数据类型在编程和数据处理中扮演着至关重要的角色。它们由基本数据类型组成，能用比基本数据类型更强大和灵活的方式来组织和操作数据。复杂数据类型有助于组织复杂数据关系，能够表示现实世界中复杂的实体，如学生、图书等客观对象。本章主要讲解结构体类型、联合体类型、枚举类型等内容。复杂数据类型在编程中提供的强大的数据组织、抽象和操作能力，能够高效地处理复杂的数据和逻辑关系，有助于编写更加简洁、高效和可维护的代码。

① 这句话强调了规律的普遍性和客观性。天地有一定的运行规律，君子有一定的行为准则，程序设计也有一定的方法规则，如复杂数据类型基于基本数据类型。这些方法和规则，不仅是自然界的运行准则，也是社会人生的行动指南。

10.1 复杂数据类型概述

利用计算机求解问题，首先要做的就是将客观对象抽象成数据并引入到计算机中。程序语言是通过数据类型来描述不同数据对象的，而数据类型不同，求解问题的方法也会不同。基本的数据类型只能反映事物单一属性，无论面对底层开发还是应用开发，我们常常需要处理更为复杂的数据对象，如一个学生拥有姓名、性别、年龄等多个属性，每个属性的数据类型不同，存储上也不方便使用索引来存取。对于这些具有复杂属性的客观对象，面向对象语言可以用类进行描述；对于面向过程语言，C 语言也提供了结构体、联合体等复杂数据类型进行描述。

在实际生活中，有着大量由不同属性构成的实体，如学生的学籍登记表由姓名、学号、性别、年龄、班级、成绩(语文、数学、英语)等 6 个类型不同的数据项组成，这些数据项描述了一个学生的不同侧面。但万变不离其宗，这些基本数据项都可以用基本数据类型描述，其中姓名、性别可以用字符串表示；学号、年龄可用整数表示；学习成绩可用浮点数表示。对于这样的数据形式，程序设计者可能会考虑使用数组，但数组描述的是同类型的数据集合，无法精确描述学生实体；当然，人们可能会用多个不同数据类型变量进行描述，如下列代码所示：

```
char            no[9];          // 学号
char            name[20];       // 姓名
char            sex;            // 性别
unsigned int    age;            // 年龄
unsigned int    classno;        // 班级
float           grade;          // 成绩
```

这种独立的变量表示形式如图 10.1 所示。这种表示形式对实体数目比较多的情况会非常麻烦，会一直重复写代码；而且，对应的每一个数据都是一个个体，并没有体现出数据的逻辑关系，相互没有关联性，使用时容易产生混乱。

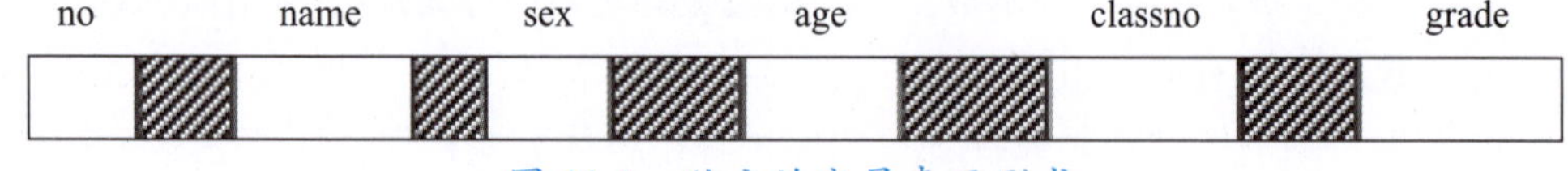

图 10.1　独立的变量表示形式

为了解决离散变量带来的困扰，在这类对象抽象成数据时，可利用 C 语言中提供的结构体、联合体这样的复杂数据类型。结构体是一组相关的不同类型数据的集合，结构体类型为处理复杂的数据提供了便利的方法，跟数组一样，它是一块连续的存储空间，具体数据类型定义如下，其变量空间分布如图 10.2 所示：

```
struct  Student_Info
{
 char            no[9];          // 学号
 char            name[20];       // 姓名
```

```
    char            sex;        // 性别
    unsigned int    age;        // 年龄
    unsigned int    classno;    // 班级
    float           grade;      // 成绩
}student ;
```

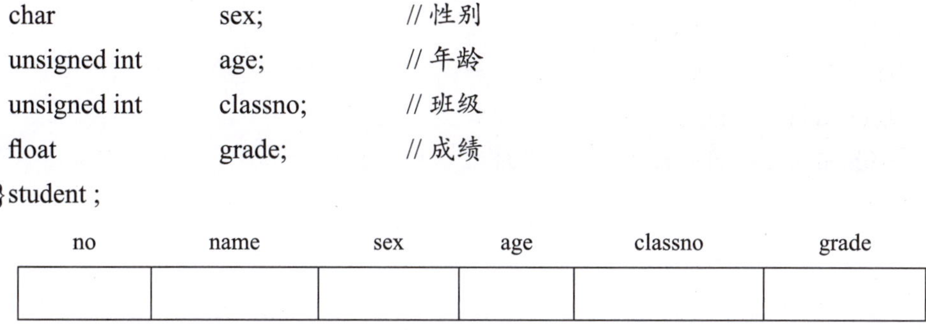

图 10.2 结构体变量的表示形式

下面将讨论结构体的定义、声明和使用，结构与数组、指针等相关问题，并将介绍联合体和枚举类型的基本概念以及怎样用 typedef 定义新的类型名。

10.2 结构体

10.2.1 结构体类型

结构体是一种构造数据类型。把不同类型的数据组合成一个整体——自定义数据类型，叫做结构体 (structure)。 结构体是由若干成员组成的，每一个成员可以是一个基本数据类型或者是另一个构造类型，成员之间的联系紧密。结构体类型在声明和使用之前必须先定义。

1. 一般定义

定义结构体类型的一般形式为：

```
struct [ 结构体类型名 ]
{
  数据类型名 1  成员名 1;
  数据类型名 2  成员名 2;
  …
  数据类型名 n  成员名 n;
};
```

其中，struct 是关键字，不能省略；“结构体类型名”必须是合法标识符，可以是无名结构体；成员“数据类型名”可以是基本数据类型或复杂数据类型，“成员名”为合法标识符；成员用“{}”括起来，最后用“;”结束。

【例 10-1】学生结构体类型定义。

```
struct  Student_Info
{
  char      no[9];          // 学号
```

```
    char            name[20];       // 姓名
    char            sex;            // 性别
    unsigned int    age;            // 年龄
    unsigned int    classno;        // 班级
    float           grade;          // 成绩
};
```

【例 10-2】日期结构体类型定义。

```
struct Date
{
  int year;         // 年
  int month;        // 月
  int day;          // 日
};
```

在结构体中，数据类型相同的成员，既可逐个、逐行分别定义，也可合并成一行定义，就像一次定义多个变量一样。【例 10-1】中学生结构体类型定义也可如下所示：

```
struct  Student_Info
{
  char  no[9], name[20], sex;
  unsigned int  age, classno;
  float  grade;
};
```

注意：结构体类型只是用户自定义的一种数据类型，用来定义描述数据结构的组织形式，不分配内存。只有用它来定义某个变量时，才会为该变量分配这种结构类型所需要大小的内存空间。所占内存的大小是它包含的成员所占内存大小之和。

2. 嵌套定义

结构体类型可以嵌套，成员也可以是另一个结构。

【例 10-3】结构体类型嵌套定义。

```
struct  Grade_Info
{
  float chinese;  // 语文
  float maths;    // 数学
  float English;  // 英语
};
struct  Student_Info
{
```

```
    char            no[9];          // 学号
    char            name[20];       // 姓名
    char            sex;            // 性别
    unsigned int    age;            // 年龄
    unsigned int    classno;        // 班级
    Grade_Info      grade;          // 成绩为结构体类型
};
```

或者：

```
struct  Student_Info
{
    char            no[9];          // 学号
    char            name[20];       // 姓名
    char            sex;            // 性别
    unsigned int    age;            // 年龄
    unsigned int    classno;        // 班级
    struct  Grade_Info
    {
      float chinese;    // 语文
      float maths;      // 数学
      float English;    // 英语
    } grade;                      // 成绩为结构体类型
};
```

结构体成员又是另一个结构体，如【例 10-3】，构建出了一个新的数据结构，即嵌套的结构体类型，具体形式如图 10.3 所示。

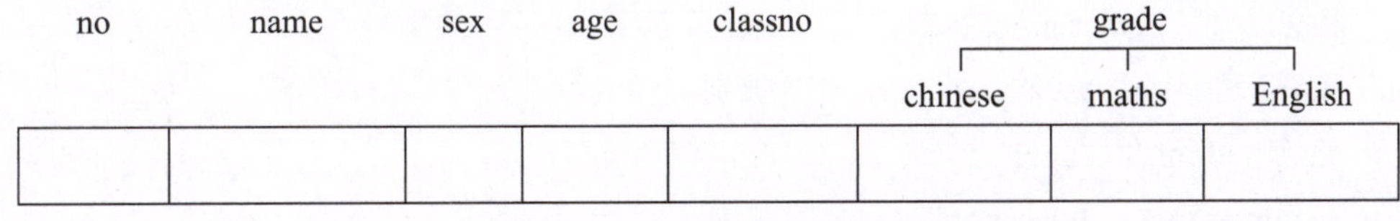

图 10.3　嵌套的结构体形式

在定义结构体类型时，结构体内不能包含自身类型的一般成员变量，但是可以包含自身类型的成员指针，这样有利于构建线性链表。线性链表中的节点可以用一个结构体类型定义，其形式为：

```
struct 节点结构体类型名
{
  数据成员定义;
  struct 节点结构体类型名 * 指针变量名;
};
```

线性链表中的数据元素在内存中不需要连续存放，而是通过指针将各数据单元链接起来，就像一条“链子”一样将数据单元前后元素链接起来。具体形式如图 10.4 所示。

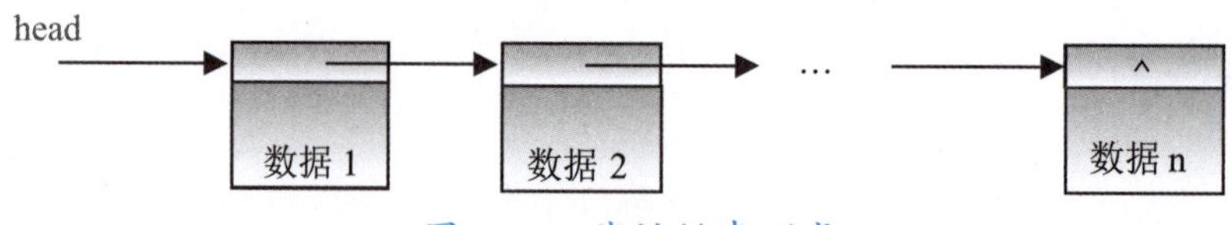

图 10.4 线性链表形式

10.2.2 结构体变量

1. 变量的定义

结构体变量的定义分直接定义和间接定义两种。

(1) 直接定义：定义结构体类型的同时定义结构体变量。直接定义结构体变量的一般形式为：

```
struct [ 结构体类型名 ]
{
  数据类型名 1   成员名 1;
  …
  数据类型名 n   成员名 n;
} 变量名列表;
```

其中，“变量名”必须是合法标识符，多个变量用逗号隔开。

【例 10-4】定义学生结构体类型变量 student1、student2 和指针变量 ps。

```
struct Student_Info
{
  char            no[9];         // 学号
  char            name[20];      // 姓名
  char            sex;           // 性别
  unsigned int    age;           // 年龄
  unsigned int    classno;       // 班级
  float           grade;         // 成绩
} student1, student2,*ps;
或者：
struct
{
  char            no[9];         // 学号
  char            name[20];      // 姓名
  char            sex;           // 性别
```

```
    unsigned int        age;                // 年龄
    unsigned int        classno;            // 班级
    float               grade;              // 成绩
} student1, student2,*ps;
```

无名结构体类型的变量只能直接定义，后续无法再定义其变量。

(2) 间接定义：先定义结构类型，再定义结构变量。间接定义结构体变量的一般形式为：

struct 结构体类型 变量名列表;

其中 struct 是关键字，不能省略；“结构体类型”必须已经定义；“变量名”为合法标识符，多个变量用逗号隔开，最后用“;”结束。

【例 10-5】用 Student_Info 结构体类型定义变量 student1、student2 和指针变量 ps。

```
struct Student_Info student1, student2,*ps;
```

结构体类型与结构体变量概念不同：结构体类型描述结构的组织形式，不分配内存，不能赋值、存取、运算；结构体变量描述具体对象，分配内存，可以进行数据运算。如 Student_Info 结构体类型变量的内存分配如图 10.5 所示。

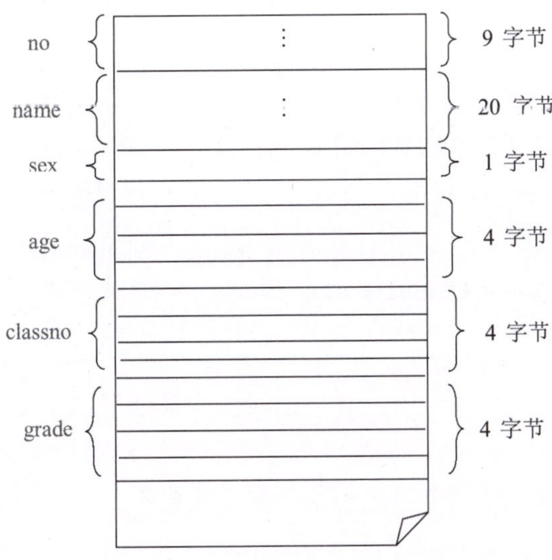

图 10.5 结构体变量内存分配示意图

2. 成员变量的使用

结构体变量在使用过程中不能整体引用，只能引用成员变量，但允许具有相同类型的结构体变量相互赋值。

对结构体成员变量的使用，包括赋值、输入、输出、运算等，一般都是通过结构体成员变量来实现的。使用结构体变量成员的方法分一般变量形式和指针变量形式两种，成员 (分量) 运算符结合性是从左向右。

一般变量形式为：

结构变量名 . 成员名

指针变量形式为：

结构体指针 -> 成员名　或　(* 结构体指针). 成员名

【例 10-6】结构体成员变量使用示例。

```
struct   student
{
 int num;
 char  name[20];
 char sex;
 int age;
 float score;
 char addr[30];
 } stu1,stu2, stu,*pstu = &stu;
stu1.num = 10;  stu1.score = 85.5;                  // 合法使用
stu1.score += stu2.score;                           // 合法使用
stu1.age++;                                         // 合法使用
if (stu1 == stu2) --- ;                             // 非法使用，不能直接比较
printf("%d,%s,%c,%d,%f,%s\n",stu1);                 // 非法使用，不能直接输出
stu1={101,"Wan Lin",'M',19,87.5,"DaLian"};          // 非法使用，不能直接整体赋值
strcpy (stu.name, "zhangMing");                     // 合法使用
pstu->score += 10;                                  // 合法使用
printf ("%s %f", stu.name, (*pstu).score);          // 合法使用
stu2 = stu1;                                        // 合法使用
```

在结构体有嵌套时，要逐级引用，必须逐级找到最低级的子成员才能使用。一般形式为：

结构体变量名 . 成员名 . 子成员名……最低级子成员名

【例 10-7】嵌套结构体成员变量使用示例。

```
struct  student
 {
  int  num;
  char name[20];
  struct  date
   {
    int month;
```

```
        int day;
        int year;
      } birthday;
    } stu1, stu2, *pstu = &stu1;
  stu1.birthday.month = 12;                    // 合法使用
  pstu1->birthday.year = 2008;                 // 合法使用
```

注意：在使用指针引用结构体成员时，“-”和“>”之间不能有空格。

3. 结构体变量的赋值

结构体变量的赋值就是给各成员赋值，可以在定义结构体变量时赋初值，也可以在后面程序中对结构体成员变量进行赋值，这用输入语句或赋值语句来完成。

(1) 定义结构体变量并赋初值，一般形式有如下两种。

① 先定义结构体类型，再定义结构体变量时赋初值。形式如下：

struct 结构体类型名

{ … };

struct 结构体类型名 变量名 = { 成员 1 的值 , …, 成员 n 的值 }

② 定义结构体类型的同时，定义结构体变量并赋初值。形式如下：

struct [结构体类型名]

{

…

} 变量名 = { 成员 1 的值 , 成员 2 的值 , …, 成员 n 的值 };

【例 10-8】定义结构体变量并赋初值示例。

```
struct Date
{
  int year;        // 年
  int month;       // 月
  int day;         // 日
};
struct  Stu_Info
{
  char       no[9];                // 学号
  char       name[20];             // 姓名
  char       sex;                  // 性别
  struct Date   birthday;          // 生日
  unsigned int  classno;           // 班级
  float      grade;                // 成绩
```

```
}student = {"20246107", "LiMing", 'F', {2006, 7, 18}, 1, 95};
struct  Stu_Info  stu = {"20246108", "ZhangMing", 'M', {2006, 2, 10}, 1, 90};
```

注意：赋初值时，“{ }”中间的数据顺序必须与结构体成员的定义顺序一致。

(2) 在程序中对结构体成员变量进行赋值。如果在定义结构体变量时并未对其赋初始值，那么在后面程序中要对它赋值的话，就只能一个一个地对其成员逐一赋值，或者用已赋值的同类型的结构体变量对它赋值。

【例 10-9】给结构体变量赋值并输出其值。

【编程实现】

```
main()
{
struct  Student_Info
{
  char            no[9];          // 学号
  char            name[20];       // 姓名
  char            sex;            // 性别
  unsigned int    age;            // 年龄
  unsigned int    classno;        // 班级
  float           grade;          // 成绩
} student1, student2,*ps;
student1.no="20246107";           // 非法使用，不能直接赋值
student1.name="LiMing";           // 非法使用，不能直接赋值
printf("input sex and grade\n");
scanf("%c %f",&student1.sex,&student1.grade); // 合法使用
student2=student1;                // 合法使用
printf("Number=%s\nName=%s\n",student2.no,student2.name);
printf("Sex=%c\nGrade=%f\n",student2.sex,student2.grade);
}
```

【程序分析】

本程序中用赋值语句给 no 和 name 两个成员赋值，但 no、name 是数组，不能直接整体赋值。用 scanf 函数可以动态地输入 sex 和 grade 成员值，然后把 student1 所有成员的值整体赋予 student2，最后分别输出 student2 的相关成员值。

10.2.3 结构体数组

数组的元素也可以是结构体类型，因此可以构成结构体类型数组。结构体类型数组的每一个元素都是具有相同结构体类型的下标结构变量。在实际应用中，经常用结构体类型

数组来表示具有相同数据结构的一个群体。结构体数组就相当于一张二维表，一个表的框架对应的就是某种结构体类型，表中的每一列对应该结构体的成员，表中每一行信息对应该结构体数组元素各成员的具体值，表中的行数对应结构体数组的大小，如一个班的学生成绩表，一个图书馆的图书信息表等。

1. 结构体数组的定义

结构体数组的定义方法和结构体变量相似，只需说明它为数组类型即可。

如：

```
struct  Student_Info
{
  char  no[9], name[20], sex;
  unsigned int  age, classno;
  float  grade;
} ;
struct Student_Info stu[10];
```

或：

```
struct  Student_Info
{
  char  no[9], name[20], sex;
  unsigned int  age, classno;
  float  grade;
} stu[10];
```

或：

```
struct
{
  char  no[9], name[20], sex;
  unsigned int  age, classno;
  float  grade;
} stu[10];
```

2. 结构体数组的初始化

定义了一个结构体数组时，可以对结构体数组作初始化赋值。如：

```
struct Student_Info
{
      char no[9];
      char *name;
      char sex;
      float score;
```

```
}student[5]={
        {"20246101","Li ping",'M',95},
        {"20246102","Zhang ping",'M',78.5},
        {"20246103","He fang",'F',96.5},
        {"20246104","Cheng ling",'F',89},
        {"20246105","Wang ming",'M',88}};
```

当对全部元素作初始化赋值时，也可不给出数组长度。

【例 10-10】统计候选人选票。

【问题分析】

在本题中，定义了一个外部结构数组 person，共 3 个元素，代表 3 个候选人，并作了初始化赋值。在 main 函数中用 while 语句统计候选人投票，在其中用 for 语句逐个比较是否为合法候选人，并计票。最后用 for 语句输出候选人的姓名和所得票数。

【编程实现】

```
#include <stdio.h>
#include <string.h>
struct person
{
 char name[20];        // 候选人姓名
 int  count;            // 得票数
} leader[3] = { {"Li", 0}, {"Zhang", 0},{"Wang", 0} };

int main ( )
{
 int  i, j;
 char leader_name[20];
 while (1)              // 统计候选人得票数
 {
  scanf ("%s", leader_name);        // 输入候选人姓名
  if (strcmp(leader_name, "0") == 0)  // 输入为 "0" 结束
   break;
  for (j = 0; j < 3; j++)  // 比较是否为合法候选人
   if (strcmp(leader_name,leader[j].name) == 0)  // 合法
    leader[j].count++;  // 得票数加 1
 }

 for (i = 0; i < 3; i++) // 显示候选人得票数
```

```
        printf ("%5s : %d\n", leader[i].name, leader[i].count);
    return 0;
}
```

【运行结果】

```
Li Zhang Wang Li Wang Li 0↙
Li:      3
Zhang:   1
Wang:    2
```

10.2.4 结构体指针

1. 指向结构体的指针

当一个指针变量用来指向一个结构体变量时，称之为指向结构体的指针。结构体指针变量中的值是所指向的结构体变量的首地址。通过结构体指针即可访问该结构体变量，这与数组指针和函数指针的情况是相同的。

结构体指针变量声明的一般形式为：

struct 结构名 * 结构体指针变量名

如前面定义了 Student_Info 这个结构体，如要声明一个指向 Student_Info 的指针变量 pstu，可写为：

struct Student_Info *pstu;

当然也可在定义 Student_Info 结构体时同时声明 pstu 指针。与前面讨论的各类指针变量相同，结构体类型指针变量也必须先赋值后使用。

赋值是把结构体变量的首地址赋予该指针变量，不能把结构体变量名赋予该指针变量。如果 student1 被声明为 Student_Info 类型的结构体变量，则可这样赋值：pstu=&student1。

2. 指向结构体数组的指针

指针变量可以指向一个结构体数组，这时结构体类型指针变量的值是整个结构体数组的首地址。结构体指针变量也可指向结构体数组的一个元素，这时结构体指针变量的值是该结构体数组元素的首地址。

设 ps 为指向结构体数组的指针变量，则 ps 也指向该结构体数组的 0 号元素，ps+1 指向 1 号元素，ps+i 则指向 i 号元素。这与普通数组的情况是一致的。

【例 10-11】用指针变量输出结构体数组。

【问题分析】

在本题中，定义了 Student_Info 结构体类型的外部数组 student 并作了初始化赋值。在 main 函数内定义 ps 为指向 Student_Info 类型的指针。在循环语句 for 的“表达式 1”中，ps 被赋予 student 的首地址，然后循环 5 次，输出 student 数组中各成员值。

【编程实现】

```
#include<stdio.h>
struct Student_Info
  {
     char no[9];
     char *name;
     char sex;
     float score;
  }student[5]={
         {"20246101","Li ping",'M',95},
         {"20246102","Zhang ping",'M',78.5},
         {"20246103","He fang",'F',96.5},
         {"20246104","Cheng ling",'F',89},
         {"20246105","Wang ming",'M',88}};
int main()
{
 struct Student_Info *ps;
 printf("   No\t\t\tName\t\tSex\tScore\t\n");
 for(ps=student;ps<student+5;ps++)
 printf("%9d\t%12s\t\t%2c\t%5.2f\t\n",ps->no,ps->name,ps->sex,ps->score);
 return 0;
}
```

【运行结果】

```
 No          Name          Sex    Score
 4206656     Li ping       M      95.00
 4206688     Zhang ping    M      78.50
 4206720     He fang       F      96.50
 4206752     Cheng ling    F      89.00
 4206784     Wang ming     M      88.00
```

【程序分析】

应该注意的是，一个结构体指针变量虽然可以用来访问结构体变量或结构体数组元素的成员，但是，不能使它指向一个成员。也就是说不允许取一个成员的地址来赋予它。因此，下面的赋值方法是错误的：

ps=&student[1].sex;

而只能是：

ps=student; //赋予数组首地址

或者是：

```
ps=&student[0];  //赋予0号元素首地址
```

3. 结构体指针变量作为函数参数

在ANSI C标准中，允许结构变量作为函数参数进行整体传送。但是这种传送要将全部成员逐个传送，特别是成员为数组时，将会使传送的时间和空间开销很大，严重地降低了程序的效率。因此最好的办法就是使用指针，即用指针变量作为函数参数进行传送。这时由实参传向形参的只是地址，从而减少了时间和空间的开销。

【例10-12】计算一组学生的平均成绩和大于90的人数。程序中使用结构体指针变量作为函数参数。

【问题分析】

在本题中定义了函数ave，其形参为结构体指针变量ps。student被定义为外部结构数组，因此在整个源程序中有效。在main函数中，定义了结构体指针变量ps，并把student的首地址赋予它，使ps指向student数组。然后以ps作实参调用函数ave，在函数ave中完成计算平均成绩和统计大于90分的人数的工作并输出结果。

【编程实现】

```
#include<stdio.h>
struct Student_Info
  {
    char no[9];
    char *name;
    char sex;
    float score;
  }student[5]={
        {"20246101","Li ping",'M',95},
        {"20246102","Zhang ping",'M',78.5},
        {"20246103","He fang",'F',96.5},
        {"20246104","Cheng ling",'F',89},
        {"20246105","Wang ming",'M',88}};
int main()
{
  struct Student_Info *ps;
  void ave(struct Student_Info *ps);
  ps=student;
  ave(ps);
  return 0;
```

```
}
void ave(struct Student_Info *ps)
{
  int c=0,i;
  float ave,s=0;
  for(i=0;i<5;i++,ps++)
   {
     s+=ps->score;
     if(ps->score>90) c+=1;
   }
  printf("s=%f\n",s);
  ave=s/5;
  printf("average=%f\ncount=%d\n",ave,c);
}
```

【运行结果】

```
s=447.000000
average=89.400002
count=2
```

由于本程序全部采用指针变量进行运算和处理，故运算速度更快，程序效率更高。

10.3 联合体

C 语言中的联合体 (Union) 是一种构造数据类型，也叫共用体。它允许在同一内存位置存储不同类型的数据。

10.3.1 联合体类型

在 C 语言中，变量的定义是分配存储空间的过程。一般情况下，每个变量都具有其独有的存储空间。那么可不可以在同一个内存空间中存储不同的数据类型 (不是同时存储) 呢？ 使用联合体就可以达到这样的目的。在 C 语言中，定义联合体的关键字是 union。

联合体类型的定义的一般形式为：

```
union [ 联合体类型 ]
{
  数据类型 1   成员 1;
  数据类型 2   成员 2;
  …
```

```
  数据类型 n   成员 n;
};
```

其中，union 是关键字，不能省略；“联合体类型”必须是合法标识符，可以是无名联合体；成员的“数据类型”可以是基本数据类型或复杂数据类型，“成员”为合法标识符；成员用“{}”括起来，最后用“;”结束。

例如，联合体类型 UData 的定义为：

```
union UData
{
 short i;
 char ch;
 float f;
};
```

联合体类型定义不分配内存空间。但给联合体变量分配内存空间时是按最大成员的大小分配。如 UData 类型变量所占空间大小为 4 个字节，即 sizeof(union UData) = sizeof(f)，具体形式如图 10.6 所示。

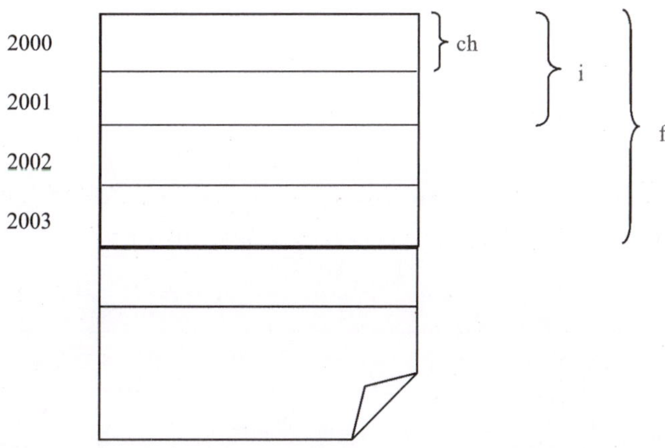

图 10.6　联合体变量内存分配示意图

10.3.2 联合体变量

1. 联合体变量的定义

创建联合体变量与创建结构体变量的方法相同，需要一个联合体类型和联合体变量。下面是两种定义联合体变量的方法。

(1) 先定义类型，再定义变量。例如：

```
union UData
{
   short i;
   char ch;
```

```
    float f;
};
union UData a, b, *p, d[3];
```

其中，UData 是联合体类型名，a、b 为联合体变量，p 为指向联合体的指针，d 为联合体数组。注意，定义联合体的时候不要忘了关键字 union。

(2) 定义类型时，同时定义变量。例如：

```
union UData
{
  short i;
  char ch;
  float f;
} a, b;
```

或：

```
union
{
  short i;
  char ch;
  float f;
} a,b;
```

联合体变量任何时刻都只有一个成员在使用。定义联合体变量时分配内存，长度为最长成员所占字节数。上面定义的 a、b 变量内存分配如图 10.7 所示。

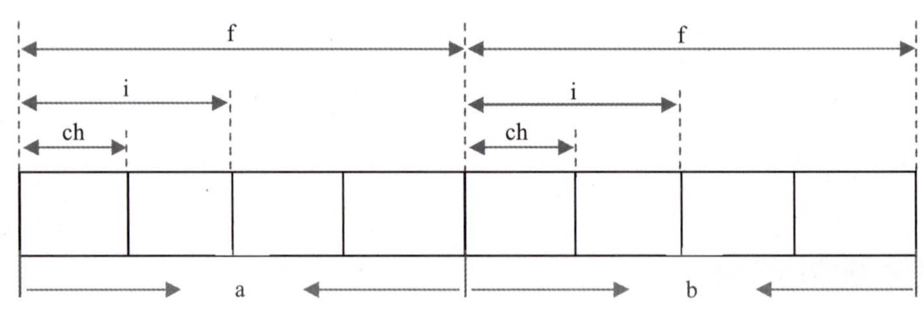

图 10.7　变量 a、b 内存分配示意图

2. 联合体变量的引用

联合体的特点是对多个变量使同一存储空间，因此单独使用联合体变量没有任何意义，联合体变量在使用过程中只能引用变量成员。一般对联合体类型变量的使用，包括赋值、输入、输出、运算等，一般都是通过联合体变量的成员实现的。使用联合体变量成员的方法分为一般变量形式和指针变量形式两种，成员 (分量) 运算符结合性是从左向右。

一般变量形式为：

联合变量名 . 成员名

指针变量形式为：

联合体指针 -> 成员名　或　(* 联合体指针). 成员名

例如：

```
union UData
{
   short i;
   char ch;
   float f;
};
union UData a, b, *p, d[3];
```

其引用形式如下。

- 形式 1：a.i，a.ch，a.f。
- 形式 2：p->i，p->ch，p->f。
- 形式 3：(*p).i，(*p).ch，(*p).f。
- 形式 4：d[0].i，d[0].ch，d[0].f。

3. 联合体变量的赋值

(1) 联合体变量的初始化赋值

定义联合体变量时，可以对变量赋初值，但只能对变量的第一个成员赋初值，不可像结构体变量那样对所有的成员赋初值。例如：

```
union UData
{
  short i;
  char ch;
  float f;
};
```

赋初值方法如下：

```
union UData data = {10};          //10 赋给成员 i
union UData data = {'A'};         //'A' 赋给成员 i，即 i 的值为 65('A' 的 ASCII 码 )
union UData data = {10, 'A', 12.5}; // 错误，"{ }" 中只能有一个值
union UData data = 10;             // 错误，初值必须用 "{ }" 括起来
```

(2) 联合体变量在程序中赋值

定义联合体变量以后，如果要对其赋值，则只能通过赋值语句对其成员赋值，不可对其整体赋值。例如：

```
union UData
{
  short i;
```

```
    char ch;
    float f;
};
union UData data, *p, d[10];
```

赋初值方法如下：

```
data = {10};      // 错误
data = 10;        // 错误
data.i = 10;      // 正确，将 10 赋给 data 的成员 i
p = &data;        //p 指向 data
p->f = 12.5;          // 正确，将 12.5 赋给 data 的成员 f
d[0].ch = 'A'         // 正确，将 'A' 赋给 d[0] 的成员 ch
```

具有相同联合体类型的变量之间，也可以相互赋值。例如：

```
union UData data1 = {10}, data2;
data2 = data1;      // 正确
```

在使用联合体时，需要注意以下几点。

- 由于联合体的所有成员共享同一块内存空间，因此修改一个成员，可能会影响其他成员。这就要求在使用联合体时要非常小心，以免造成数据混乱。
- 在访问联合体的不同成员时，可能会涉及类型转换。例如，如果将一个整数赋值给联合体的整数成员，然后再尝试访问该联合体的浮点数成员，那么可能会出现意想不到的结果，因为整数和浮点数的二进制表示是不同的。
- 由于联合体变量的各成员共享同一地址的内存单元，所以在对其成员赋值的某一时刻，存放的和起作用的将是最后一次存入的成员值。
- 由于联合体变量所有成员共享同一内存空间，因此联合体变量与其各成员的地址相同。

【例 10-13】联合体成员间的相互影响。

【问题分析】

在本题中，定义了无名联合体和联合体指针变量 d。联合体由 long 型 L、short 型 a、char 型 ch 三个成员组成，给 d 赋初值：{0xFFF11241}。进行 d.a++ 运算，分别输出各成员运算前后的值，观察成员间的相互影响。

【编程实现】

```
#include <stdio.h>
int main ( )
{
  union
  {
    long  L;
```

```
    short a;
    char ch;
  } d = {0xFFF11241};
  printf ("d.ch = %c  d.a = %X  d.L = %X\n",d.ch, d.a, d.L);
  d.a++;
  printf ("d.ch = %c  d.a = %X  d.L = %X\n",d.ch, d.a, d.L);
  return 0;
}
```

【运行结果】

```
d.ch = A  d.a = 1241  d.L = FFF11241
d.ch = B  d.a = 1242  d.L = FFF11242
```

【例 10-14】设有一个教师与学生通用的表格，教师数据有姓名、年龄、职业，教研室四项，学生数据有姓名、年龄、职业、班级四项。编程输入人员数据，再以表格形式输出。

【问题分析】

在本题中，定义了教师 - 学生结构体 Stu_Tea，结构体中包含一个无名联合体表示学生班级号或教师教研室名。结构体由姓名、年龄、职业、班级、教研室四个成员组成，从键盘上输入人员信息，再从显示器上输出。

【编程实现】

```
#include <stdio.h>
struct Stu_Tea
{
  char  name[10];  // 姓名
  int   age;           // 年龄
  char  job;           // 职业 ,s 表示学生 ,t 表示教师
  union
  {
    int  classno;        // 学生班级号
    char office[10];  // 教师教研室名
  } depart;
};
int main ( )
{
  struct Stu_Tea body[2];
  int  i;
  for (i = 0; i < 2; i++)  // 输入学生或教师信息
  {
```

```
printf ("input name,age,job and department\n");
  scanf ("%s %d %c", body[i].name, &body[i].age, &body[i].job);
  if (body[i].job == 's')   //是学生，输入班级号
     scanf ("%d", &body[i].depart.classno);
  else              //是教师，输入教研室名
     scanf ("%s", body[i].depart.office);
 }
printf ("name\tage job class/office\n"); //显示学生、教师信息
  for (i = 0; i < 2; i++)
  {
   if (body[i].job == 's')
      printf("%s\t%3d%3c\t%d\n",body[i].name,body[i].age,body[i].job, body[i].depart.
           classno);
   else
       printf ("%s\t%3d%3c\t%s\n", body[i].name, body[i].age,body[i].job, body[i].
            depart.office);
  }
 return 0;
}
```

【运行结果】

```
input name,age,job and department
李明 45 t 计算机系↙
input name,age,job and department
张珊 19 s 3↙
name    age job class/office
李明    45  t   计算机系
张珊    19  s   3
```

10.4 枚举类型

在实际问题中，有些变量的取值被限定在一个有限的范围内，如一个星期内只有七天，一年只有十二个月，一个班每周有六门课程，等等。如果把这些量声明为整型、字符型或其他类型显然是不妥当的。如果一个变量只有几种可能的值，可以把它定义成枚举类型。所谓“枚举”，顾名思义，就是把这种类型数据可取的值一一列举出来。一个枚举型变量取值仅限于列出范围的值。

10.4.1 枚举类型与枚举变量的定义

1. 枚举类型的定义

枚举数据类型通常的定义形式为：

```
enum 枚举类型
{
  枚举元素表
};
```

其中，enum 是关键字，不能省略；“枚举类型”必须是合法标识符，可以是无名枚举类型；“枚举元素”为合法标识符；枚举元素用“{}”括起来，最后用“;”结束。

例如：

```
enum weekday {sun, mon, tue, wed, thu, fri, sat};
```

该枚举名为 weekday，枚举值共有 7 个，即一周中的七天。凡被声明为 weekday 类型的变量，取值只能是七天中的某一天。

2. 枚举变量的定义

如同结构体和联合体一样，枚举变量也可用不同的方式定义，即先定义类型后定义变量，或者类型和变量同时定义。

设有变量 a,b,c 被声明为上述的 weekday，可采用下述任一种方式定义变量：

```
enum weekday{ sun,mou,tue,wed,thu,fri,sat };
enum weekday today, nextday;
```

或者：

```
enum weekday{ sun,mou,tue,wed,thu,fri,sat }today, nextday;
```

或者：

```
enum { sun,mou,tue,wed,thu,fri,sat }today, nextday;
```

10.4.2 枚举变量的赋值与使用

在枚举类型中，枚举元素值是常量，不是变量，不能在程序中用赋值语句再对它赋值。C 语言的编译程序对枚举元素实际上按整型常量进行处理，当遇到枚举元素列表时，编译程序默认对其中第一个标识符赋 0 值，第二、三、……、n 个标识符依次增 1 赋值。

例如 enum weekday {sun, mon, tue, wed, thu, fri, sat} 中，sun, mon, tue, wed, thu, fri, sat 分别对应用 0、1、2、3、4、5、6 值。

在枚举类型定义时可以指定枚举元素的值，但一定要注意后继元素以此依次增 1 赋值。例如：

```
enum weekday {sun = 7, mon = 1, tue, wed, thu, fri, sat};
```

枚举元素是常量，在程序中不可对它赋值，例如“sun = 0; mon = 1;”将产生错误。不同枚举类型中的枚举元素的名字必须互不相同。同一枚举类型中的不同的枚举元素，可以具有相同的值，但使用过程中要小心区别。

枚举类型用标识符表示数值，虽增加了程序的可读性，但限制了变量的取值范围。例如：

enum weekday {sun, mon, tue, wed, thu, fri, sat} today, nextday;

其中 today、nextday 只能取 sun ～ sat 中的值。

只能把枚举元素值赋予枚举变量，不能把元素的数值直接赋予枚举变量。如“today=sun , nextday=mon;”是正确的 , 而“today=0 , nextday=1;”是错误的。如一定要把数值赋予枚举变量，则必须用强制类型转换。如：

today=(enum weekday)2;

其意义是将编号为 2 的枚举元素赋予枚举变量 today，相当于：

today=tue;

还应该注意的是，枚举元素不是字符常量也不是字符串常量，使用时不要加单、双引号。

【例 10-15】荷兰国旗问题。这是荷兰人 Dijkstra 提出的问题：荷兰国旗由红白蓝三色组成，现有 N 个桶，每个桶中放一个小球，小球是红的、白的或蓝的。要求把这些小球重新排列，使红的排在前面，然后是白的，最后是蓝的，并且规定每个桶只能看一次，允许两个球进行交换。

【问题分析】

在本题中，将 {red, white, blue} 三种颜色定义成枚举类型，用一个具有 N 个元素的枚举类型数组来表示 N 个桶，数组中每个元素的值表示小球的颜色，则其取值只能是红、白、蓝三种。下面通过图 10.8 来分析这个问题的解法。

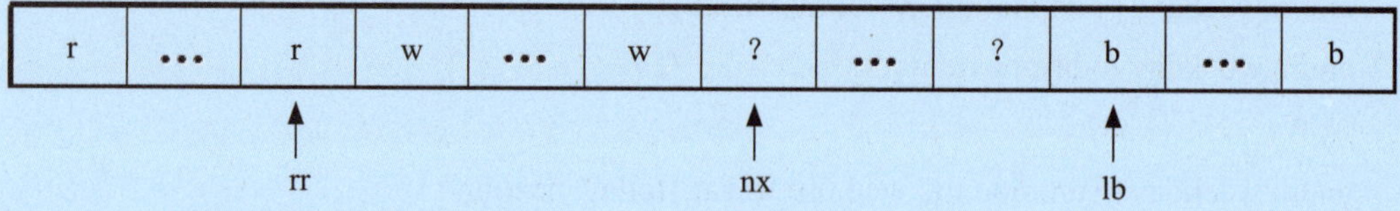

图 10.8　数组分布示意图

这时数组元素已分成为四部分：已知红色 (r)，已知白色 (w)，已知蓝色 (b) 和未检查 (?) 四类。用三个指针分别表示最右边的红色 (rr)，最左边的蓝色 (lb) 和要检查的下一个元素 (nx)。

程序执行时，每次检查 nx 所指的值，如是白色 (w) 只需将 nx 加 1；如是红色 (r)，可把它与 rr 的下一个元素互换，即先使 rr 加 1，然后互换 rr 和 nx 所指的元素，最后把 nx 加 1(因为换过来的是白色)；如果 nx 指的是蓝色，可以先把 lb 减 1，然后互换 nx 与 lb 位置的元素，将这个蓝色值放到新的 lb 处。

由于是用数组来处理这个问题，所以 rr，lb，nx 都表示为下标。很明显，在没有排序之前，rr 应在数组首元素之前，lb 应在数组末元素之后，可以表示为 -1 和 n。

【编程实现】

```
#include<stdio.h>
enum color {red, white, blue};
int main ( )
{
```

```
    static enum color flag[20]={ white, red, red, blue, white, red,blue,  blue, white, blue,
                                 red, red,white, red, blue, white, blue, red,blue, white };
    enum color temp;
    int rr, lb, nx, i;
    rr = -1;
    lb = 20;
    nx = 0;
  while (nx != lb)
     switch (flag[nx])
     {
      case  red:     rr++;  temp = flag[nx];  flag[nx] = flag[rr];
                     flag[rr] = temp;  nx++;  break;
      case  white:  nx++;  break;
      case  blue:    lb--;  temp = flag[nx];  flag[nx] = flag[lb];
                     flag[lb] = temp;  break;
     }  //switch
    for (i = 0; i < 20; i++)    // 显示结果
     switch (flag[i])
     {
      case  red:   putchar (' '); putchar ('r');  break;
      case  white: putchar (' '); putchar ('w');  break;
      case  blue:  putchar (' '); putchar ('b');  break;
     }
    return 0;
  }
```

【运行结果】

r r r r r r r w w w w w w b b b b b b b

10.5 类型定义符 typedef

C 语言不仅提供了丰富的数据类型，而且还允许用户自定义类型说明符，也就是说允许用户为数据类型取“别名”。利用类型定义符 typedef，即可完成此功能。

例如，有整型量 a、b，其声明如下：

int a,b;

其中 int 是整型变量的类型说明符。int 的完整写法为 integer，为了增加程序的可读性，可把整型说明符用 typedef 定义为：

typedef int INTEGER

以后就可用 INTEGER 来代替 int 作为整型变量的类型说明了。例如：

INTEGER a,b;

它等效于：

int a,b;

用 typedef 定义数组、指针、结构体等类型，将带来很大的方便，它不仅使程序书写简单，而且意义更为明确，因而增强了可读性。例如：

typedef char NAME[20];

表示 NAME 是字符数组类型，数组长度为 20。然后可用 NAME 声明变量，如：

NAME a1,a2,s1,s2;

完全等效于：

char a1[20],a2[20],s1[20],s2[20]

又如：

```
typedef struct stu
{
char name[20];
int age;
char sex;
} STU;
```

定义 STU 表示 stu 的结构类型，然后可用 STU 来声明结构变量：

STU student1,student2;

typedef 定义的一般形式为：

typedef 原类型　新类型

其中“原类型”中含有定义部分，“新类型”一般用大写表示，以便于区别。

在程序编写时，有时也可用宏定义来代替 typedef 的功能。但是宏定义是由预处理完成的，而 typedef 则是在编译时完成的，后者更为灵活方便。

10.6 项目实战

问题：对学生的基本信息进行管理。输入 n 个学生的基本信息 (学号、姓名、性别、年龄、班级、成绩 (语文、数学、英语、总分、平均分))，然后对学生信息按总分从高到低进行排序，并将排序后的结果输出。

10.6.1 项目问题分析

在项目中，主要是要存储学生实体。学生实体由多个属性组成，可以考虑用结构体类型表示。由学生人数不确定，可采用动态存储方式，排序时采用数组指针。我们将项目分为主函数、学生信息输入输出、学生成绩排序、动态存储管理等几个模块进行设计。

10.6.2 数据模型的构建

学生的基本信息管理项目所用的数据结构定义如下：

```
enum SEX {man,female};                 // 性别定义枚举类型
struct Student_Info                    // 学生实体定义为结构体
{
    char            no[9];             // 学号
    char            name[20];          // 姓名
    enum SEX        sex;               // 性别
    unsigned int    age;               // 年龄
    unsigned int    classno;           // 班级
    float           grade;             // 成绩
};
STUDENT  **pstu;                       // 二级指针，存储结构体指针数组的指针
int  num;                                            // 学生人数
typedef struct Student_Info STUDENT;                 // 为结构体定义别名
STUDENT *GetStuInfo(int i);                          // 学生信息输入函数
void PutStuInfo (STUDENT **pstu,int num);            // 学生信息输出函数
void SortStuInfo (STUDENT **pstu, int num);          // 学生成绩排序函数
void FreeMemory (STUDENT **pstu, int num);           // 动态内存释放函数
```

10.6.3 算法的设计

根据项目问题分析和数据模型，各模块具体算法描述如图 10.9 ～图 10.13 所示。

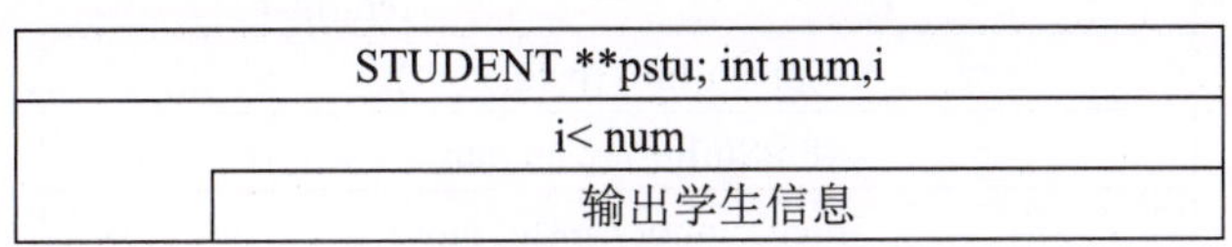

图 10.9 PutStuInfo 函数模块 N-S 图

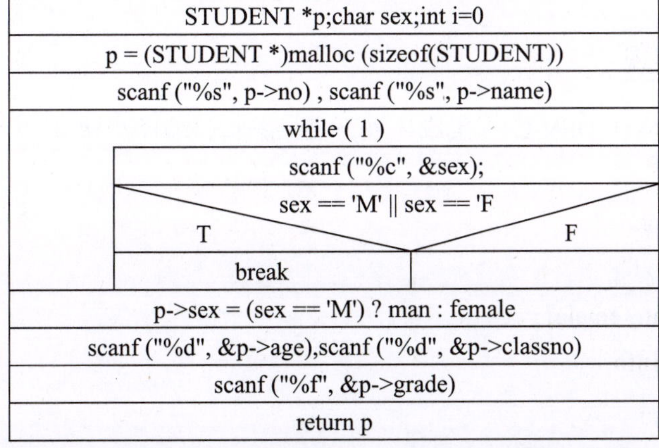

图 10.10 GetStuInfo 函数模块 N-S 图

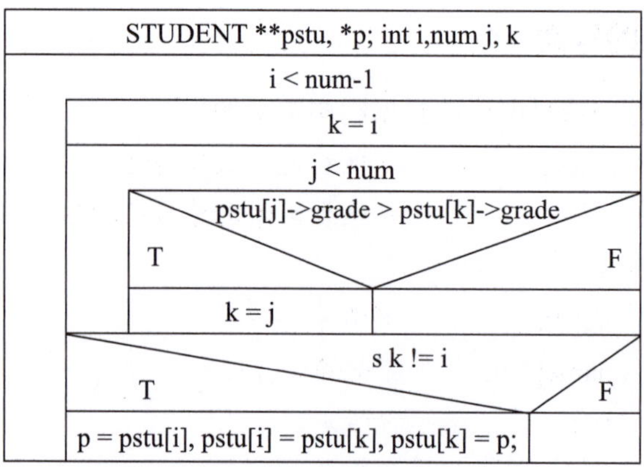

图 10.11　SortStuInfo 函数模块 N-S 图

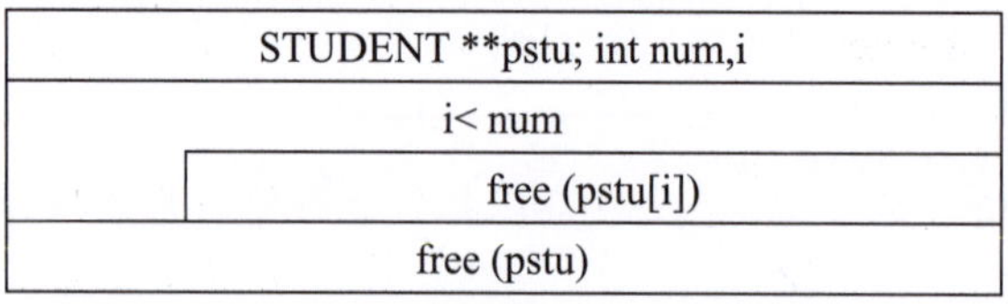

STUDENT **pstu; int num,i

i< num

free (pstu[i])

free (pstu)

图 10.12　FreeMemory 函数模块 N-S 图

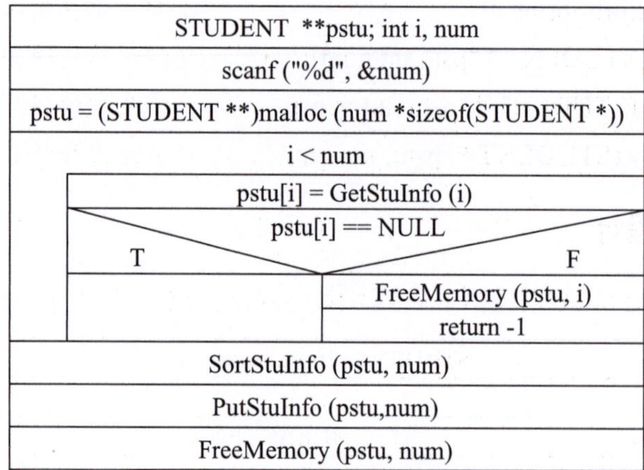

图 10.13　main 函数模块 N-S 图

10.6.4 项目实现

项目源代码可以在 DEV-C++ 集成环境下直接编辑、编译和调试。具体程序如下。

【程序】

```
#include <stdio.h>
#include <stdlib.h>
enum SEX {man,female};
struct Student_Info
{
```

```
    char            no[9];          // 学号
    char            name[20];       // 姓名
    enum SEX        sex;            // 性别
    unsigned int    age;            // 年龄
    unsigned int    classno;        // 班级
    float           grade;          // 成绩
};
typedef struct Student_Info STUDENT;
STUDENT *GetStuInfo(int i);
void PutStuInfo (STUDENT **pstu,int num);
void SortStuInfo (STUDENT **pstu, int num);
void FreeMemory (STUDENT **pstu, int num);

int main ( )
  {
    STUDENT  **pstu;
    int  i, num;
    // 输入学生人数
    printf ("input the number of the students: ");
    scanf ("%d", &num);
    if (num <= 0)     // 人数小于或等于零，返回
      return -1;
    // 动态建立结构体指针数组
    pstu = (STUDENT **)malloc (num *sizeof(STUDENT *));
    if (pstu == NULL)  // 分配失败，返回
    {
      printf ("not enough memory!\n");
      return -1;
    }
   for (i = 0; i < num; i++)  // 建立每个学生信息的记录
    {
      pstu[i] = GetStuInfo (i);
      if (pstu[i] == NULL)  // 分配内存失败
      {
        printf("not enough memory!\n");
        FreeMemory (pstu, i);  // 释放前面分配的内存
```

```
        return -1;
      }
    }
    // 对学生信息按分数从高到低排序
    SortStuInfo (pstu, num);
    printf ("\n===============sortresult==================\n");
    PutStuInfo (pstu,num);
    FreeMemory (pstu, num); // 释放动态分配的内存
    return 0;
  }
// 学生信息输入模块
STUDENT *GetStuInfo (int i)
{
   STUDENT *p;
   char sex;
   p = (STUDENT *)malloc (sizeof(STUDENT));
   if (p == NULL)
      return NULL;
   printf ("\n====input %dth student’ s information==== \n", i+1);
   printf ("no: ");
   scanf ("%s", p->no);
   printf ("name: ");
   scanf ("%s", p->name);
   fflush (stdin); // 清除键盘缓冲区
while ( 1 )
    {
      printf ("sex(M,F): ");
      scanf ("%c", &sex);
      if (sex == 'M' || sex == 'F')
        break;
      fflush (stdin);
    }
    p->sex = (sex == 'M') ? man : female;
    printf ("age: ");
    scanf ("%d", &p->age);
    printf ("classno: ");
```

```
    scanf ("%d", &p->classno);
    printf ("grade: ");
    scanf ("%f", &p->grade);
    return (p);
}
// 学生信息输出模块
void PutStuInfo (STUDENT **pstu, int num)
{
    int i;
     for (i = 0; i <num; i++)  // 显示排序后的学生信息
       printf ("%12s%20s%9s%5d%5d%8.1f\n",pstu[i]->no, pstu[i]->name,
              (pstu[i]->sex == man) ? "man" : "female",pstu[i]->age,
               pstu[i]->classno, pstu[i]->grade);
    return ;
}
// 对学生信息按分数从高到低排序模块
void SortStuInfo (STUDENT **pstu, int num)
{
    STUDENT *p;
    int i, j, k;

    for (i = 0; i < num-1; i++)
    {
     k = i;
     for (j = i+1; j < num; j++)
       if (pstu[j]->grade > pstu[k]->grade)
          k = j;
     if ( k != i)
     {
       p = pstu[i];
       pstu[i] = pstu[k];
       pstu[k] = p;
     }
    }
}
// 释放动态分配的内存模块
```

```
void FreeMemory (STUDENT **pstu, int num)
{
   int i;
   // 先释放每个数组元素所指向的内存块
   for (i = 0; i < num; i++)
       free (pstu[i]);
   free (pstu);   // 最后释放结构体指针数组
}
```

【运行结果】

```
input the number of the students: 4↙
====input 1th student's information====
no: 2024611206↙
name: 张富强↙
sex(M,F): M↙
age: 19↙
classno: 2↙
grade: 90↙
====input 2th student's information====
no: 2024611307↙
name: 李文明↙
sex(M,F): M↙
age: 18↙
classno: 3↙
grade: 88↙
====input 3th student's information====
no: 2024611108↙
name: 全美丽↙
sex(M,F): F↙
age: 18↙
classno: 1↙
grade: 92↙
====input 4th student's information====
no: 2024611109
name: 周有才↙
sex(M,F): M↙
age: 19↙
```

```
classno: 1↙
grade: 95↙
===============sortresult==================
202461110 周有才        man      19  1   95.0
202461110 全美丽        female   18  1   92.0
202461120 张富强        man      19  2   90.0
202461130 李文明        man      18  3   88.0
```

总结拓展

【本章小结】

在本章中，我们深入探讨了结构体、联合体及枚举类型等用户自定义数据类型，它们是抽象描述客观实体的基础。其中介绍了结构体、联合体和枚举类型等概念，各种类型的定义和运用，主要包括以下几个方面内容。

(1) 结构体、联合体及枚举类型的基本概念。

(2) 结构体、联合体及枚举类型的定义、变量的定义。其中“.”是成员运算符，可用它表示成员项；指针成员还可用“->”运算符来表示。

(3) 结构体类型与联合体类型的区别。在结构体中，各成员都占有自己的内存空间，它们是同时存在的；一个结构体变量的总长度等于所有成员长度之和。在联合体中，所有成员不能同时占用它的内存空间，它们不能同时存在；联合体变量的长度等于最长的成员的长度。

(4) 结构体与数组、指针的关系。结构体变量可以作为函数参数，函数也可返回指向结构体的指针变量。结构体可以定义静态数组；也可以动态组成链表，方便实现动态的存储分配。

通过本章知识的学习和项目实战，希望读者学会组织复杂数据，能够表示现实世界中复杂的实体，掌握复杂数据类型在编程中提供的强大的数据组织、抽象和操作能力。

【思政故事】

算力时代，谁主沉浮

在数字化浪潮席卷全球的今天，数据中心作为信息社会的基石，其能效管理水平对于行业的可持续发展及环境保护具有深远影响。“算力”越来越成为科技进步、经济社会发展的驱动力。

算力的字面意思，大家都懂，就是计算能力 (Computing Power)。更具体来说，算力是通过对信息数据进行处理，实现目标结果输出的计算能力。

20世纪60年代，为解决大规模数值计算、仿真模拟等科学工程计算问题，超级计算中心应运而生，至今仍以大国重器的形象为诸多行业提供科学计算服务。

21世纪前10年，互联网信息服务、高并发访问等网络计算与数据存储所寄的云计算中心开始落地，各大公有云平台拔地而起、攻城略地。

近10年来，人工智能(AI)计算中心开始出现，主要用来处理影像、语音、自然语言等识别问题，综合应用多种技术实现推理、训练模型开发。

这三类计算中心，虽然各自特点鲜明、用途有异，但超算与AI计算、云计算与超算、AI计算与云计算“我中有你、你中有我”的情形并不鲜见，相互之间的界限逐渐模糊。

中国算力产业在进入新一轮发展周期，有两个变量将影响中国企业的全球竞争力。

一是全面启动的“东数西算”政策。2022年2月，国家发改委、工信部等部门联合印发通知，同意在京津冀、长三角等八地启动建设国家算力枢纽节点，并规划十个国家数据中心集群。全国一体化大数据中心体系完成总体布局，中国将形成一体化的新型算力网络体系。

二是AI(人工智能)让智能算力需求爆发。2022年12月，微软投资的创业公司OpenAI推出了对话AI ChatGPT，这是大模型、AI计算在语言领域的运用。智能计算正在重塑云、软件、芯片产业，还在影响其他产业的智能化转型。百度、阿里、华为、腾讯等中国科技公司正在储备智能算力资源，推出面向企业客户的大模型。创业公司、风险资本也在快速涌入。

2024年，中国智能算力规模达725.3 EFLOPS，同比增长74.1%，增幅是同期通用算力增幅(20.6%)的3倍以上；市场规模为190亿美元，同比增长86.9%。位居全球第二位。

未来两年，中国智能算力仍将保持高速增长。2025年，中国智能算力规模将达到1 037.3 EFLOPS，较2024年增长43%；2026年，中国智能算力规模将达到1 460.3 EFLOPS，为2024年的两倍。2025年中国人工智能算力市场规模将达到259亿美元，较2024年增长36.2%；2026年市场规模将达到337亿美元，为2024年的1.77倍。

同时，DeepSeek凭借“开源、成本低、性能高”迅速出圈火爆全球，正在激活市场热情。DeepSeek基于算法层面的极大创新，对中国乃至全球的人工智能产业带来深刻变革。算法成为驱动人工智能发展的核心引擎，正牵引着算力的发展，也驱动了计算架构和数据中心变革。

在计算架构层面，为了满足大模型对计算资源的高需求，提升单节点的计算性能(Scale-up)变得至关重要。其次，通过增加节点数量，提高互连效率，实现计算能力的横向扩展(Scale-out)。此外，伴随大模型迈向应用阶段，推理工作负载将持续增加；面向应用和推理需求；对芯片和系统架构进行设计愈加重要。

在数据中心层面，节点故障率随着集群规模增长而上升，数据中心需要更加高效的监控体系和先进的故障恢复机制。同时，数据中心还面临能耗挑战，随着单机柜性能大幅的提升，能耗将持续攀升。

当今世界，正处在数字化、网络化、智能化，以及数字经济全面发展的时代。在大模型技术爆发背景下，微软为首的美国科技公司在全球掀起了智能算力的军备竞赛，战火也烧到了中国。由于算力、算法、数据和微软存在差距，中国大模型应用产品的效果仍待改进。将来的技术形态会更加多元化，存在更多的新兴领域。以前开发一个软件基本会写程序就可以了，现在有团队才能胜任一个软件开发。开发难度的提升也是由于大计算 (Big Computing) 所引起的领域分化过于积极导致的。

多样性计算是时代发展的必然需求。在此背景下，全球千行百业拥有了多样性计算平台的选择，各国政府也纷纷发挥当地计算及信息产业优势，抢先布局以多样性计算为主要特征的计算产业，以期迈向计算新时代。

算力时代呼啸而至。算力一路“走”来，推动了不计其数的不可能变成现实，而这一切才刚刚开始。新时代青年大学生，站在算力时代新起点，更应该立志、弘志、笃志，在“践志”中“酬志”，极力推动算力赋能千行百业、造福社会大众，在奋斗中成就出精彩人生。

【课后练习】

一、选择题

1. 根据下面的定义，能打印出字母 M 的语句是 (　　)。

struct person { char name[9]; int age; };

struct person class[10] = {"John", 17, "Paul", 19, "Mary", 18, "adam", 16 };

A. printf ("%c\n", class[3].name);

B. printf ("%c\n", class[3].name[1]);

C. printf("%c\n", class[2].name[1]);

D. printf ("%c\n", class[2].name[0]);

2. 以下对结构体类型变量的定义中，不正确的是 (　　)。

A. typedef struct aa { int n; float m; } AA; AA td1;

B. #define AA struct aa AA { int n; float m; } td1;

C. struct { int n; float m; } aa; stuct aa td1;

D. struct { int n; float m; } td1;

3. 设有如下定义：struck sk { int a; float b; } data; int *p; 若要使 p 指向 data 中的 a 域，正确的赋值语句是 (　　)。

A. p = &a;

B. p = data.a;

C. p = &data.a;

D. *p = data.a;

4. 以下程序的输出结果是 (　　)。

struct student

```
{
char name[20];
char sex;
int age;
}stu[3]={"Li Lin", 'M', 18, "Zhang Fun", 'M', 19, "Wang Min", 'F', 20};
void main( )
{
   struct student *p;
   p=stu;
   printf("%s, %c, %d\n", p->name, p->sex, p->age);
}
```

A. Wang Min,F,20

B. Zhang Fun,M,19

C. Li Lin,F,19

D. Li Lin, M, 18

5. 下面对 typedef 的叙述中不正确的是（　　）。

A. 用 typedef 可以定义各种类型名，但不能用来定义变量

B. 用 typedef 可以增加新类型

C. typedef 只是将已存在的类型用一个新的标识符来代表

D. 使用 typedef 有利于程序的通用和移植

6. 以下对 C 语言中联合体类型数据的叙述正确的是（　　）。

A. 可以对共有体变量名直接赋值

B. 一个联合体变量中可以同时存放其所有成员

C. 一个联合体变量中不能同时存放其所有成员

D. 联合体类型定义中不能出现结构体类型的成员

二、填空题

1. 结构体变量成员的引用方式是使用 ____ 运算符，结构体指针变量成员的引用方式是使用 ____ 运算符。

2. 若有定义：union { int b;char a[9];float x;} un; 则 un 的内存空间是 ____ 字节。

3. C 语言允许用 ____ 声明新的类型名来代替已有的类型名。

4. 若有定义 enum en{a, b=3,c=4}; 则 a 的序值是 ____。

5. 在几个结点的单向链表中要删除已知结点 *p，需找到它们 ____。

三、程序分析题

1. 以下程序的输出结果为（　　）。

```
#include <stdio.h>
enum coin {penny, nickel, dime, quarter, half_dollar, dollar};
```

```
char *name[] = {"penny", "nickel", "dime", "quarter", "half_dollar", "dollar"};
void main( )
{
  enum coin money1, money2;
  money1 = dime;
  money2 = dollar;
  printf("%d %d\n", money1, money2);
  printf("%s %s\n", name[(int)money1], name[(int)money2]);
}
```

2. 从键盘上顺序输入整数，直到输入的整数小于 0 时停止输入，然后反序输出这些整数。请填空。

```
#include <stdio.h>
struct data { int x; struct data *link; } *p;
void input ( )
{
  int num;
  struct data *q;
  printf ("Enter data: ");
  scanf ("%d", &num);
  if (num < 0)  ___;
  q = ___;
  q->x = num;  q->link = p;
  p = q;  ___;
}
void main ( )
{
  printf ("Enter data until data < 0: \n");
  p = NULL;
  input ( );
  printf ("Output: ");
  while (___)
  {
    printf ("%d\n", p->x);
    ___;
  }
}
```

四、程序设计题

1. 用一个数组存放 3 位职工的数据，每个职工的数据包括职工姓名、职工号、性别、年龄、工资，最后将所有职工的信息在屏幕上显示出来。其中自定义函数 input 完成数据输入、函数 output 完成信息输出。

输入示例：

张三 20230001 男 28 8700

李四 20230006 男 25 9000

王美丽 20230008 女 26 8600

输出示例：

第 1 个职工：张三 20230001 男 28 8700

第 2 个职工：李四 20230006 男 25 9000

第 3 个职工：王美丽 20230008 女 26 8600

2. 编写程序，创建一个按学号（第一个成员）升序排列的新链表并输出链表中的数据，当学号相同时保留较高的成绩。链表中每个结点的学号、成绩来自结构体数组，数组中数据用测试数据初始化。输入 0 0 表示链表已经读完。

{20304,75},{20311,89},{20303,62},{20304,87},{20320,79}

第 11 章　预处理命令

凡事预则立，不预则废[①]。

——《礼记中庸》

【项目案例】

一个工程项目由多名工程师共同完成，需要编写很多个源文件和使用很多变量，大多数情况下工程师都会共享相关文件和变量。既要保证文件和变量在工程师之间能相互使用，又要避免使用的名字和类型冲突，请问你有什么好的方法吗？

【问题驱动】

(1) 掌握程序编译的基本步骤。

(2) C 语言中可使用的预处理命令。

(3) 如何利用预处理命令解决问题？

【章节导读】

我们在各自的电脑上写下代码，虽然不想了解 1、0 组成指令的含义，但得明白代码是经过预处理、编译、汇编、链接这 4 个环节，从而形成最终可执行文件。C 语言作为编译语言，用来向计算机发出指令。预处理让程序员能够准确地定义计算机需要使用的数据，并能精确确定在不同情况下所应当采取的行动。在本章主要介绍宏定义、文件包含和条件编译等预处理命令，它们用于扩展 C 语言程序设计的环境，简化程序开发过程，提高程序的可读性、移植性和调试程序的灵活性。

---

① 这句话强调了成功并非偶然，而是源于系统性的准备与未来的清晰预判。无论个人成长还是组织发展，“预”都是从无序到有序、从被动到主动的关键转折点。在编写程序前特别考虑需要用到哪些数据和方法，作好相应预案，写出相应的预处理命令是编写高效程序的基础。

11.1 预处理命令简介

C 语言的一个重要特征是它的预处理功能。我们知道，一个高级语言源程序在计算机上运行，必须先用编译程序将其翻译为机器语言。编译包括词法分析、语法分析、代码生成、代码优化等步骤，有时在编译之前还要做某些预处理工作，如去掉注释、变换格式等。C 语言允许在源程序中包含预处理命令，在正式编译之前 (词法分析之前) 系统先对这些命令进行“预处理”，然后对整个源程序进行通常的编译处理，具体过程如图 11.1 所示。

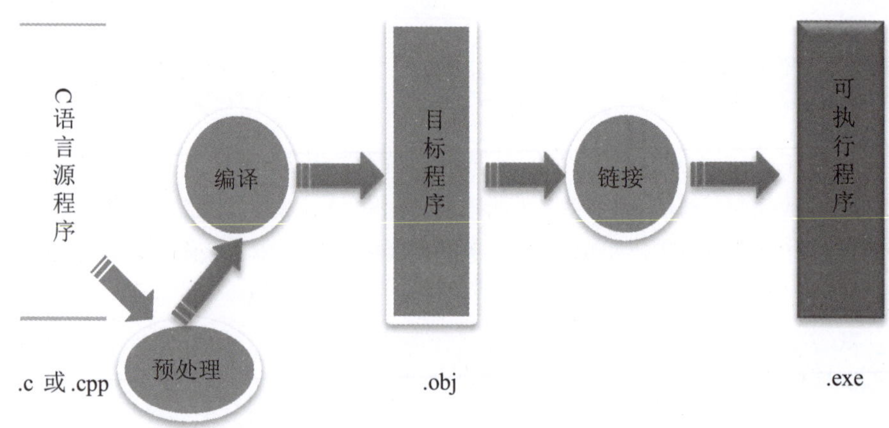

图 11.1 源程序生成执行文件过程

从语法上讲，预处理命令不是 C 语言的一部分，但使用它们却扩展了 C 语言程序设计的环境，可以简化程序开发过程，提高程序的可读性，也更有利于移植和调试 C 语言程序。

预处理命令是以“#”开头、以换行符结尾，占行单独书写，语句尾不加分号。它包含以下四方面的内容。

(1) 宏定义：例如 #define、#undef。

(2) 文件包含：例如 #include。

(3) 条件编译：例如 #if、#ifdef、#else、#elif、#endif。

(4) 其他：例如 #line、#error、#program。

本章主要介绍宏定义、文件包含和条件编译三种预处理命令。

11.2 宏定义

在 C 语言中，宏定义 (Macro Definition) 是一种在预处理阶段进行的文本替换机制。它允许程序员为一段代码或数据定义一个别名 (即宏)，以便在程序的后续部分通过简单引用这个别名来使用该代码或数据。宏定义通常使用“#define”指令来实现，并分为两种：不带参数的宏定义和带参数的宏定义。

11.2.1 不带参数的宏定义

1. 一般形式

不带参数的宏定义的一般形式为：

#define 标识符 单词串

不带参数的宏定义由“#define”“标识符”和“单词串”组成，表示用指定标识符(宏名)代替单词串(宏体)。其中，“#define”是指令名称；“标识符”是宏名，代表后面的单词串；“单词串”是宏体，宏的内容文本，可缺省，此时表示宏名定义过或取消宏体。例如：

```
#define SIZE 10
#define INT_STR  "%d"
void main ( )
{
int  a[SIZE], i;
for (i = 0; i < SIZE; i++)
  scanf (INT_STR, &a[i]);
  for (i = SIZE - 1; i >= 0; i--)
    printf (INT_STR, a[i]);
}
```

预编译处理后：

```
void main ( )
{
int  a[10], i;
for (i = 0; i < 10; i++)
 scanf ("%d", &a[i]);
 for (i = 10 - 1; i >= 0; i--)
  printf ("%d", a[i]);
    }
```

注意：宏替换时，仅仅是将源程序中与宏名相同的标识符替换成宏的内容文本，并不对宏的内容文本做任何处理。

2. 宏定义注意事项

(1) 通常用大写字母来定义宏名，以便与变量名区别。例如：

```
#define PI   3.14159
```

(2) 宏定义的位置任意，但一般放在函数外面。宏定义时，如果单词串太长，需要占用多行时，可以在行尾使用反斜线“\”续行符。例如：

#define LONG_STRING "this is a very long string that is used as an example \ this is a very long string that is used as an example "

(3) 宏名的作用域是从 #define 定义之后直到该宏定义所在文件结束或用 #undef 终止。宏可以被重复定义，重新定义之后，旧定义的将中止。例如：

```
#define YES 1
void main ( )
{
    …
}
#undef  YES     // 原 YES 作用结束
#define YES 0  // 新 YES 作用开始
void max ( )
{
    …
}
```

(4) 宏定义可以嵌套定义，但不能递归定义。例如：

```
#define R   2.0
#define PI  3.14159
#define L   2*PI*R    // 正确
#define S   PI*R*R    // 正确
#define M   M + 10    // 错误
```

(5) 程序中字符串常量或字符常量，即单引号或双引号中的字符，不作为宏进行宏替换操作。例如：

```
#define XYZ "this is a test"
printf("XYZ");
```

输出结果为：

XYZ

而不是

this is a test

“printf(XYZ); ”语句的输出结果才是：

this is a test

(6) 宏定义一般以换行结束，不要用分号结束，以免引起不必要的错误。例如：

```
#define PI 3.14;
a = PI * 2 * 2;
```

预编译处理后为：

```
a = 3.14; * 2 * 2;  // 编译时错误
```

(7) 在定义宏时，如果宏是一个表达式，那么一定要将这个表达式用括号“()”括起来，否则可能会出现非预期的结果。例如：

```
#define NUM1 10
```

```
#define NUM2 20
#define NUM  NUM1 + NUM2
void main ( )
{
  int a = 2, b = 3;
  a *= NUM;
  b = b * NUM;
  printf ("a = %d, b = %d\n", a, b);
}
```

预编译处理后为：

```
void main ( )
{
  int a = 2, b = 3;
  a *= 10 + 20;
  b = b * 10 + 20;
  printf ("a = %d, b = %d\n", a, b);
}
```

输出结果为：

a = 60, b = 50

若把上例中的第三条宏定义修改为：

```
#define NUM  (NUM1 + NUM2)
```

则预编译处理后为：

```
void main ( )
{
  int a = 2, b = 3;
  a *= (10 + 20);
  b = b *( 10 + 20);
  printf ("a = %d, b = %d\n", a, b);
}
```

输出结果为：

a = 60, b = 90

11.2.2 带参数的宏定义

1. 一般形式

带参数的宏定义的一般形式为：

#define 标识符 (参数列表) 单词串

带参数的宏定义在不带参数的宏定义基础上，标识符后面多了一对小括号和“参数列表”，其中“参数列表”由一个或多个参数构成。参数只有参数名，没有数据类型符，参数之间用逗号隔开；参数名必须是合法的标识符，后面的“单词串”通常会引用其中参数。例如：

```
#define  S(a, b)  a*b
  …
area = S(3, 2);
```

宏展开为：

```
area=3*2;
```

2. 注意事项

(1) 宏展开：形参用实参换，其他字符保留。

(2) 宏替换只作替换，不做计算，不做表达式求解。

(3) 宏体及各形参外一般应加括号“()”，否则可能会出现非预期的结果。

例如：

```
#define  POWER(x)  x*x
void main ( )
{
  int x=4,y=6;
  int z=POWER(x+y);
  printf ("z = %d", z);
}
```

宏展开 z 的值为：

```
z=x+y*x+y;    //z=4+6*4+6
```

程序结果为：

```
z = 34
```

一般应写成：

```
#define  POWER(x)  ((x)*(x))
```

修改后宏展开 z 的值为：

```
z=((x+y)*(x+y));   //z=(4+6)*(4+6)
```

程序结果为：

```
z = 100
```

11.2.3 带参数的宏与函数的区别

【例 11-1】用宏定义和函数实现同样的功能：求两个数的最大值。

【问题分析】

在本题中，将用宏定义和函数两种方法求两个数的最大值。

【宏定义编程实现】

```
#define  MAX(x, y)   (x)>(y)?(x):(y)
void main ( )
{
  int  a, b, c, d, t;
  scanf("%d%d%d%d",&a,&b,&c,&d);
  t = MAX(a+b, c+d);          // 宏展开：t = (a+b)>(c+d)?(a+b):(c+d);
  printf (" 较大值为 :%d", t);
}
```

【函数编程实现】

```
int  max(int x,int y)
{
  return(x > y ? x : y);
}
void main ( )
{
  int a, b, c, d, t;
  scanf("%d%d%d%d",&a,&b,&c,&d);
  t = max(a+b, c+d);
  printf (" 较大值为 :%d", t);
}
```

宏定义和函数两种方法在处理时间、运行速度等方面都有区别，带参的宏与函数具体区别如表 11.1 所示。

表 11.1　带参的宏与函数的区别

	带参宏定义	函数
处理时间	编译时	程序运行时
参数类型	无类型问题	定义实参、形参类型
处理过程	不分配内存，简单的字符置换	分配内存，先求实参值，再代入形参
程序长度	变长	不变
运行速度	不占运行时间	调用和返回占时间

11.3　文件包含

C 语言中的文件包含是指一个源文件可以将另一个源文件的全部内容包含进来。这种机制通过预处理命令“#include”实现，可以在编译前将指定源文件的内容复制到当前文件中。

文件包含的主要作用是减少代码重复，提高代码的可重用性和可维护性。通过使用文件包含，可以将常用的函数声明、宏定义等放在一个单独的文件中，然后在需要的地方通过“#include”命令包含进来，从而避免了在多个文件中重复书写相同的代码。

1. 一般形式

文件包含的一般形式为：

#include <包含文件名>

或

#include "包含文件名"

这两种形式的区别在于：使用尖括号“<>”时，编译器会直接到系统指定目录查找文件；而使用双引号(“ ”)时，编译器会首先在当前目录中查找文件，如果没有找到，再到系统指定目录查找。

预编译时，用被包含文件的内容取代该预处理命令，再对“包含”后的文件作一个源文件编译，处理过程如图 11.2 所示。

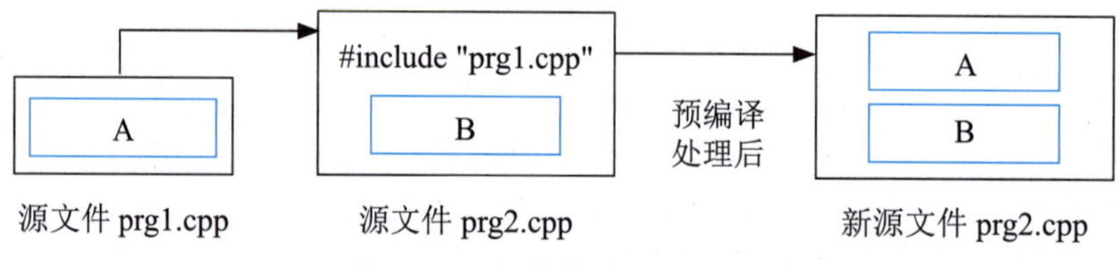

图 11.2　文件包含处理过程

【例 11-2】文件包含示例。

【问题分析】

在本题中，通过文件包含预处理，将多个模块共用的数据(如符号常量和数据结构)或函数集中到一个单独的文件中(如文件 head.h 和 func.c)。

【main 编程实现】

```
#include  "head.h"
#include  "func.cpp"
void main ( )
{
 int  a , b, c;
 a = getnum ( );
 b = getnum ( );
 c = max ( max(a, b), NUM );
 printf ("MAX = %d\n", c );
}
```

【head.h 编程实现】

```
#include  <stdio.h>
```

```
#define   NUM   10
```

【func.c 编程实现】

```
#include  <stdio.h>
int max (int x, int y)
{
 return (x > y ? x : y);
}
int getnum ( )
{
 int a;
 scanf("%d", &a);
 return (a);
}
```

【预编译处理结果】stdio.h 文件中的内容为：

```
#define  NUM  10
int max (int x, int y)
{
 return (x > y ? x : y);
}
int getnum ( )
{
 int a;
 scanf("%d", &a);
 return (a);
}
void main ( )
{
 int  a , b, c;
 a = getnum ( );
 b = getnum ( );
 c = max ( max(a, b), NUM );
 printf ("MAX = %d\n", c );
}
```

一个大程序通常分为多个模块，并由多个程序员分别编程。有了文件包含功能，就可以将多个模块共用的数据（如符号常量和数据结构）或函数集中到一个单独的文件中（如上例中的文件 head.h 和 func.c)。这样，凡是要使用其中数据或调用其中函数的程序，只要使用文件包含功能将所需文件包含进来即可，不必再重复定义它们，从而能够减少重复劳动。

2. 注意事项

(1) 常用在文件头部的被包含文件，称为“标题文件”或“头部文件”，常以 .h(head) 作为后缀，简称头文件。在头文件中，除可包含宏定义外，还可包含外部变量定义、结构类型定义等。

(2) 一条包含命令只能指定一个被包含文件。如果要包含 n 个文件，则要用 n 条包含命令。

(3) 文件包含可以嵌套，即被包含文件中包含另一个文件。

11.4　条件编译

一般情况下，C 语言源程序中的每一行代码都要参加编译。但有时候出于对程序代码优化的考虑，希望只对其中一部分内容进行编译，此时就需要在程序中加上条件，让编译器只对满足条件的代码进行编译，也就是根据一定的条件去编译源文件的不同部分，这称为条件编译。

条件编译允许只编译源文件中满足条件的程序段，使生成的目标程序较短，从而减少内存的开销，提高程序的效率。可以按不同的条件编译不同的程序部分，因而产生不同的目标代码文件。这对于程序的移植和调试是很有用的。另外，条件编译是为了让程序在各种不同的软硬件环境下都能运行，提高了程序的可移植性和灵活性。

常见的条件编译有 if、ifdef 和 ifndef 三种形式。

11.4.1 if 格式

1. 一般形式

#if-#endif 条件编译的格式为：

```
#if 条件 1
   程序段 1
#elif 条件 2
    程序段 2
  …
#else
    程序段 n
#endif
```

其中，如果“条件 1”为真就编译“程序段 1”，否则如果“条件 2”为真就编译“程序段 2”，……，依此类推，如果各条件都不为真就编译“程序段 n”。条件是常量表达式 (通常包含宏名)，可以不加括号。#elif 和 #else 可以没有，但 #endif 必须存在，它是 #if 命令的结束标识。

2. 应用举例

#if 和 #elif 常常与 defined 命令配合使用。defined 命令的作用是判断某个宏是否已经定义，如果已经定义，defined 命令返回 1，否则返回 0。defined 命令只能与 #if 或 #elif 配合使用，不能单独使用。如“#if defined(USA)”的含义是“如果定义了宏 USA”。

【例 11-3】利用 ACTIVE_COUNTRY 定义货币的名称。

【问题分析】

在本题中，根据当前所处国家，选择不同的货币形式进行结算，这里通过条件编译来实现程序的相关功能。

【编程实现】

```
#define USA  0
#define ENGLAND 1
#define FRANCE 2
#define ACTIVE_COUNTRY  USA
#if ACTIVE_COUNTRY == USA
   char *currency = "dollar";  // 有效
#elif  ACTIVE_COUNTRY == ENGLAND
   char *currency = "pound" ;
#else
   char *currency = "france" ;
#endif
void main ( )
{
  float price1, price2, sumprice;
   scanf ("%f%f", &price1,&price2);
  sumprice = price1 + price2;
  printf ("sum = %.2f%s", sumprice, currency);
}
```

【预编译处理结果】

```
char *currency = "dollar";
void main ( )
{
```

```
    float price1, price2, sumprice;
    scanf ("%f%f", &price1,&price2);
    sumprice = price1 + price2;
    printf ("sum = %.2f%s", sumprice, currency);
}
```

11.4.2 ifdef 格式

#ifdef-#endif 条件编译的格式为：

```
#ifdef 宏名
    程序段 1
#else
    程序段 2
#endif
```

其中，如果“宏名”已被 #define 定义，则编译“程序段 1”，否则编译“程序段 2”。“#ifdef 宏名”等价于“#if defined(宏名)”。在 #ifdef 和 #else 之间可以有多个 #elif 命令。

【例 11-4】利用条件编辑实现不同数据类型的加法运算。

【问题分析】

在本题中，根据宏定义的数据类型，实现不同数据类型的加法运算。

【编程实现】

```
#define  INTEGER
#ifdef  INTEGER
 int add (int x, int y)   // 有效
 {
   return (x + y);
 }
#else
 float add (float x, float y)
  {
    return(x + y);
  }
#endif
void main ( )
{
 #ifdef  INTEGER
  int a, b, c;            // 有效
```

```
    scanf("%d%d",&a, &b);
    printf("a + b = %d\n",add (a, b));
  #else
     float a, b, c;
     scanf ("%f%f", &a, &b);
     printf ("a + b = %f\n",add (a, b));
  #endif
}
```

【预编译处理结果】

```
int add (int x, int y)   // 有效
{
   return (x + y);
}
void main ( )
{
  int a, b, c;            // 有效
  scanf("%d%d", &a, &b);
  printf("a + b = %d\n",add (a, b));
}
```

11.4.3 ifndef 格式

#ifndef-#endif 条件编译的格式为：

```
#ifndef 宏名
   程序段 1
#else
   程序段 2
#endif
```

其中，如果“宏名”没被 #define 定义，则编译“程序段 1”，否则编译“程序段 2”。所以【例 11-4】也可以这样实现：

```
#define  INTEGER
#ifndef  INTEGER
 float add (float x, float y)
  {
              return(x + y);
   }
#else
```

```
    int add (int x, int y)  // 有效
    {
            return (x + y);
     }
#endif
void main ( )
{
 #ifndef  INTEGER
   float a, b, c;
   scanf ("%f%f", &a, &b);
   printf ("a + b = %f\n",add (a, b));
 #else
   int a, b, c;          // 有效
   scanf ("%d%d", &a, &b);
   printf("a + b = %d\n",add (a, b));
#endif
}
```

11.4.4 条件编译与分支语句的差别

1. 使用条件编译的原因

(1) 条件编译便于程序的移植。条件编译允许程序根据不同的编译条件包含或排除特定的代码段。这样，开发者可以为不同的操作系统、编译器或硬件架构编写特定的代码片段，并根据条件进行编译。

(2) 条件编译便于程序调试，方便程序员设置临时结果。程序调试完毕后，只需要删除“#define DEBUG”语句即可。

2. 条件编译与分支语句的差别

条件编译与分支语句有着本质的区别，具体体现在下面几个方面。

(1) 条件编译是在预编译时处理，而条件语句则是在程序运行时处理。

(2) 条件编译中的条件不可以包含变量名，只能是常量表达式 (通常包含宏名)，可以不加括号；而条件语句中的条件是条件表达式，可以包含变量或函数等，并且必须加括号。

(3) 条件编译是将满足编译条件的程序代码进行编译，生成目标代码，不满足编译条件将不进行编译；而分支语句则是不管满足条件的代码，还是不满足条件的代码，都要编译生成目标代码。

(4) 条件编译命令可以放在所有函数的外部或某函数的内部，但分支语句只能出现在某函数内部。

11.5 项目实战

一个工程项目由多名工程师共同完成，需编写出很多个源文件和使用很多变量，大多数情况下工程师都会共享相关文件和变量。既要保证文件和变量在工程师之间能相互使用，又要避免使用时名字和类型冲突，请问你有什么好的方法吗？

11.5.1 项目问题分析

我们在编写小程序的时候，大多数情况下不会遇到嵌套包含的问题。但一个工程项目由多名工程师共同完成，工程师在定义和使用多个头文件时，往往形成嵌套使用，常会遇到类型冲突的错误，导致总体项目编译不成功或者相互之间无法使用。这种情况下我们可以考虑使用预处理。

11.5.2 数据模型的构建

让我们假设下面这种情况是一种比较简单的嵌套头文件包含情况：

(1) a.h 文件有一个结构体声明：mystruct。

(2) b.h 文件使用 #include“a.h” 包含了 a.h , 同时定义了一个函数 print_b。

(3) c.h 文件使用 #include“a.h” 包含了 a.h , 同时定义了一个函数 print_c。

(4) d.c 文件同时包含了 b.h 和 c.h。

11.5.3 项目实现

项目源代码可以在 DEV-C++ 集成环境下直接编辑、编译和调试运行。具体程序如下。

【程序】

a.h 文件：

```
#include<stdlib.h>
#include<stdio.h>
#include<string.h>
typedef struct mystruct{
char a[10];
}mystruct;
```

b.h 文件：

```
#include"a .h"
void print_b( )
{
mystruct a;
strcpy(a.a,"a.h");
```

```
printf("this is in b.h %s\n",a.a);
}

c.h 文件：
#include"a .h"
void print_c( )
{
mystruct c;
strcpy(c.a,"a.h");
printf("this is in c.h %s\n",c.a);
}

d.c 文件：
#include "b.h"
#include "c.h"
int main( )
{
printf("this is in main\n");
print_b();
print_c();
return 0;
}
```

文件编译失败，有错误，原因是预处理的时候，会读入整个头文件的内容，a.h 的内容被重复包含了两次，出现了类型冲突。在编译一个程序的时候，使用条件编译可以选择代码的一部分（或全部）是被正常编译还是完全忽略。这里，它就可以很好地派上用场。

替换 a.h 为下面内容：

```
#include<stdlib.h>
#include<stdio.h>
#include<string.h>
#ifndef aH
 #define aH 1
 typedef struct mystruct{
 char a[10];
} mystruct;
#endif
```

【运行结果】

```
this is in main
```

this is in b.h a.h
this is in c.h a.h

总结拓展

【本章小结】

在本章中，我们深入探讨了 C 语言的预处理命令，它能扩展 C 语言程序设计的环境，简化程序开发过程。介绍宏定义、文件包含和条件编译等预处理命令，主要包括以下几个方面内容。

(1) 预处理命令的原理和作用，以及程序生成过程。

(2) 带参数宏定义与不带参数的宏定义，#define、#undef 等指令的运用。

(3) 文件包含的作用，#include 指令的运用。

(4) 条件编译方法的利用，#if、#ifdef、#else、#elif、#endif 等指令的运用。

通过本章知识的学习和项目实战，希望读者能够利用预处理命令消除程序潜在危险，减少编程的工作量，提高程序的可读性、移植性和调试程序的灵活性。

【思政故事】

共筑合作，融合共进

和平与发展是当今时代的主题，融合发展更是时代大势所趋。新时代是我国日益走近世界舞台中央、不断为人类做出更大贡献的时代。新时代是全体中华儿女勠力同心、奋力实现中华民族伟大复兴中国梦的时代。

共筑合作、融合共进是时代发展的必然选择，也是全球携手共进的积极举措。如中老铁路北起中国昆明，南至老挝万象，全长 1035 公里，这条钢铁巨龙已然成为连接沿线城市的重要纽带。中老铁路城市联盟的出现，让各城市在基础设施建设方面有了更深入的沟通与协作契机，还涵盖了产业发展、数字经济、文化旅游等诸多领域。各城市可依据自身优势产业，探寻与其他成员城市的互补合作点，实现产业协同升级；借助互联网技术，推动沿线城市数据共享、电商合作等；其中，沿线城市拥有着丰富多样的自然景观与独特的人文风情，联盟将促进文化旅游资源的整合与推广，打造特色旅游线路，吸引更多游客感受不一样的地域风情。通过在这些多元领域的深度融合与协同发展，构建起互联互通的城市命运共同体，让沿线城市在合作中共赢，在发展中共享美好未来。

我们在程序设计中，要充分利用预处理命令引入外部代码、条件编译、跨平台开发和配置代码管理，通过技术手段实现代码的复用性、兼容性和可维护性。同时在团队合作建设中，也需要充分考虑不同团队成员的需求和背景，共筑合作，融合共进。

“单丝不成线、独木不成林”。我们不仅仅是独立的个体，更是团队中的一员。没有完美的个人，只有完美的团队。一个人再优秀，也不可能干完所有的事情，而是需要团队成员配合协作。首先，我们需要明确团队的目标和任务。只有我们清楚地知道团队的目标是什么，才能够有针对性地开展学习和协作。其次，我们需要合理分工，根据每个人的特长和优势，分配适合的任务和角色。这样不仅能够提高工作效率，也能让每个人在团队中都找到自己的位置和价值。

在团队中，成员的角色、性格和行为方式对于团队的协作与效率起着至关重要的作用。团队成员需要清楚地了解自己的职责和角色，建立明确的责任分工和协作机制，确保每个成员都能够发挥自己的优势，为团队的成功做出贡献。每种类型的成员都在团队中发挥着不可替代的作用，每个人的优点和不足共同构成了团队的多元性和复杂性。

同时，每个人都是独一无二的个体，有不同的习惯和特点。我们生活和成长的背景不同，造就了不同的性格、价值观等。在这个追求个性化的时代，需要具备包容精神，才能在团队中游刃有余。所以，在目标大方向相同的前提下，我们需要学会尊重差异、容忍差异。正所谓“见怪不怪，其怪自败”，要融入团队，就要学会尊重与包容。

在团队合作中，每一个成员都如同星星般璀璨，所有人的光芒汇聚成一片璀璨的星空，互相照亮，互相激励，共同为那个伟大的目标而奋斗。当我们携手并进，共同努力，不仅能够解决复杂的问题，还能够培养出深厚的友谊和团队精神。这种团队精神，不仅能够在学习中发挥巨大的作用，更能够在未来的工作和生活中成为我们宝贵的财富。

在全球化的浪潮中，共筑、融合已成为推动经济发展的重要动力。共筑合作，融合共进，不仅关乎个体的成长与发展，更关乎整个社会的繁荣与进步。它是一种互利共赢的战略选择，是一种面向未来的发展理念。在未来的发展中，我们应该继续深化领域融合的合作与交流，共同开创更加美好的未来。同时，我们也应该注重领域特色的保护与传承，实现领域发展的多元化和个性化。只有这样，我们才能够真正实现人类的共同繁荣与进步。

【课后练习】

一、选择题

1. 以下叙述中不正确的是 (　　)。

   A. 预处理命令行都必须以“#”号开始

   B. 在程序中，凡是以“#”号开始的语句行都是预处理命令行

   C. 程序在执行过程中对预处理命令行进行处理

   D. 以下是正确的宏定义：#define IBM_PC

2. 以下程序的运行结果是 (　　)。

```
#define MIN(x,y)  (x) < (y)?(x) : (y)
void main ( )
{
    int i = 10, j = 15, k;
```

```
    k = 10 * MIN (i, j);
    printf("%d\n", k);
}
```

A. 10　　B. 15　　C. 100　　D. 150

3. 若有以下说明和定义，则叙述正确的是 (　　)。

```
typedef int *INTEGER;
INTEGER p, *q;
```

A. p 是 int 型变量

B. 程序中可用 INTEGER 代替 int 类型名

C. q 是基类型为 int 的指针变量

D. p 是基类型为 int 的指针变量

4. 若有宏定义：#define MOD(x,y) x%y，则执行以下语句后的输出为 (　　)。

```
int z, a=15, b=100;
z=MOD(b, a);
printf("%d\n", z++);
```

A. 11　　B. 10　　C. 6　　D. 宏定义不合法

5. C 语言的编译系统对宏命令的处理是 (　　)。

A. 在程序运行时进行的

B. 在程序链接时进行的

C. 和 C 程序中的其他语句同时进行编译的

D. 在对源程序中其他成分正式编译之前进行的

6. 以下有关宏替换的叙述不正确的是 (　　)。

A. 宏替换不占用运行时间

B. 宏名无类型

C. 宏替换只是字符替换

D. 宏名必须用大写字母表示

二、程序分析题

1. 写出下面程序执行后的运行结果_____。

```
#include <stdio.h>
#define S(x) 4*x*x+1
int main()
{
    int i=6,j=8;
    printf("%d",S(i+j));
    return 0;
}
```

2. 写出下面程序执行后的运行结果____。

```
#include <stdio.h>
#define N 2
#define M N+1
#define NUM 2*M+1
int main()
{
    int i;
    for(i=1;i<=NUM;i++)
    printf("%d",i);
    return 0;
}
```

三、程序设计题

1. 汽车贷款问题。上互联网查询我国汽车贷款的计算办法，将这个计算办法用带参数宏定义后，编写汽车贷款计算器程序，使用这个宏定义计算出每月需要支付的汽车贷款。

2. 免费的试用版本问题。通常，软件开发者发行程序时会发行免费的试用版本，这个试用版本的功能比正式版本要缺少某些功能。软件开发者并不是开发两套这样的程序，而是在程序中设置条件编译，这样当产生试用版本时选定一个编译开关，而产生正式版本时选定另一个编译开关。请按照这个原理，重新编写前一个题目，使得试用版本只有加法、减法功能。

第 12 章 文件

眼过千遍，不如手过一遍；
好记性，不如烂笔头[①]。

——《俗语》

【项目案例】

请设计一个简单的学生成绩管理系统登录界面，模拟用户登录情景，实现用户注册和登录功能。注册时，可设置用户名和密码；登录时，最多允许三次错误输入。密码简单加密保存。

【问题驱动】

(1) 理解计算机如何永久保存大量的数据。

(2) C 语言中如何完成文件的读写操作？

(3) 如何利用文件设计简单实用程序？

【章节导读】

计算机进行数据处理时，所有数据都存储在内存中；当程序运行结束后，内存中所有数据变量的值不能被永久保存。如果想永久保存，需要将数据以文件形式存储在外部存储设备中。文件是指存储在外存储器上的一组相关数据的有序集合。本章主要讨论数据文件的相关操作，包括数据文件的打开、关闭、读出、写入和定位等。大家掌握文件基本操作，可完成程序与外部设备的数据交换，实现数据的持久化和共享，树立数据备份理念。

① 这句话强调让规划成为一种习惯，实战成就人生。每天进行记录和整理，让这种规划深入到生活的点点滴滴，让忙碌的生活更加有条理；要想真正掌握一项技能，必须亲自动手实践、反复实践，还要反复踩坑、爬坑，才能长记性、印象深刻，最终学成本领。

12.1 文件基本概念

计算机文件是由计算机的操作系统管理的，计算机执行的程序、程序处理的源数据、程序处理后的目标数据均以文件的形式存储在外部存储介质上。这就涉及计算机程序如何与外部存储介质上的文件进行交互，也就是如何进行文件的读写。在学习文件的读写操作之前，我们先来了解有关文件的基本知识。

12.1.1 什么是文件

文件 (file) 是程序设计中一个重要的概念。所谓“文件”，一般指存储在外部介质上数据的集合。一批数据是以文件的形式存放在外部介质 (如磁盘) 上的，操作系统是以文件为单位对数据进行管理的。也就是说，如果想寻找存放在外部介质上的数据，必须先按照文件名找到所指定的文件，然后再从该文件中读取数据。要向外部介质上存储数据，也必须先建立一个文件 (以文件名作为标志)，才能向它输出数据。

输入 / 输出是数据传送的过程。数据如流水一样从一处流向另一处，因此常将输入 / 输出形象地称为流 (stream)，即数据流。在读操作中，数据从文件流向计算机内存；在写操作中，数据从计算机内存流向文件。文件是由操作系统进行统一管理的，无论是用 Word 打开或保存文件，还是 C 程序中的输入 / 输出数据到文件都是通过操作系统进行的。

一个文件通过文件标识 (文件名) 进行识别和引用，文件命名规则遵循操作系统的约定。为标识文件，每个文件都必须有一个文件名，其一般结构为：

主文件名 [. *扩展名*]

其中，“主文件名”可包含文件路径，“扩展名”主要用来表示文件的性质，也可省略。例如：

D:\CC\temp\file1.dat

在这，“D:\CC\temp\”为文件路径，file1 为文件名，“.dat”文件扩展名。

在 C 语言中，使用数据文件有利于程序与数据分离，数据的改动不会引起程序的改动；有利于数据共享，不同程序可以访问同一文件中的数据；有利于数据安全，能长期保存程序运行的中间数据或结果数据。

12.1.2 文件的分类

根据不同的分类标准文件有不同的类型。在 C 语言程序设计中，主要用到以下几种文件类型。

1. 程序文件

程序文件包括源程序文件 (后缀为 .c)、目标文件 (后缀为 .obj)、可执行文件 (后缀为 .exe) 等。这种文件的内容是程序代码。

2. 数据文件

数据文件的内容不是程序，而是供程序运行时读写的数据，如在程序运行过程中输出到磁盘(或其他外部设备)的数据，或在程序运行过程中要读入的数据。一批学生的成绩数据、货物交易的数据等是具体实例。

根据数据的组织形式，数据文件可分为 ASCII 文件和二进制文件。

(1) 二进制文件

数据在内存中是以二进制形式存储的，如果不加转换地输出到外存，就是二进制文件，可以认为它就是存储在内存的数据的映像，所以二进制文件也称为映像文件 (Image File)。

(2) 文本文件

如果要求在外存上以 ASCII 代码形式存储数据，则需要在存储前进行转换。ASCII 文件又称文本文件 (Text File)，每一个字节存放一个字符的 ASCII 代码。

例如，数据 12345, 可以用 ASCII 形式存储，也可以用二进制形式存储。

- ASCII 方式：

00110001	00110010	00110011	00110100	00110101
'1'	'2'	'3'	'4'	'5'

- 二进制方式：00110000 00111001(数据 12345 对应的二进制)。

用 ASCII 码形式输出时，字节与字符一一对应，一个字节代表一个字符，因而便于对字符进行逐个处理，也便于输出字符；但一般占用存储空间较多，而且要花费转换时间(二进制形式与 ASCII 码间的转换)。用二进制形式输出数值，可以节省外存空间和转换时间，把内存存储单元中的内容原封不动地输出到磁盘(或其他外部介质)上，此时每一个字节并不一定代表一个字符。如果程序运行过程中有中间数据需要保存到外部介质上，以便在需要时再输入到内存，一般用二进制文件比较方便。在事务管理中，常有大批数据存放在磁盘上，系统需要随时调入计算机进行查询或处理，然后把修改过的信息再存回磁盘，这时也常用二进制文件。

一般情况下，字符一律以 ASCII 形式存放，存储字符的 ASCII 值；数值型数据既可以用 ASCII 形式存储，存储每位数字字符的 ASCII 值，也可以用二进制形式存储整个数据的二进制值。

3. 设备文件

在前面所处理的数据的输入和输出，都是以终端为对象的，即从终端的键盘输入数据，并将运行结果输出到终端显示器上。

为了简化用户对输入/输出设备的操作，使用户不必去区分各种输入/输出设备之间的区别，操作系统把各种设备都作为文件来管理。从操作系统的角度看，每一个与主机相连的输入/输出设备都是一个文件。例如，键盘是标准的输入文件，文件名为 stdin；显示屏是标准的输出文件，文件名为 stdout。

12.1.3 文件读写流程

C 语言是将文件看作是由一个一个的字符 (ASCII 码文件)或字节(二进制文件)组成的。文件中不存在其他更复杂的数据类型和结构，对文件数据的解释完全由程序本身决定。按这种方式处理的文件一般称为流式文件。而在其他高级语言中，组成文件的基本单位是记录，对文件操作的基本单位也是记录。

C 语言本身没有提供输入 / 输出的指令，可以按照操作系统的方式操作文件。进行文件操作时，必须调用标准库函数。

1. 缓冲文件系统

对于每个正在使用的文件，操作系统为其在内存中开辟了一段存储区，用于存储从文件输入的内容或者需要输出到文件的内容，这段存储区称为缓冲区。缓冲区有两种类型，即输入缓冲区和输出缓冲区。缓冲区示意如图 12.1 所示。

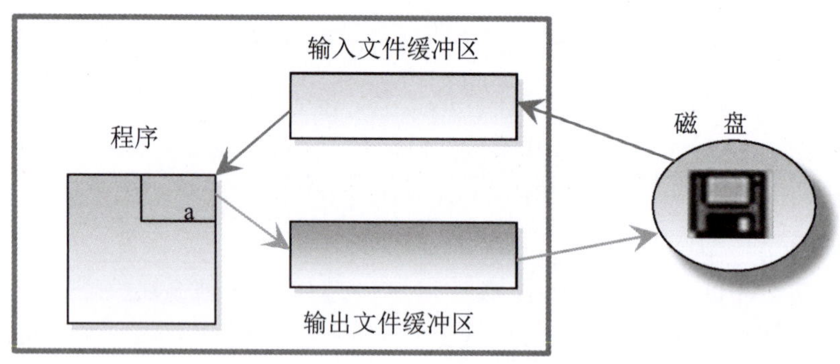

图 12.1 文件缓冲区

系统每次读取文件时，会将文件中的一批数据都读入输入缓冲区；当所需读取的数据不在缓冲区时，系统将再次从文件中读入一批数据。系统在写文件时，则在输出缓冲区充满时才完成实际的写文件操作；输出缓冲区未满或关闭之前，实际的输出操作不会执行。

2. 文件类型指针

在缓冲文件系统中，关键的概念是“文件类型指针”，简称“文件指针”。每个被使用的文件都要在内存中开辟一个相应的文件信息区，用来存放文件的有关信息 (如文件的名字、文件状态及文件当前位置等)。这些信息是保存在一个结构体变量中的。该结构体类型由系统声明，名为 FILE，该类型定义如下：

```
typedef struct FILE
{   short level;                  //缓冲区“满”或“空”的程度
    unsigned flags;               //文件状态标志
    char fd;                      //文件描述符
    unsigned char hold;           //如缓冲区无内容不读取字符
    short bsize;                  //缓冲区的大小
    unsigned char*buffer;         //数据缓冲区的位置
    unsigned char*curp;           //文件位置标记指针当前的指向
    unsigned istemp;              //临时文件指示器
    short token;                  //用于有效性检查
    };
```

通过上述文件结构体类型可以定义文件指针变量，用于指向内存中的该文件信息区的起始位置。

例如，定义两个文件指针：

FILE *fp1,*fp2;

然后可以使用 fp1、 fp2 分别指向某文件的文件信息区。通过文件指针变量，能够找到与它关联的文件，然后可进行文件的读写操作。

3. 文件读写流程

C 语言中文件读写的流程主要包括以下几个步骤。

(1) 打开文件：为文件建立相应的信息区和文件缓冲区，建立文件指针变量与文件的关联，确认文件的打开方式。

(2) 读写文件：打开文件后，可以调用系统库函数通过文件指针变量完成数据的读写操作。

(3) 关闭文件：当不再需要读写文件时，应关闭文件，以释放系统资源。

在进行文件操作时，可能会遇到各种错误，因此在实际编程中还需要进行异常处理。

12.2 文件打开与关闭

12.2.1 文件的打开

在 C 语言中，文件操作是通过库函数实现的，包含在 stdio.h。

文件的打开调用 fopen 函数来实现，其函数原型为：

FILE *fopen (char *filename, char *mode);

函数功能是按 mode 方式打开 filename 文件。正常打开时，返回指向文件结构体的指针；打开失败，返回指针 NULL。

其中 filename 为文件名，可以包含文件路径和扩展名。mode 为文件的打开方式，由两类字符构成：一类字符表示打开文件的类型，如 t 表示文本文件 (默认方式)，b 表示二进制文件；另一类字符表示操作类型，如 r 表示从文件中读取数据 (read)，w 表示向文件写入数据 (write)，a 表示在文件尾部追加数据 (append)，“+”表示文件可读可写。这些打开方式可以组合使用，具体如表 12.1 所示。

表 12.1 文件打开方式

打开方式	含 义
r	打开一个已存在的文件，准备从文件中读取数据。不能向文件写入数据
w	创建一个新文件，准备向文件写入数据。不能从文件中读取数据。如果文件已经存在，这个文件将被覆盖
a	打开一个已存在的文件，准备在文件尾部追加数据。不能从文件中读取数据。如果文件不存在，则创建这个文件准备写入数据
r+	打开一个已存在的文件，准备读写。既可以读取数据，也可以写入数据
w+	创建一个新文件，准备读写。如果文件已经存在，则覆盖原文件
a+	等价于 a，但可从文件中读取数据
t	打开一个文本文件
b	打开一个二进制文件

文件打开方式字符串 mode 中的字符先后次序是操作类型符在前，打开文件类型符在后，如 rb、wt，不可写成 br、tw。而对于“+”来说，可以放在操作类型符的右边，也可放在字符串的最后，但不可放在操作类型符的左边。如 w+b 或 wb+ 都是正确的，而 +wb 则是错误的。例如：

```
FILE  *fp;
fp = fopen ("wang.txt","r");  // 以读的方式打开文本文件 wang.txt
if (fp = = NULL)
{
  printf ("the file ： wang.txt not found! ");
  exit (-1);
}
```

在 C 语言中，在程序开始运行时，系统自动打开 3 个标准文件：标准输入、标准输出、标准出错输出。系统自定义了 3 个文件指针：stdin、stdout、stderr，分别指向终端输入、终端输出和标准出错输出。

(1) 标准输入文件 stdin：指向终端输入 (一般为键盘)。如果程序中指定要从 stdin 所指的文件输入数据，就是从终端键盘上输入数据。

(2) 标准输出文件 stdout：指向终端输出 (一般为显示器)。

(3) 标准错误文件 stderr：指向终端标准错误输出 (一般为显示器)。

通常这 3 个文件都与终端相联系。因此，前面用到的从终端输入或输出都不需要特地打开终端文件。

12.2.2 文件的关闭

在用完一个文件后，应该关闭它，以防止误用。“关闭”就是撤销文件信息区和文件缓冲区，使文件指针变量不再指向该文件，也就是文件指针变量与文件“脱钩”，不能再通过该指针变量对关联文件进行读写操作。

文件的关闭一般调用 fclose 函数来实现，其函数原型为：

```
int  *fclose (FILE  *filepointer);
```

函数功能是关闭 filepointer 指向的文件。当成功地执行了关闭操作，则返回值 0，否则返回 EOF(-1)。例如：

```
fclose(fp);
```

前面用 fopen 函数打开文本文件 wang.txt 时，函数返回的指针赋给了 fp。现在把 fp 指向的文件关闭，此后 fp 不再指向该文件。

如果不关闭文件就结束程序运行，将会丢失数据。因为，在向文件写入数据时，是先将数据输出到缓冲区，待缓冲区充满后才正式输出给文件。如果当数据未充满缓冲区时程序结束运行，就有可能使缓冲区中的数据丢失。用 fclose 函数关闭文件时，系统会先把缓冲区中的数据输出到磁盘文件，然后才撤销文件信息区。为避免出现此类问题，建议大家养成在程序终止之前关闭所有文件的习惯。

12.3 文件读写操作

文件的读写操作涉及计算机的 CPU、内存及外部文件。文件读操作，是通过 CPU 将文件中的数据读到内存；文件写操作，是通过 CPU 将内存中的数据写到文件；“读”和“写”是以内存为主体。

C 语言为文件的读写操作提供了一系列标准函数，在头文件 stdio. h 中进行了定义，因此文件操作需要包含预处理 # include<stdio. h> 。文件操作主要用到下面 4 组函数。

(1) 字符读写函数 ：fputc 和 fgetc。

(2) 字符串读写函数：fputs 和 fgets。

(3) 格式化读写函数：fscanf 和 fprintf。

(4) 数据块读写函数：fread 和 fwrite。

12.3.1 字符读写

类似于标准输入 / 输出设备的单个字符读写函数 getc 和 putc，C 语言提供了 fgetc 和 fputc 两个函数，实现对文件单个字符的读写操作。

1. 字符写操作

C 语言使用 fputc 函数向文件写入一个字符，其函数原型为：

```
int  fputc (int c, FILE *filepointer);
```

其中 c 为待写入文件的字符，filepointer 是指向文件的指针。函数的功能是将 c 写入文件指针 filepointer 所指向的文件。在正常情况下，函数返回 c 的 ASCII 码值，出错时，返回 EOF。filepointer 所指文件必须是以写方式打开，文件正确写入一个字符后，读写指针自动后移。

2. 字符读操作

C 语言使用 fgetc 函数从文件中读取一个字符，其函数原形为：

```
int  fgetc (FILE *filepointer);
```

其中 filepointer 是指向文件的指针，正常情况下 fgetc 函数返回从 filepointer 所指文件中读取的一个字符值，如果读到文件末尾或者出错时返回 EOF。filepointer 所指文件必须是以读方式打开，每读取一个字符，读写指针自动后移。

【例 12-1】将键盘上输入的一个字符串 (以‘@’作为结束字符)，以 ASCII 码形式存储到一个磁盘文件中，然后从该磁盘文件中读出该字符串并显示出来。

【问题分析】

在本题中，写入文件和文件内容均由键盘输入，所以采用带参数的 main 函数，文件名由参数确定，文件类型为文本文件。按文件读写流程，利用 fputc 和 fgetc 函数完成读写操作，并在屏幕上显示读出其字符串。由于 main 函数带参数，程序在命令行下调试运行。

【编程实现】

```
#include <stdio.h>
#include <stdlib.h>
int main (int argc, char *argv[ ])
{
  FILE *fp1,*fp2;
  char ch;
  if (argc != 2)   //参数个数不对
  {
    printf ("the number of arguments not correct\n\n");
    printf ("Usage: 可执行文件名  filename \n");
    exit (0);
  }
  if ((fp1 = fopen(argv[1],"wt")) == NULL)   //打开文件失败
  {
    printf ("can not open this file\n");
    exit (0);
  }
     //输入字符，并存储到指定文件中
  for ( ; (ch = getchar( )) != '@' ; )
      fputc (ch, fp1);     //输入字符并存储到文件中
  fclose (fp1);        //关闭文件

  //顺序输出文件的内容
  fp2 = fopen (argv[1], "rt");
  for (; (ch = fgetc(fp2)) != EOF; )
     putchar (ch);     //顺序读入并显示
  fclose (fp2);            //关闭打开的文件
  return 0;
}
```

【运行结果】

```
example1   wang.txt ↙
How are you?@ ↙
How are you?
```

12.3.2 字符串读写

1. 字符串写操作

C 语言向文件中写入字符串使用 fputs 函数，其函数原型为：

int fputs (char *s, FILE *filepointer);

其中，s 表示要写入的字符串，可以为字符数组名、字符型指针变量或字符串常量；filepointer 是文件指针。函数的功能是将 s 表示的字符串写入 filepointer 所指向的文件（不会将字符串结尾符‘\0’写入文件，也不会自动向文件写入换行符；如果需要写入一行文本，s 字符串中必须包含‘\n’）。写入成功则返回所写的最后一个字符，否则返回 EOF。filepointer 必须指向一个以写方式打开的文件，写入字符串后，文件的读写指针会自动后移。

2. 字符串读操作

C 语言从文件中读出字符串可以使用 fgets 函数，其函数原型为：

char *fgets (char *s, int n, FILE *filepointer);

其中，s 用于存放从文件中读出的字符串，可以是字符数组名或字符指针（指向字符串的指针）：n 指定读出的字符个数， filepointer 是文件指针。调用该函数，最多可读出 (n -1) 个字符，并保存到以 s 为起始地址的 (n-1) 个连续内存单元中。如果在读到 (n-1) 个字符之前遇到换行符或文件结束标志 EOF，则立即结束读取操作，系统自动在最后添加一个‘\0’字符结束。如果读文件成功则返回字符串指针，否则返回 NULL。filepointer 必须指向一个以读方式打开的文件，文件的读写指针会自动后移。

【例 12-2】向文件 wang.txt 中写入两行文本，然后分三次读出其内容。

【问题分析】

在本题中，利用 fputs 函数分两次将字符串“123456789”“\nabcd”写入文件 wang.txt 中。再利用 fgets 函数分三次从文件 wang.txt 中读取字符串，每次读取 7 个字符；其中第二次读取时遇到换行符则自动结束，但换行符原样读出。

【编程实现】

```
#include <stdio.h>
#include <stdlib.h>
int main ( )
{
 FILE *fp1, *fp2;
 char str[ ] = "123456789";
  // 创建文本文件 wang.txt
 fp1 = fopen ("wang.txt", "w");
 if (fp1 == NULL)  // 创建文件失败
 {
   printf ("can not open file: wang.txt\n");
```

```
    exit (0);
  }
  // 将字符串 "123456789" 写入文件
  fputs (str, fp1);
  // 写入第一行文本的换行符和下一行文本
  fputs ("\nabcd", fp1);
  fclose (fp1);       // 关闭文件
  fp2 = fopen ("wang.txt", "rt"); // 以只读方式打开 wang.txt 文件
  fgets (str, 8, fp2);     // 读取字符串，最大长度是 7，将是 "1234567"
  printf ("%s\n", str);
  fgets (str, 8, fp2);     // 读取字符串，最大长度是 7，实际上是 "89\n"
  printf ("%s\n", str);
  fgets (str, 8, fp2);     // 读取字符串，最大长度是 7，实际上是 "abcd"
  printf ("%s\n", str);
  fclose (fp2);            // 关闭打开的文件
  return 0;
}
```

【运行结果】

```
1234567
89

abcd
```

12.3.3 格式化读写

类似于标准输入 / 输出设备的读写函数 scanf 函数和 printf 函数，C 语言提供了文件的格式化输入 / 输出函数 fscanf 函数和 fprintf 函数。

1. 格式化写文件操作

C 语言使用 fprintf 函数对文件进行格式化写操作，其函数原型为：

int fprintf (FILE *filepointer, const char *format[argument1, argument2,…]);

其中，filepointer 为指向待写文件的指针；format 为格式控制字符串，控制字符选项与 printf 函数相同；argument 为表达式列表，是写入的具体数据，为可选项。正常情况下，函数返回值是写入到文件的数据的字节个数；如果操作出错或遇到文件结尾，则返回 EOF。filepointer 必须指向一个以写方式打开的文件。写入字符串后，文件的读写指针会自动后移。

2. 格式化读文件操作

C 语言使用 fscanf 函数实现对文件的格式化读操作，其函数原型为：

int fscanf (FILE *filepointer, const char *format[address1,address2,…]);

其中，filepointer 为指向待读文件的指针；format 为格式控制字符串，控制字符选项与 scanf 函数一样；address 为读入数据存放地址列表，用于接收读入的具体数据，为可选项。正常情况下，fscanf 函数返回读取的数据项的个数；如果操作出错或遇到文件结尾，则返回 EOF。filepointer 必须指向一个以读方式打开的文件，文件的读写指针会自动后移。

【例 12-3】将变量的值格式化写入文件中，然后从文件中数据格式化读出并显示。

【问题分析】

在本题中，利用 fprintf 函数将变量 i 和 f 的值格式化写到文件 wang.txt 中。再利用 fscanf 函数从文件 wang.txt 中读取数值到变量 i 和 f，并在屏幕上显示。

【编程实现】

```
#include <stdio.h>
#include <stdlib.h>
int main ( )
{
 int i = 3;
 float f = (float)9.8;
 FILE *fp;
 // 创建文本文件 wang.txt
 fp = fopen ("wang.txt", "w");
 if (fp == NULL)    // 创建失败
 {
  printf ("can't create file: wang.dat\n");
  exit (0);
 }
 // 将变量 i 和 f 的值格式化输出到文件中
 fprintf (fp, "%2d,%6.2f", i, f);
 fclose (fp); // 关闭文件
 // 以读的方式打开文件 wang.txt
 fp = fopen ("wang.txt", "r");
 if (fp == NULL)    // 打开失败
 {
  printf ("can't open file: wang.dat\n");
  exit (0);
```

```
    }
    i = 0;     //i 清 0
    f = 0;     //f 清 0
    // 从文件中读取数值到变量 i 和 f
    fscanf (fp, "%d,%f", &i, &f);
    fclose (fp);                // 关闭文件
    // 显示从文件中读取的变量 i 和 f 的值
    printf ("i = %2d, f = %6.2f\n", i, f);
}
```

【运行结果】

```
i =  3, f =  9.80
```

注意：函数 fprintf 总是以字符串的形式将数据信息存放到文件中，而不是以数值的形式存放到文件中，文本文件和二进制文件均如此。函数 fscanf 读文件时，如果遇到空格和换行符，将会结束对一个变量的匹配。

12.3.4 数据块读写

fread 函数和 fwrite 函数可用于读写一组数据，例如一个数组元素、一个结构变量的值等，多用于二进制文件。

1. 数据块写操作

在 C 语言中，fwrite 函数用于实现数据块写操作，其函数原形为：

unsigned fwrite (void *ptr, unsigned size, unsigned n, FILE *filepointer);

其中，ptr 是指向待写入数据文件的指针，size 是要写入数据块的字节数，n 是要写入的数据块的个数，filepointer 为文件指针。函数功能是将 ptr 所指向内存中存放的 n 个大小为 size 个字节的数据项写入到 filepointer 所指向的文件中，所以实际要写入数据的字节数是 n×size。正常情况下，函数返回值就是实际写入的数据项的个数 (不是字节的个数)；如果操作出错，则返回 0。filepointer 必须指向一个以写方式打开的文件。写入数据后，文件的读写指针会自动后移。

2. 数据块读操作

在 C 语言中，fread 函数用于实现数据块读操作，其函数原形为：

unsigned fread (void *ptr, unsigned size, unsigned n, FILE *filepointer);

其中，ptr 是指向读出数据存放位置的指针， size 是要读取数据块的字节数，n 是要读取数据块的个数，filepointer 为文件指针。函数功能是从 filepointer 所指向的文件中读取 n 个数据块，每个数据块的大小是 size 个字节，这些数据将被存放到 ptr 所指向的内存中。正常情况下，函数返回值就是读取的数据项的个数 (不是字节的个数)；如果操作出错或遇到文件尾，则返回 0。filepointer 必须指向一个以读方式打开的文件，文件的读写指针会自动后移。

【例 12-4】将变量的值格式化写入文件中，然后从文件中格式化读出数据并显示。

【问题分析】

在本题中，利用 fwrite 函数将数组 a 的 10 个整型数据写入到文件 wang.dat 中，再利用 fread 函数从文件 wang.dat 中读取 10 个整型数据到数组 a，并在屏幕上显示。

【编程实现】

```c
#include <stdio.h>
#include <stdlib.h>
#include <memory.h>
int main ( )
{
  FILE *fp;
  short  i, a[10] = {0, 1, 2, 3, 4, 5, 6, 7, 8, 9};
  // 创建二进制文件 wang.dat
  fp = fopen ("wang.dat", "wb");
  if (fp == NULL)  // 创建失败
  {
    printf ("can not create file: wang.txt\n");
    exit (0);
  }
  // 将数组 a 的 10 个整型数写入到文件中
  fwrite (a, sizeof(short), 10, fp);
  fclose (fp);  // 关闭文件
  // 以读的打开二进制文件 wang.dat
  fp = fopen ("wang.dat", "rb");
  if (fp == NULL)            // 打开失败
  {
    printf ("can not open file: wang.dat\n");
    exit (0);
  }

  // 将数组 a 的 10 个元素清 0
  memset (a, 0, 10*sizeof(short));
  // 从文件中读取 10 个整型数据到数组 a
  fread (a, sizeof(short), 10, fp);
  fclose (fp);  // 关闭文件
```

```
    for (i = 0; i < 10; i++)  // 显示数组 a 的元素
        printf ("%d ", a[i]);
    return 0;
}
```

【运行结果】

0 1 2 3 4 5 6 7 8 9

12.4 文件其他操作

12.4.1 文件结尾检测

在 C 语言中，feof 函数的作用是检测文件读写指针是否到结尾，其函数原形为：

int feof(FILE * filepointer);

其中，filepointer 为文件指针。函数的功能是检测 filepointer 所指文件的读写指针是否已经到达文件尾部，若是则返回非零值，否则返回 0。

【例 12-5】将 wang.txt 文件内容复制一份，保存为 wang1.txt。

【问题分析】

在本题中，利用字符读写函数将文件 wang.txt 中的内容一个个字符复制到文件 wang1.txt，直到文件末尾。

【编程实现】

```
#include<stdio.h>
#include<stdlib.h>
int main  ()
{
 FILE *fp1, *fp2;
 if ((fp1=fopen ( "wang.txt"," r " )) == NULL)
  {
  printf ( " 不能打开文件 !\n " ) ;
  exit (1);
  }
 if((fp2=fopen ("wang1.txt", " w ")) ==NULL)
  {
  printf ( " 不能打开文件 !\n") ;
  exit (1) ;
  }
```

```
while(!feof(fp1)) //检测文件没有到尾部时循环
fputc(fgetc(fp1), fp2) ;   // 读取文件 wang.txt 内容，写入 wang1.txt
fclose  (fp1) ;
fclose  (fp2) ;
return 0;
}
```

12.4.2 读写指针定位

前面介绍的文件读写操作，基本都是顺序读写，文件内部读写指针按字节位置从头到尾自动顺序移动。在 C 语言中，还可否随机读写，读写指针按需要移动到任意位置。下面将介绍几个与读写指针定位相关的函数。

1. 获取读写指针的当前位置

在 C 语言中，ftell 函数的作用是获取当前文件指针读写的位置，其函数原形为：

```
long  ftell (FILE *filepointer);
```

其中，filepointer 为文件指针。函数的功能是返回 filepointer 所指文件的读写指针相对于文件头的位置，正常情况下，返回一个大于或等于 0 的指针当前位置值，否则返回 -1L。

例如，下面代码的执行结果为 0：

```
fp = fopen ("student.dat", "wb+");
printf ( " %ld " , ftell (fp)) ;
```

2. 读写指针的随机定位

在 C 语言中，可以通过 fseek 函数随机定位文件读写指针的位置，其函数原形为：

```
int  fseek(FILE *filepointer, long offset, int where);
```

其中，filepointer 是文件指针。offset 表示移动偏移量，一般是 long 型数据， 使用常量时要加上后缀“L”；offset 为负时，表示按相反方向计算偏移量，即为负时从当前位置向前计算，为正时表示从当前位置向后计算。where 表示从哪个位置开始计算偏移量，可用标识符或数字表示，有 3 种情况，见表 12.2 所示。函数的功能是将 filepointer 所指文件的读写指针移动到 where 偏 offset 的地方，正常情况下，函数返回 0，失败或错误返回 -1。

表 12.2 where 参数的标示符

数字	标识符	位置
0	SEEK_SET	文件开始
1	SEEK_CUR	文件读写指针当前位置
2	SEEK_END	文件末尾

例如：

```
fseek (fp , 50L, 0) ;  // 以文件开始位置为基准，文件指针向文件尾移动 50 字节。
fseek (fp , 50L, 1) ;  // 以文件指针当前位置为基准，文件指针向文件尾移动 50 字节。
```

fseek (fp , -50L, 1) ; // 以文件指针当前位置为基准，文件指针向文件头移动 50 字节。

fseek (fp , -50L, 2) ; // 以文件末尾位置为基准，文件指针向文件头移动 50 字节

3. 读写指针的重新定位

在 C 语言中，可以通过 rewind 函数将文件读写指针重新定位到文件开始位置，即打开文件时读写指针所指向的位置。其函数原形为：

void rewind (FILE *filepointer);

其中，filepointer 是文件指针，指向所打开的文件。函数功能是将 filepointer 所指向的文件的读写指针重新置回到文件的开头。

【例 12-6】磁盘文件上有 3 个学生数据，要求读入第 1、3 个学生的数据并显示。

【问题分析】

在本题中，利用 fwrite 函数将数组 stu[3] 的 3 条学生数据写入到文件 student.dat 中。用 rewind 将文件读写指针置回到文件头，用 fseek 跳过第 2 条学生数据，用 fread 函数从文件 wang.dat 中读取 1、3 条学生数据，并在屏幕上显示。

【编程实现】

```
#include <stdio.h>
#include <stdlib.h>
#include <memory.h>
struct student_info
{
  char no[9];
  char name[10];
  char sex;
  int  age;
  char depart[15];
} stu[3] = { {"0001", "WangFei", 'M', 18, "Computer"},
             {"0002", "ZhangMin", 'M', 19, "Math"},
             {"0003” , "LiYan", 'F', 19, "English"} };
int main ( )
{
  int i;
  FILE *fp;
  // 以读写方式打开二进制文件
  fp = fopen ("tudent.dat", "wb+");
  if (fp == NULL)  // 打开失败
  {
```

```
        printf ("can't create file: student.dat\n");
        exit (0);
    }

    // 将学生信息写入到文件中
    fwrite (stu, sizeof(struct student_info), 3, fp);
    rewind (fp);   // 将文件位置指针置回到文件头
    memset (stu, 0, 3*sizeof(struct student_info)); // 清除学生信息
    // 读第 1 个和第 3 个学生的信息到结构数组 stu 中
    for (i = 0; i < 3; i += 2)
    {
     // 文件位置指针定位
     fseek (fp, i*sizeof(struct student_info), SEEK_SET);
     // 读取一个学生的信息
     fread (&stu[i], sizeof(struct student_info), 1, fp);
     printf ("%12s%14s%5c%5d%15s\n", stu[i].no, stu[i].name,stu[i].sex, stu[i].age, stu[i].
            depart);
    }
    fclose (fp); // 关闭文件
    return 0;
}
```

【运行结果】

```
        0001    WangFei        M      18      Computer
        0003      LiYan        F      19      English
```

12.5 项目实战

问题：请设计一个简单学生成绩管理系统登录界面，模拟用户登录情景，实现用户注册和登录功能。注册时，可设置用户名和密码；登录时，最多允许三次错误输入。密码简单加密保存。

12.5.1 项目问题分析

在项目中，要实现简单的学生成绩管理系统登录界面，实现用户注册和登录功能。我们主要分主界面、登录、注册、加密和解密等几个模块进行设计。其中，主界面模块采用字符界面，通过数字选择菜单，可设计 show 函数实现。注册模块以用户名生成一个文件，

文件内容为该用户密码；用户名唯一，密码简单加密保存，可设计 signup 函数实现。登录模块主要判断用户名与密码是否正确，最多允许三次错误输入，并给出相关提示。加密解密模块主要对保存密码作加密处理，使用时作解密处理。

12.5.2 数据模型的构建

学生成绩管理系统登录界面的数据结构定义如下：

```
void show();   // 显示主界面
void signup(); // 用户注册
void logon(); // 用户登录
char *pass(char *p); // 加密处理
char *unpass(char *p); // 解密处理
FILE *fp;  // 文件指针
char user[20],code[20],ch[20]; // 用户名、密码、临时数组
char *ch1=user,*ch2=code,*temp=ch; // 用户名、密码、临时指针
```

12.5.3 算法的设计

学生成绩管理系统登录界面，各模块具体算法描述如图 12.2 ～图 12.7 所示。

system("cls")
printf("\n\t\t\t 学生成绩管理系统 ")
printf("\n\t\t\t 1. 用户注册 ");
printf("\n\t\t\t 2. 登录系统 ");
printf("\n\t\t\t 3. 退出系统 ");
printf("\n\n\t\t 请选择功能菜单 (输入 1|2|3)")

图 12.2 show 函数模块 N-S 图

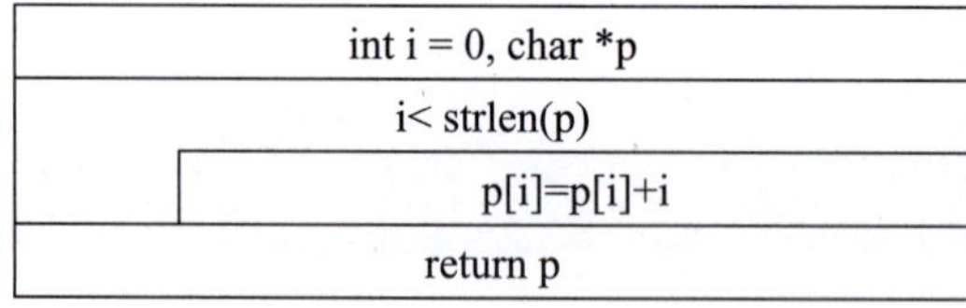

图 12.3 pass 函数模块 N-S 图

int i = 0, char *p
i< strlen(p)
p[i]=p[i]-i
return p

图 12.4 unpass 函数模块 N-S 图

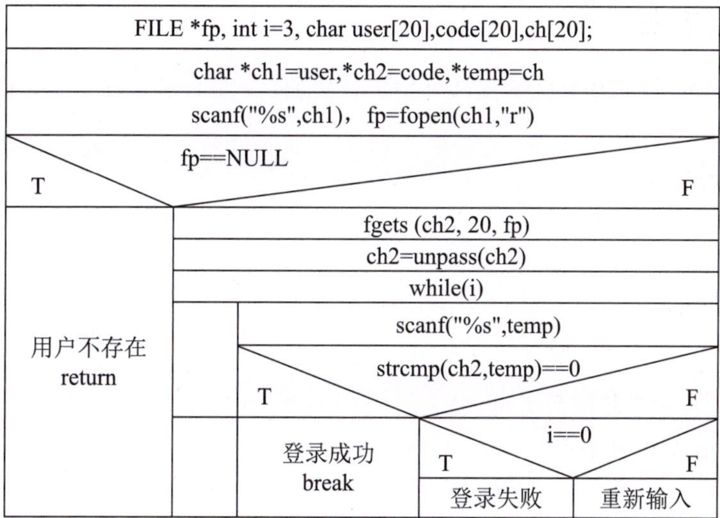

图 12.5 logon 函数模块 N-S 图

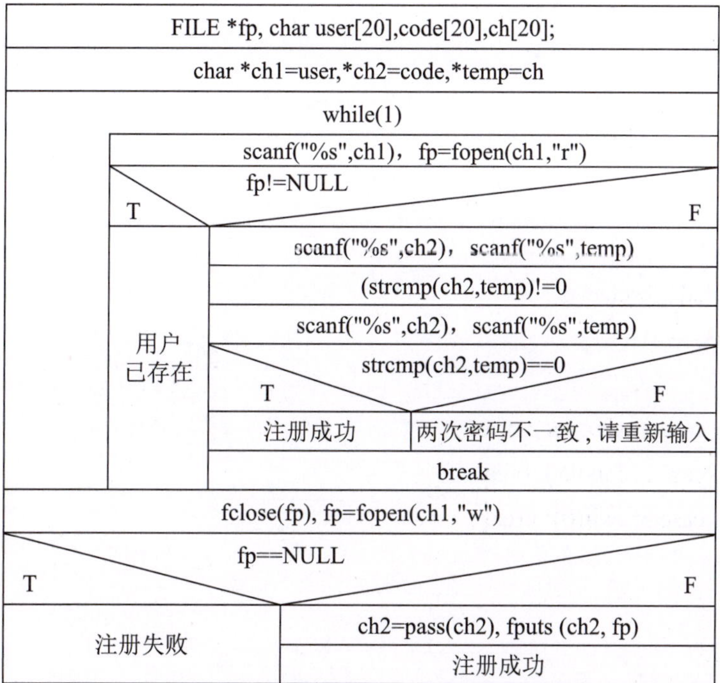

图 12.6 signup 函数模块 N-S 图

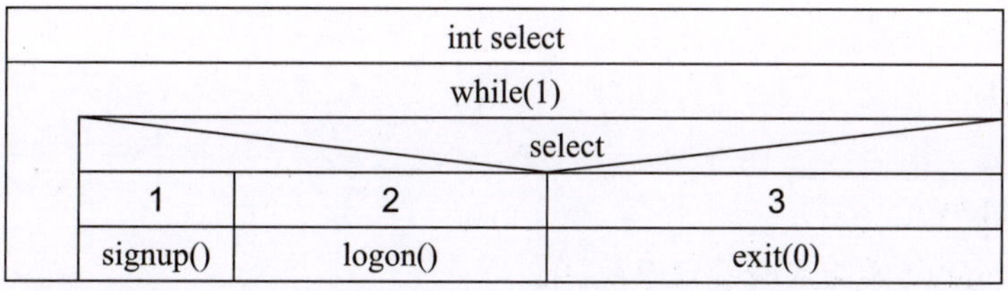

int select

while(1)

select

1	2	3
signup()	logon()	exit(0)

图 12.7 main 函数模块 N-S 图

12.5.4 项目实现

项目源代码可以在DEV-C++集成环境下直接编辑、编译和调试运行，具体程序如下。

【程序】

```
#include <stdio.h>
#include <string.h>
#include <conio.h>
#include <stdlib.h>
void show();   // 显示主界面
void signup(); // 用户注册
void logon(); // 用户登录
char *pass(char *p); // 加密处理
char *unpass(char *p); // 解密处理

int main( )
{
   int select;
   while(1)
    {
     show();
     scanf("%d",&select);
     switch(select)
     {
              case 1: signup(); break;
              case 2: logon(); break;
              case 3: exit(0); break;
     }
    }
    return 0;
}

// 显示主界面
void show()
{
  system("cls");
     printf("\n\t\t\t 学生成绩管理系统 ");
     printf("\n\t\t*********************************");
```

```
    printf("\n\t\t\t  1. 用户注册 ");
    printf("\n\t\t\t  2. 登录系统 ");
    printf("\n\t\t\t  3. 退出系统 ");
    printf("\n\t\t\t*********************************");
    printf("\n\n\t\t 请选择功能菜单 ( 输入 1|2|3)");
}

// 注册模块
void signup()
{
    FILE *fp;
    char user[20],code[20],ch[20];
    char *ch1=user,*ch2=code,*temp=ch;
    while(1)
    {
     system("cls");
     printf("\t\t\t\t 用户注册 ");
     printf("\n\t\t 请输入用户名：");
     scanf("%s",ch1);
     fp=fopen(ch1,"r");
     if(fp!=NULL)
      {
       printf("\n\t 该用户名已存在 ");
              fclose(fp);
              printf("\n\t 继续注册 ?(Y|N)");
              if(getch()=='Y')
                continue;
              else
                {
                       printf("\n\t\t 按任意键盘返回！ ");
                       getch();
                       return ;
                }
      }
     else
      {
```

```
            do
             {
             printf("\n\t\t 请输入密码 :");
             scanf("%s",ch2);
             printf("\n\t\t 请再次确认密码 :");
             scanf("%s",temp);
             if(strcmp(ch2,temp)!=0)
              printf("\n\t\t 两次密码不一致 , 请重新输入 ");
             }while(strcmp(ch2,temp)!=0);
            }
   break;
  }
  fclose(fp);
  fp=fopen(ch1,"w");
  if(fp==NULL)
   {
    system("cls");
     printf("\n\t 注册失败 \n");
     printf("\n\t\t 按任意键盘返回！ ");
     getch();
     return;
    }
  else
   {
     system("cls");
     ch2=pass(ch2);
     fputs (ch2, fp);
     printf("\n\t 注册成功 ");
     printf("\n\t\t 按任意键盘返回！ ");
     getch();
     return;
    }
}

// 密码加密
char *pass(char *p)
```

```
{
    int i;
    for(i=0;i<strlen(p); i++)
    p[i]=p[i]+i;
    return p;
}
// 密码解密
char *unpass(char *p)
{
    int i;
    for(i=0;i<strlen(p); i++)
    p[i]=p[i]-i;
    return p;
}

// 登录模块
void logon()
{
  FILE *fp;
  int i=3;
  char user[20],code[20],ch[20];
  char *ch1=user,*ch2=code,*temp=ch;
  system("cls");
  printf("\n\t\t\t\t 用户登录 ");
  printf("\n\t\t 用户名 :");
  scanf("%s",ch1);
  fp=fopen(ch1,"r");
  if(fp!=NULL)
  {
        fgets (ch2, 20, fp);
        ch2=unpass(ch2);
              fclose(fp);
              do{
                printf("\n\t\t 用户密码 :");
                scanf("%s",temp);
                if(strcmp(ch2,temp)!=0)
```

```
                printf("\n\t\t 密码不正确，您还有 %d 次机会，请重新输入 ",--i);
                else
                {
                        system("cls");
                        printf("\n\t\t 欢迎使用学生成绩管理系统！ ");
                        printf("\n\t\t 按任意键盘返回！ ");
                        getch();
                        break;
                        }
            }while(i);
            if(i==0)
            {
                        system("cls");
                        printf("\n\t\t 密码错误，登录失败！ ");
                        printf("\n\t\t 按任意键盘返回！ ");
                        getch();
            }
        }
        else
            {
            printf("\n\t\t 用户不存在，请注册 ");
            printf("\n\t\t 按任意键盘返回！ ");
            getch();
            }
    return ;
}
```

【运行结果】

```
            学生成绩管理系统
        **********************************
            1. 用户注册
            2. 登录系统
            3. 退出系统
        **********************************

        请选择功能菜单 ( 输入 1|2|3)
```

总结拓展

【本章小结】

在本章中，我们深入探讨了文件的主要操作，奠定了综合应用编程的基础。其中介绍了文件的基本概念、文件读写的基本原理、对文件进行数据读写的基本方法，主要包括以下几个方面内容。

(1) 文件的基本概念：文件的分类，输入 / 输出设备。

(2) 文件读写的基本逻辑和流程，fopen 函数、fclose 函数等如何运用。

(3) 文件的各类读写操作。字符读写函数 fputc 和 fgetc、字符串读写函数 fputs 和 fgets、格式化读写函数 fscanf 和 fprintf、数据块读写函数 fread 和 fwrite 等如何运用。

(4) 文件读写操作中读写指针的控制方法。feof 函数、ftell 函数、fseek 函数、rewind 函数等如何运用。

通过本章知识的学习和项目实战，希望读者能够利用文件操作的基本方法实现对大量数据的存储、组织、管理，提升数据的分析和处理能力；从而兼备复杂工程项目的设计、开发能力。

【思政故事】

新质生产力

新质生产力 (New Quality Productive Forces) 是 2023 年 9 月习近平总书记在黑龙江考察调研期间首次提出的新词汇，指整合科技创新资源，引领发展战略性新兴产业和未来产业。

新质生产力是相对于传统生产力而言的。人类社会的不同历史阶段，生产力发展所依赖的技术支撑和工具各不相同。新质生产力是以新技术深化应用为驱动，以新产业、新业态和新模式快速涌现为重要特征，进而构建起新型社会生产关系和社会制度体系的生产力。新质生产力的出现和发展壮大是推动人类文明进步的根本动力。新质生产力作为先进生产力的具体体现形式，是马克思主义生产力理论的中国式创新和实践，是科技创新交叉、融合、突破所产生的根本性成果。新质生产力是马克思主义生产力理论的创新和发展，凝聚了党领导推动经济社会发展的深邃理论洞见和丰富实践经验。中华优秀传统文化是新质生产力发展的重要支撑。2024 年 1 月 31 日，习近平在中共中央政治局第十一次集体学习时强调，要加快发展新质生产力，扎实推进高质量发展。2024 年 3 月 5 日，李强总理在作政府工作报告时强调“大力推进现代化产业体系建设，加快发展新质生产力”。2024 年 7 月，中国共产党第二十届中央委员会第三次全体会议提出，要健全因地制宜发展新质生产力体制机制。

新质生产力是生产力现代化的具体体现，即新的高水平现代化生产力 (新类型、新结构、高技术水平、高质量、高效率、可持续的生产力)，是以前没有的新的生产力种类和结构。相比于传统生产力，其技术水平更高、质量更好、效率更高、更可持续。

科技创新能够催生新产业、新模式、新动能，是发展新质生产力的核心要素。必须加强科技创新，特别是原创性、颠覆性科技创新，加快实现高水平科技自立自强，打好关键核心技术攻坚战，使原创性、颠覆性科技创新成果竞相涌现，培育发展新质生产力的新动能。

我们作为新时代大学生，在国家大力发展新质生产力的大好背景下，更应该认识到个人所肩负的社会责任。我们唯有努力学习专业知识，积极主动培养创新意识和创新能力，不断提升自己的综合素质，才能抓住机遇，投身到新质生产力的发展潮流中，助力科技强国、贡献社会。

【课后练习】

一、选择题

1. 若有定义：FILE *fp; 如下以只读方式打开文件 a1 的语句是 (　　)。

A. fp=fopen("a1","w");

B. fp=fopen("a1","a");

C. fp=fopen("a1","r");

D. fp=fopen("a1","r+");

2. fscanf 函数的正确调用形式是 (　　)。

A. fscanf(fp, 格式字符串 , 输出表列);

B. fscanf(格式字符串 , 输出表列 ,fp);

C. fscanf(格式字符串 , 文件指针 , 输出表列);

D. fscanf(文件指针 , 格式字符串 , 输入表列);

3. 函数 rewind 的作用是 (　　)。

A. 使位置指针重新返回文件的开头

B. 将位置指针指向文件中所要求的特定位置

C. 使位置指针指向文件的末尾

D. 使位置指针自动移至下一个字符位置

4. fseek 函数的正确调用形式是 (　　)。

A. fseek(文件类型指针 , 起始点 , 位移量)

B. fseek(fp, 位移量 , 起始点)

C. fseek(位移量 , 起始点 ,fp)

D. fseek(起始点 , 位移量 , 文件类型指针)

5. 设有以下结构体类型：struct st { char name[8]; int num; float s[4]; } student[50]; 并且结构体数组 student 中的元素都已有值。若要将这些元素写入硬盘文件 fp 中，以下不正确的形式是 (　　)。

A. fwrite (student, sizeof(struct st), 50, fp);

B. fwrite (student, 50*sizeof(struct st), 1, fp);

C. fwirte (student, 25*sizeof(struct st), 25, fp);

D. for (i = 0; i < 50; i++) fwrite (student+i, sizeof(struct st), 1, fp);

二、填空题

1. 在 C 语言中，文件的存取是以____为单位的，这种文件被称作____文件。

2. C 语言打开文件的函数是____，关闭文件的函数是____。

3. 按指定格式输出数据到文件中的函数是____，按指定格式从文件输入数据的函数是____，判断文件指针到文件末尾的函数是____。

4. 输出一个数据块到文件中的函数是____，从文件中输入一个数据块的函数是____；输出一个字符串到文件中的函数是____，从文件中输入一个字符串的函数是____。

5. 在 C 文件中，数据可用____和____两种代码形式存放。

三、程序分析题

1. 下面程序的功能是将一个磁盘中的二进制文件复制到另一个磁盘中，两个文件名随命令行一起输入。输入时，原有文件的文件名在前，复制文件的文件名在后，请在空白处完善程序。

```
#include<stdio.h>
void main (int argc, char *argv[ ])
{
  FILE *old, *new;
  char ch;
  if (argc != 3)
  {
    printf ("You forgot to enter a filename\n");
    exit (0);
  }
  if ( (old = fopen(___)) == NULL )
  {
    printf ("cannot open infile\n");
    exit (0);
  }
  if ( (new = fopen(___)) == NULL)
  {
    printf ("cannot open outfile\n");
    exit (0);
  }
  while (!feof(old))  fputc (___, new);
```

```
    fclose (old);
    fclose (new);
  }
```

2. 以下程序将从终端上读入的 10 个整数并以二进制方式写入一个名为 bi.dat 的新文件中。请在空白处完善程序。

```
  #include<stdio.h>
  void main ( )
  {
    int i, j;
    if ((fp = fopen(___, "wb")) == NULL)
      exit (0);
    for (i = 0 ; i < 10; i++)
    {
      scanf ("%d", &j);
      fwrite (___ , sizeof(int), 1,______)
    }
    fclose (fp);
  }
```

四、程序设计题

1. 编写程序，其功能是将两个文件的内容合并到一个文件中，并显示合并后的文件内容。三个文件名随命令行一起输入，输入时原有两文件的文件名在前，合并文件的文件名在后。

2. 从键盘输入一个字符串，将其中的小写字母全部转换成大写字母，然后将字符串输出到磁盘文件 test 中保存，输入的字符串以“!”结束。

3. 磁盘文件 employee 中存放 3 位职工的数据。每个职工的数据包括职工姓名、职工号、性别、年龄、工资。最后将文件 employee 中的信息在屏幕上显示出来。

输入示例：

```
张三 20230001    男    28    8700
李四 20230006    男    25    8500
王美丽 20230008 女    26    8600
```

输出示例：

```
第 1 个职工的姓名、职工号、性别、年龄、工资：张三     20230001    男    28    8700
第 2 个职工的姓名、职工号、性别、年龄、工资：李四     20230006    男    25    8500
第 3 个职工的姓名、职工号、性别、年龄、工资：王美丽  20230008    女    26    8600
```

附　录　C 语言常用库函数

1. 数学函数

调用数学函数时，要求在源文件中包含以下命令行：

#include <math.h>

函数原型说明	功能	返回值
int abs(int x)	求整数 x 的绝对值	计算结果
double fabs(double x)	求双精度实数 x 的绝对值	计算结果
double acos(double x)	计算反 cos(x) 的值	计算结果
double asin(double x)	计算反 sin(x) 的值	计算结果
double atan(double x)	计算反 tan(x) 的值	计算结果
double atan2(double x,double y)	计算反 tan(x/y) 的值	计算结果
double cos(double x)	计算 cos(x) 的值	计算结果
double cosh(double x)	计算双曲余弦 cosh(x) 的值	计算结果
double exp(double x)	求 e^x 的值	计算结果
double ceil(double x)	求不小于 x 的最小整数	计算结果
double floor(double x)	求不大于双精度实数 x 的最大整数	计算结果
double fmod(double x,double y)	求 x/y 整除后的双精度余数	计算结果
double frexp(double val,int *exp)	把双精度 val 分解尾数和以 2 为底的指数 n，即 $val=x\times2^n$，n 存放在 exp 所指的变量中	返回位数 x，$0.5\leqslant x<1$
double log(double x)	求 lnx	计算结果
double log10(double x)	求 log_{10}^{x}	计算结果
double modf(double val,double *ip)	把双精度 val 分解成整数部分和小数部分，整数部分存放在 ip 所指的变量中	返回小数部分
double pow(double x,double y)	计算 x^y 的值	计算结果
double sin(double x)	计算 sin(x) 的值	计算结果
double sinh(double x)	计算 x 的双曲正弦函数 sinh(x) 的值	计算结果
double sqrt(double x)	计算 x 的开方根	计算结果
double tan(double x)	计算 tan(x)	计算结果
double tanh(double x)	计算 x 的双曲正切函数 tanh(x) 的值	计算结果

2. 字符函数

调用字符函数时，要求在源文件中包含以下命令行：

#include <ctype.h>

函数原型说明	功能	返回值
int isalnum(int ch)	检查 ch 是否为字母或数字	是，返回 1；否则返回 0
int isalpha(int ch)	检查 ch 是否为字母	是，返回 1；否则返回 0
int iscntrl(int ch)	检查 ch 是否为控制字符	是，返回 1；否则返回 0
int isdigit(int ch)	检查 ch 是否为数字	是，返回 1；否则返回 0
int isgraph(int ch)	检查 ch 是否为 ASCII 码值在 0x21 到 0x7e 的可打印字符（即不包含空格字符）	是，返回 1；否则返回 0
int islower(int ch)	检查 ch 是否为小写字母	是，返回 1；否则返回 0
int isprint(int ch)	检查 ch 是否为包含空格符在内的可打印字符	是，返回 1；否则返回 0
int ispunct(int ch)	检查 ch 是否为除了空格、字母、数字之外的可打印字符（标点符号）	是，返回 1；否则返回 0
int isspace(int ch)	检查 ch 是否为空格、制表或换行符	是，返回 1；否则返回 0
int isupper(int ch)	检查 ch 是否为大写字母	是，返回 1；否则返回 0
int isxdigit(int ch)	检查 ch 是否为 16 进制数	是，返回 1；否则返回 0
int tolower(int ch)	把 ch 中的字母转换成小写字母	返回对应的小写字母
int toupper(int ch)	把 ch 中的字母转换成大写字母	返回对应的大写字母

3. 字符串函数

调用字符函数时，要求在源文件中包含以下命令行：

#include <string.h>

函数原型说明	功能	返回值
char *strcat(char *s1,char *s2)	把字符串 s2 连接到 s1 后面	s1 所指地址
char *strchr(char *s,int ch)	在 s 所指字符串中，找出第一次出现字符 ch 的位置	返回找到字符的地址，找不到返回 NULL
int strcmp(char *s1,char *s2)	对 s1 和 s2 所指字符串进行比较	s1<s2, 返回负数；s1= =s2, 返回 0；s1>s2, 返回正数
char *strcpy(char *s1,char *s2)	把 s2 指向的串复制到 s1 指向的空间	s1 所指地址
unsigned strlen(char *s)	求字符串 s 的长度	返回串中字符个数（不计最后的‘\0’）
char *strstr(char *s1,char *s2)	在 s1 所指字符串中，找出字符串 s2 第一次出现的位置	返回找到的字符串的地址，找不到返回 NULL

4. 输入 / 输出函数

调用输入 / 输出函数时，要求在源文件中包含以下命令行：

#include <stdio.h>

函数原型说明	功能	返回值
void clearer(FILE *fp)	清除与文件指针 fp 有关的所有出错信息	无
int fclose(FILE *fp)	关闭 fp 所指的文件，释放文件缓冲区	出错返回非 0，否则返回 0
int feof (FILE *fp)	检查文件是否结束	遇文件结束返回非 0，否则返回 0

（续表）

函数原型说明	功能	返回值
int fgetc (FILE *fp)	从 fp 所指的文件中取得下一个字符	出错返回 EOF，否则返回所读字符
char *fgets(char *buf,int n, FILE *fp)	从 fp 所指的文件中读取一个长度为 (n-1) 的字符串，将其存入 buf 所指存储区	返回 buf 所指地址，若遇文件结束或出错返回 NULL
FILE *fopen(char *filename,char *mode)	以 mode 指定的方式打开名为 filename 的文件	成功返回文件指针（文件信息区的起始地址），否则返回 NULL
int fprintf(FILE *fp, char *format, args,…)	把 args,…的值以 format 指定的格式输出到 fp 指定的文件中	实际输出的字符数
int fputc(char ch, FILE *fp)	把 ch 字符输出到 fp 指定的文件中	成功返回该字符，否则返回 EOF
int fputs(char *str, FILE *fp)	把 str 所指字符串输出到 fp 所指文件中	成功返回非负整数，否则返回 -1(EOF)
int fread(char *pt,unsigned size,unsigned n, FILE *fp)	从 fp 所指文件中读取长度为 size 的 n 个数据项并存到 pt 所指文件	读取的数据项个数
int fscanf (FILE *fp, char *format,args,…)	从 fp 所指的文件中按 format 指定格式把输入数据存入到 args,…所指的内存中	已输入的数据个数，遇文件结束或出错返回 0
int fseek (FILE *fp,long offer,int base)	移动 fp 所指文件的位置指针	成功返回当前位置，否则返回非 0
long ftell (FILE *fp)	求出 fp 所指文件当前的读写位置	读写位置，出错返回 -1L
int fwrite(char *pt,unsigned size,unsigned n, FILE *fp)	把 pt 所指向的 n×size 个字节输入到 fp 所指文件	输出的数据项个数
int getc (FILE *fp)	从 fp 所指文件中读取一个字符	返回所读字符，若出错或文件结束返回 EOF
int getchar(void)	从标准输入设备读取下一个字符	返回所读字符，若出错或文件结束返回 -1
char *gets(char *s)	从标准设备读取一行字符串并放入 s 所指存储区，用‘\0’替换读入的换行符	返回 s，出错返回 NULL
int printf(char *format,args,…)	把 args,…的值以 format 指定的格式输出到标准输出设备	输出字符的个数
int putc (int ch, FILE *fp)	同 fputc	同 fputc
int putchar(char ch)	把 ch 输出到标准输出设备	返回输出的字符，若出错则返回 EOF
int puts(char *str)	把 str 所指字符串输出到标准设备，将‘\0’转成回车换行符	返回换行符，若出错返回 EOF
int rename(char *oldname,char *newname)	把 oldname 所指文件名改为 newname 所指文件名	成功返回 0，出错返回 -1
void rewind(FILE *fp)	将文件位置指针置于文件开头	无
int scanf(char *format,args,…)	从标准输入设备按 format 指定的格式把输入数据存入到 args,…所指的内存中	已输入的数据的个数

5. 动态分配函数和随机函数

调用动态分配函数和随机函数时，要求在源文件中包含以下命令行：

#include <stdlib.h>

函数原型说明	功能	返回值
void *calloc(unsigned n,unsigned size)	分配 n 个数据项的内存空间，每个数据项的大小为 size 个字节	分配内存单元的起始地址；如不成功，返回 0
void *free(void *p)	释放 p 所指的内存区	无
void *malloc(unsigned size)	分配 size 个字节的存储空间	分配内存空间的地址；如不成功，返回 0
void *realloc(void *p,unsigned size)	把 p 所指内存区的大小改为 size 个字节	重新分配内存空间的地址；如不成功，返回 0
int rand(void)	产生 0 ～ 32767 的随机整数	返回一个随机整数
void exit(int state)	程序终止执行，返回调用过程，state 为 0 表示正常终止，为非 0 表示非正常终止	无